The Special Planning of Zhengdong New District

郑东新区专项规划篇

02

郑州市郑东新区
城市规划与建筑设计(2001~2009)
Urban Planning and Architectural Designs
for Zhengdong New District of Zhengzhou(2001-2009)

○主编：李克
○编著：郑州市郑东新区管理委员会、郑州市城市规划局
○Editors in Chief: Ke Li
○Compiler: Zhengzhou Zhengdong New District Administration Committee, Zhengzhou Urban Planning Bureau

中国建筑工业出版社

图书在版编目（CIP）数据

郑州市郑东新区城市规划与建筑设计（2001～2009）2,郑东新区专项规划篇/李克主编；郑州市郑东新区管理委员会，郑州市城市规划局编著.-北京:中国建筑工业出版社，2009
ISBN 978-7-112-10898-5

I.郑… II.①李…②郑…③郑… III.城市规划-郑州市-2001～2009 IV.TU984.261.1

中国版本图书馆CIP数据核字（2009）第052517号

责任编辑：滕云飞　徐　纺
版式设计：朱　涛
封面设计：简健能

郑州市郑东新区城市规划与建筑设计（2001～2009）2.
郑东新区专项规划篇
李克 主编
郑州市郑东新区管理委员会，郑州市城市规划局 编著
*
中国建筑工业出版社出版、发行（北京西郊百万庄）
各地新华书店、建筑书店经销
恒美印务（广州）有限公司 制版 印刷
*
开本：850×1168毫米　1/12
印张：16 1/2　字数：500千字
2010年6月第一版　2010年6月第一次印刷
定价：175.00元
ISBN 978-7-112-10898-5
(18151)

前言
Forword

一

郑州，一座有着3600多年历史文化积淀的古都，“商汤都亳”曾是商初时期的天下名都，是中国“八大古都”中年代最久远的城市。

郑东新区，一个现代城区建设的杰作。自2003年开始启动建设至今，这里发生的巨变令人惊叹。走近郑东新区，感受到的是一座充满活力的新城，一股蓬勃向上的气势，一种优美舒适的生态体验。柔美的环形城市布局，蔚为壮观的高楼大厦，亲水宜人的秀美景观，充分展现着这座新城积极向上的发展活力与深厚的历史人文魅力。

郑东新区正在日新月异的发展和成长之中，在这背后，高起点、高标准、高品位的城市规划与建筑设计为郑东新区织就了美好的蓝图，而对规划设计成果的严格执行，是郑东新区从蓝图走向现实的关键所在。规划设计是开发建设的龙头，郑东新区的开发建设是充分尊重规划设计、严格执行规划设计的经典案例。

二

众所周知，郑东新区规划面积大，建设成效显著，为河南这个人口大省加快城市化进程，促进经济社会发展、提升城市形象等发挥了重要作用。毫不夸张地说，郑东新区的规划建设，使郑州实现了从城市向大都市的质变。同时，由于郑东新区发展背景具有中国特色，规划设计理念新颖，这些也引起了规划学界的高度关注，引发了众多针对郑东新区规划设计的分析和研究。但是，我们也注意到了其中存在的一个不足，即大部分研究将精力集中于一个具体的规划或设计，而鲜有系统、完整地介绍整个郑东新区规划设计的论著。我们认为，这项工作对于更全面、更客观地认识郑东新区规划设计是十分重要的。

基于以上认识，本书选择郑东新区规划设计作为研究对象，做一项专门的城市规划设计案例研究。为了使读者可以清晰地看到郑东新区规划设计的完整程序，看到郑东新区从蓝图变成一座现代化新城的脚印，本书从郑东新区的发展背景出发，沿着城市规划不同层次的轨迹，从总体概念性规划、专项规划、商务中心区规划、城市设计与建筑设计、总体规划局部调整等多层面、多维度对郑东新区规划设计进行剖析。这其中又包含了两条主线，一是对已经实现的规划设计进行分析、研究，以验证规划设计理念是否先进，规划设计是否合理，并对这些成功经验进行总结；二是也希望通过对规划设计的分析、研究，发现其中存在的问题和不足，提出完善的对策或建议。

由于河南省正处于处于城镇化快速推进阶段，郑东新区的建设更是日新月异，方方面面的城市问题不断涌现，各种探索仍需不断深化。有些在今天看来先进的规划理念，随着技术的进步，也许会逐渐滞后；有些今天看来优秀的规划设计，也许会随着时间的推移而产生新的问题。同时，由于能力有限、时间紧迫，本书仍难免有疏漏或不足之处，希望读者谅解，并恳请读者提出宝贵意见和建议。

尽管如此，这样一部系统全面的介绍、分析郑东新区规划设计成果的著作，无疑是一项具有重要意义的工作。它具有一定的学术性、权威性，具有较强的学习和参考价值。

三

为了编好这本巨著，主编单位调动了一切可以动用的资源，组成了阵容强大的编委会。编委会对全书的总体结构、编写体例等进行了反复的讨论和研究。如今，这套《郑州市郑东新区城市规划与建筑设计》系列丛书终于呈现在广大读者面前。

整套系列以丛书分为5个分册，分别是：郑东新区总体规划篇、郑东新区专项规划篇、郑东新区商务中心区城市规划与建筑设计篇、郑东新区城市设计与建筑设计篇、郑东新区规划调整与发展篇。

本书可以作为郑东新区规划管理者的重要参考资料；可以作为规划设计人员的学习、参考资料；同时，也是所有关心支持郑东新区规划和发展的广大市民了解郑东新区未来的窗口。

在本书问世之际，谨向所有关心、支持本书编写与出版工作的单位和个人表示诚挚的谢意！特别要衷心感谢对本书提出了宝贵意见的领导和专家！没有大家的共同努力，是不可能有这样一部详尽的介绍郑东新区规划设计的著作问世的。

编　著

郑东新区管理委员会　郑州市城市规划局

建筑摄影

中国摄影家协会　河南省摄影家协会会员　摄影家
武郑身　崔　鹏　（协助摄影　刘天星）

英文翻译

郑州大学外语系　郑明教授

目录 contents

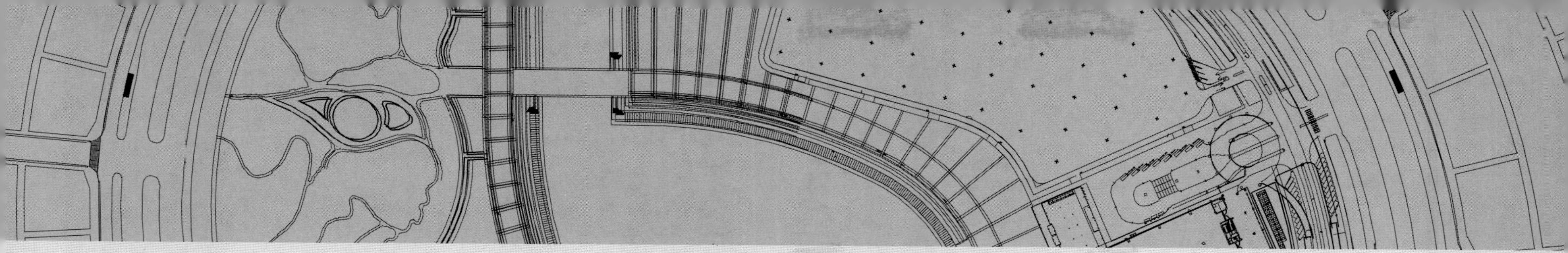

郑州市郑东新区人防工程专项规划

Air Defence Planning for Zhengdong New District

1

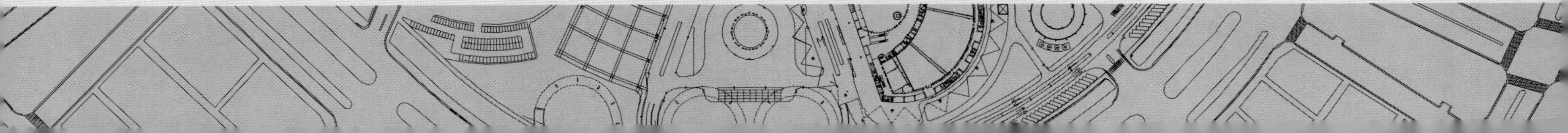

郑州市郑东新区人防工程专项规划
Air Defence Planning for Zhongdong New District

项目名称：郑州市郑东新区人防工程专项规划

委托单位：郑州市人民防空办公室
郑州市郑东新区管理委员会土地规划局

编制单位：解放军理工大学地下空间研究中心
郑州市人防工程设计研究所

项目总负责：陈志龙 教授、博导

1 概述

1.1 规划范围、期限

规划范围为郑东新区除经济技术开发区之外的115km^{2}区域；规划期限至2020 年，远景展望至2050 年。

1.2 规划指导思想

1.2.1 坚持“长期准备、重点建设、平战结合”的人防建设方针，贯彻人防建设与经济建设协调发展、与城市建设和地下空间开发利用相结合原则。

1.2.2 突出协调建设城市防护空间的理念，以构筑完善独立的防空体系为目标。

1.2.3 以工程建设为重点，以发展网络化为目标，形成以指挥工程为核心，人员掩蔽工程为主体，各类工程配套较为完善的人防工程防护体系，全面提高郑东新区的综合防护能力。

1.3 人防防护体系建设目标

建立统一高效的组织指挥体系、灵敏可靠的通信警报体系、布局合理的人防工程体系、精干过硬的专业队伍体系、保障有力的人口疏散体系、现代化的科研和人才培养体系，提升人防自我发展能力，增强郑东新区人民的国防观念与人防意识，提高郑东新区整体抗毁能力，以利于人民防空能够应付现代战争及重大灾害事故，有效地保护国家和人民生命财产安全。

1.4 城市性质及战略地位

1.4.1 城市性质：郑州是陇海经济带中心城市，是中原城市群的核心城市，全国重要的交通枢纽，著名商埠，国家历史文化名城，郑东新区位于郑州市区东部。

1.4.2 战略地位：郑州市是国家确定的Ⅰ类人防城市、Ⅰ类要防城市和Ⅰ类野战防空城市的“三个Ⅰ”城市。郑东新区的战略地位主要依附于郑州的战略地位。

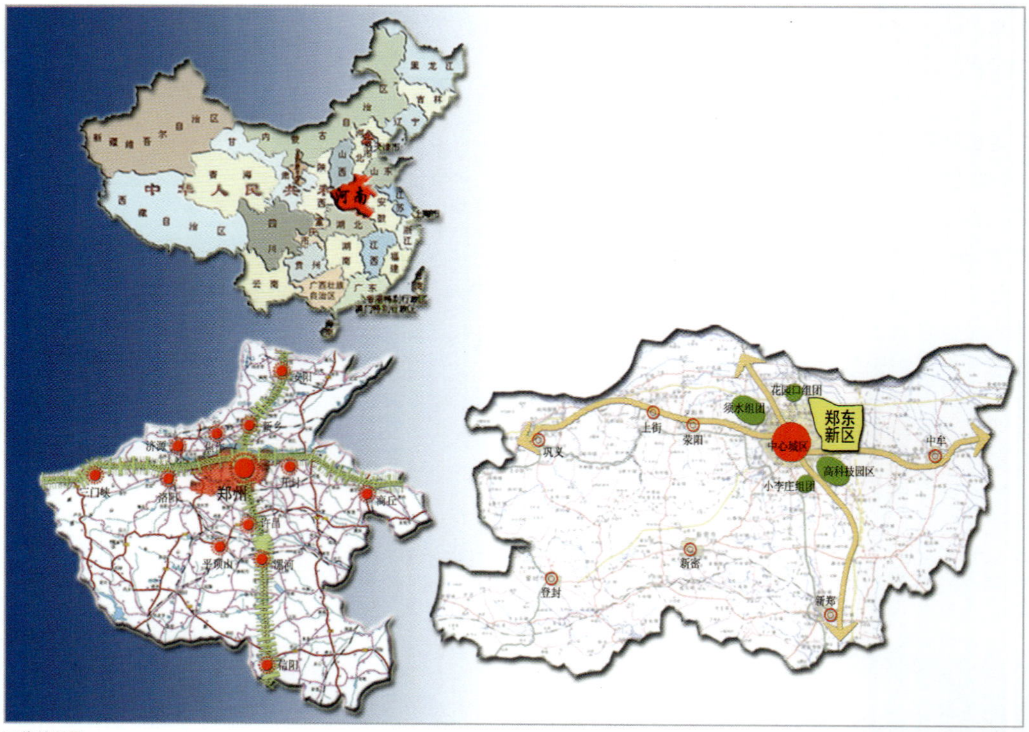

区位关系图

2 人防工程规划

2.1 人民防空发展战略

城市人民防空是一个系统工程，必须拓展多样的城市防护空间，使之适应未来多变的信息化战争形态；将人口疏散、掩蔽、转移融为一体；将人防工程、疏散地域、地下空间等城市防护空间综合利用，提高城市的综合防护能力。

2.2 城市防护空间发展结构

2.2.1 郑东新区防护空间布局强调遵循郑东新区地面主次发展轴的发展方向，依照三区九片，五个中心，三线连通，强调多中心、开敞式的空间格局。

2.2.2 以地铁、地下疏散干道为地下防护空间的发展轴，以主要大型人防工程和地下综合体为地下防护空间的发展源。

2.2.3 结合城市绿化和交通进行避难场所建设。

2.2.4 形成功能配套、体系完善的城市防护空间，并通过疏散干道与郑州市大系统连通。

2.2.5 郑东新区地上防护空间和地下防护空间，通过地面和地下疏散干道进行连通，最终形成地上地下互相联动、顺畅高效的防护空间体系。

2.3 防空防灾工程一体化

城市防护体系应与防灾体系在规划、建设、管理等方面实行统一，建立城市综合防灾体系。在防护空间规划建设时，防护空间应主动考虑防灾，适应防灾的功能要求。人民防空的预警系统、指挥系统、通信系统、信息系统、专业队伍要考虑平战结合，实现资源共享。防护空间中的疏散地域、应急疏散地域、疏散干道、人防工程、地下空间也要考虑平战结合，实现资源共享。

2.4 总体防护结构

郑东新区划分为三区九片，“三区”分别为起步区、龙湖北区和龙子湖地区；“九片”分别为CBD地区片，拓展区片，龙湖南区片，龙子湖北区片，龙子湖中区片，龙子湖南区片，龙湖北区A片，龙湖北区B片，龙湖城心区片。

规划结构图

防护片区图

疏散干道图

2.5 疏散干道规划

疏散干道规划，主要以干线公路网为依托，同时结合平时防灾和战时防空的要求，有计划有步骤地修建战时的疏散干支道，使之能够担负战时人口疏散和物资集运的任务。

2.6 避难场所规划

避难场所分为三类，分别为紧急避难场所、临时避难场所、中长期避难场所。

2.7 郑东新区人防工程总体布局

2.7.1 组团开发，按照“三区九片五个中心三线连通”的发展方案，优化防护空间和功能布局。

2.7.2 各防护片区的各类人防工程应形成相对独立的防护体系，各防护片区的人防工程建设应协调发展，以起步区为人防工程建设重点，以CBD 为核心，辐射副CBD 龙子湖地区，带动各组团的人防工程发展。

2.7.3 人防工程相对集中的CBD 地区以完善人防工程体系为重点，形成地下网络，对人防工程量较少的区片、组团、功能园区加大人防工程建设力度。

2.8 郑东新区人防工程发展结构

2.8.1 高起点规划，以优化、完善人防工程体系为重点。

2.8.2 人防工程建设与城市建设和地下空间开发利用相结合，形成由点到线再到面的地下空间网络，更好地发挥其战时机动防护功能。

2.8.3 为增强郑东新区人民防空能力和完善城区地面环境，建议将轨道交通沿金水东路至绕城公路段转入地下，并兼顾人民防空要求，战时纳入人防防护体系，形成人防干道，连通CBD 地下交通系统、地下人防通道和人防工程形成以车站为主节点，由点到线再到面的地下空间网络。

临时避难场所图

中长期避难场所图

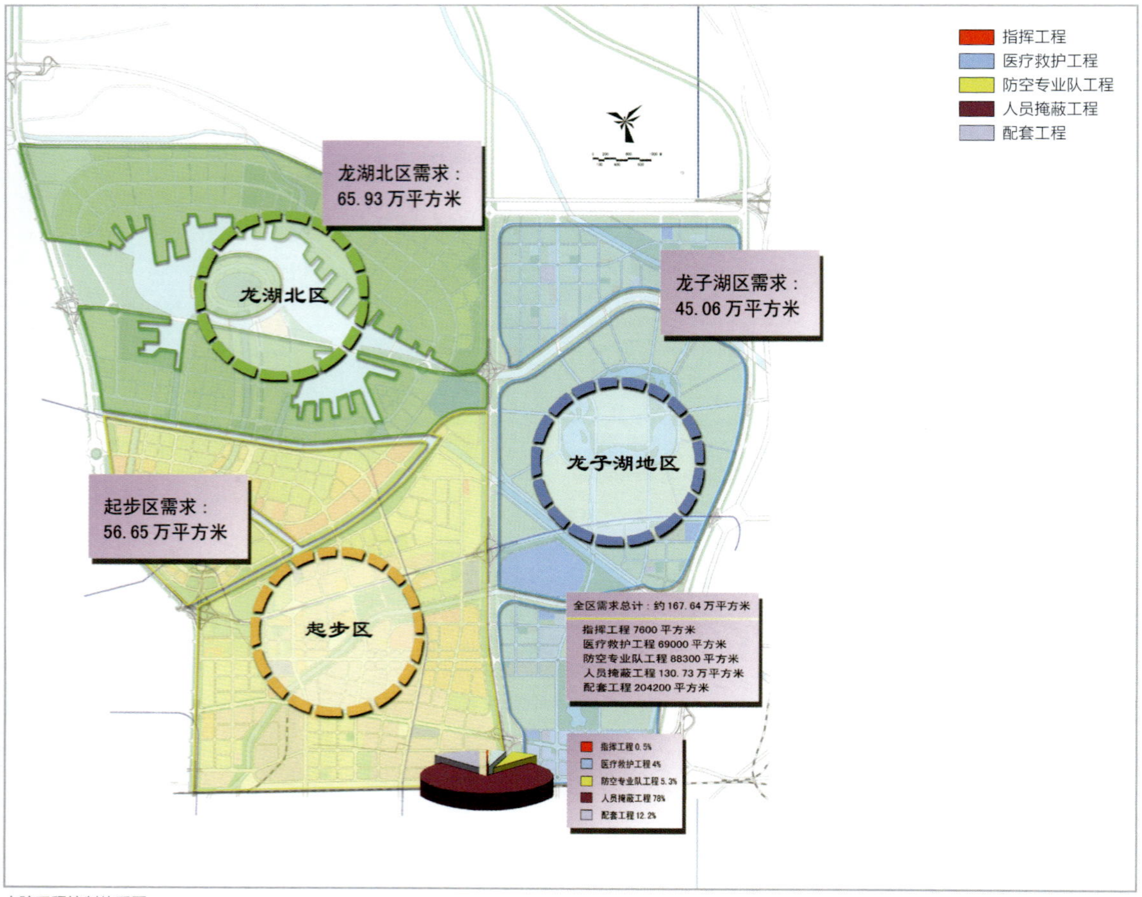

人防工程控制体系图

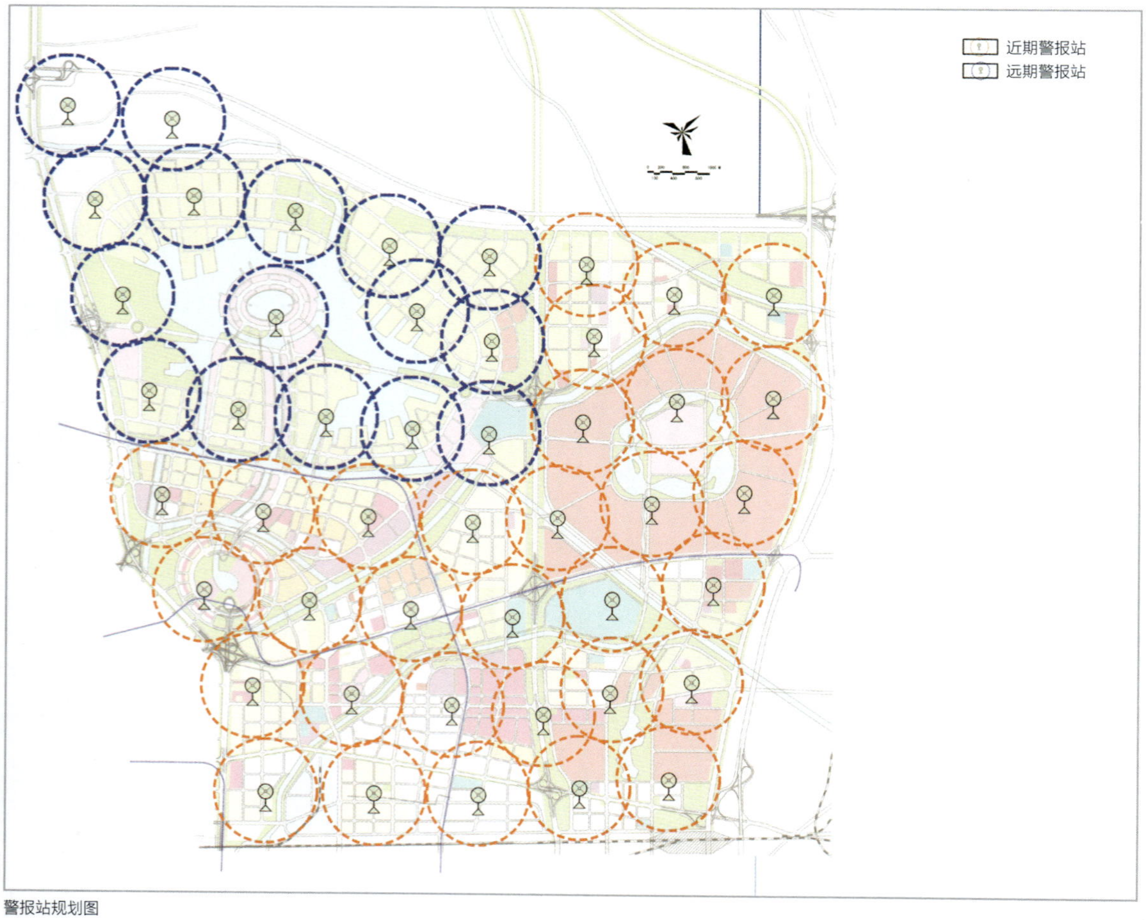

警报站规划图

2.9 规划远景展望

到本世纪中叶，应在增加人防工程建设量的同时，完善城市人防工程体系，人防工程各项指标满足控制体系规划中的需求量。随着5个中心逐步建设完善，以及各个单体工程的不断补充建设，郑东新区将整合各个片区人防工程，使其人防工程建设融入郑州市总体防护格局，进入调整和优化阶段。

3 人防工程建设与城市地下空间开发利用相结合规划

3.1 两者规划结合原则

平战结合、综合利用；与城市总体规划相衔接，统一规划，协同发展；统筹布局、分期实施。

3.2 城市地下空间开发要求

3.2.1 地下空间的开发重点项目依照人防标准建设，布局与人防体系相衔接；

3.2.2 城市地下交通线应兼顾人民防空要求，并与就近的重要人防工程和疏散干道合理连通，纳入人民防空体系；

3.2.3 城市应结合基本建设的需要和可能，有计划地修建平战两用的物资库、车库、医疗设施和生产车间；

3.2.4 城市交通密集、人口稠密区，宜修建平战两用的地下街、过街道、停车场和旅游、服务等地下公共设施；

3.2.5 专供平时使用的地下建筑根据人民防空要求，制定战时使用方案或应急加固措施。

3.3 人防工程与地下空间开发利用结合重点

3.3.1 地下交通系统

地下停车场主要分布于高层建筑和住宅、公共建筑地下、地下道路等。地下停车场平时解决城市地面停车难的问题，改善地面环境，战时作为防空专业队车辆掩蔽部或物资库等。

城市轨道交通和地下隧道应考虑并兼顾人民防空的要求。地铁建设时，城市轨道市区段应以完善城区地面环境和兼顾人民防空要求为出发点，尽可能入地。车站、连通道和地下隧道应考虑人防设防，提高人防工程整体防护效率。

结合换乘站、CBD地下空间规划等项目，其规划、设计、施工必须考虑人防设施。建设平战结合的地下商业街，进一步增强城市商业中心地区的积聚效应，同时也作为地面商业设施的补充和完善。

CBD中心区结合轨道交通地下段建设形成地下步行系统，同时形成人防支干（通）道，成为人防防护体系中的一部分。

3.3.2 地下市政设施

在城市地下管线较密集地区，结合城市新开发区的建设，地下商业街和地下管线的改造尽可能修建地下共同沟。

3.3.3 地下生命线系统

为改善城市环境，将城市中必需的污水处理站、变配电站等建在地下，煤气柜、燃气调压站等逐步规划入地。

3.3.4 地下公共空间

地下公共空间开发要兼顾人民防空的要求，地下公共空间规划、设计、施工必须考虑人防设施。城市地下空间开发应与设置的人民防空疏散干道，重要的人防工程或居住区的掩蔽工程相互连通。

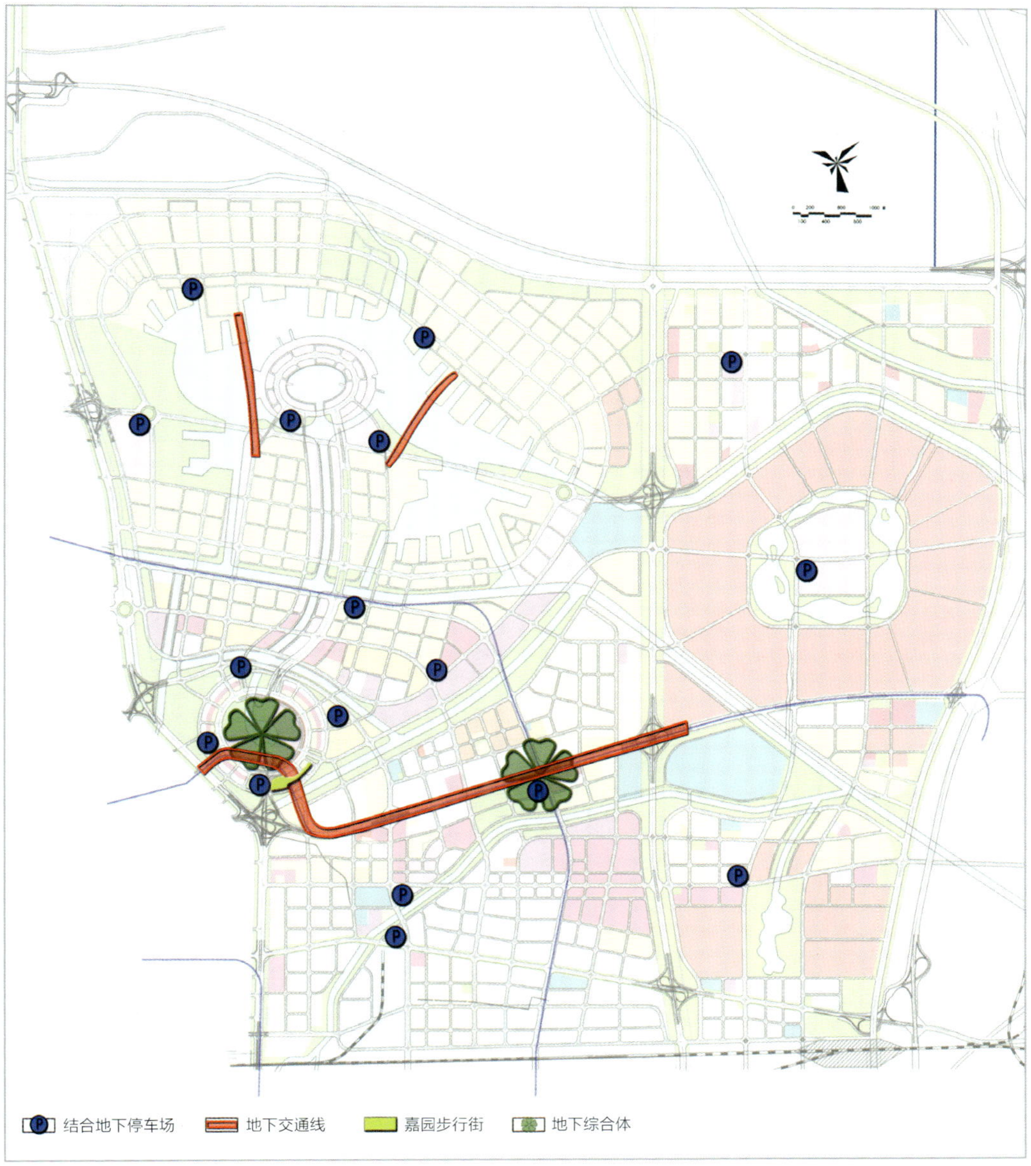

人防工程与地下空间相结合图

3.4 普通地下空间规划

专供平时使用的地下建筑，应根据人民防空要求，制定战时使用方案或应急加固改造措施。主要用于临时掩蔽人员和储备物资，以暂时弥补战时人员掩蔽工程和物资库数量的不足。并将业主纳入，分散管理。

3.5 规划实施的主要措施

3.5.1 宣传教育

加强人民防空教育，增强人防观念。人民防空教育纳入全民国防教育计划。广播电视、报社等新闻宣传部门应协助开展人防宣传教育。市人防主管部门与市教育主管部门应共同制定每年度的人防知识教育计划。力争做到人人了解人防、关心人防、支持人防。

3.5.2 法制保障

认真贯彻落实《中华人民共和国人民防空法》，制订人防工程建设必要的法规、条例和各种规程，尽快出台《郑州市人防工程开发利用管理规定》等相关法规。明确人防工程建设的原则、标准、程序、分工、保障和维护管理等各项规定，使人防工程建设走上法制化的轨道，促进人防规划的落实，有力保障人防工程的顺利建设，圆满完成增强城市人民防空能力的根本任务。

3.5.3 资金筹措

严格执行规定，依法落实筹措建设资金，逐步实现投资主体多元化，同时加强人防经费管理，做到专款专用。

采取多种方式，走多元化筹资之路。结合车站、绿地、广场、公共设施用地等地下空间开发，利用财政投资、人防专项投资、社会、私人投资等多元化投资渠道建设重点人防工程。抓紧各项人防收费工作，要加大人民防空建设经费的收缴力度，依法落实各项资金筹措的有关政策，严格执行有关人防建设资金筹集的规定，做到人民防空建设经费能及时、足额地收缴，不得随意减免。同时加强人防经费管理，做到专款专用，确实保障人民防空工程建设的顺利实施。

尽快出台关于郑东新区公用人防工程招商引资的优惠政策。

3.5.4 建设保证

(1) 依法将《郑东新区人防工程规划》纳入郑东新区总体规划，规范城市人民防空工程的规划、建设、管理。本规划作为城市规划的重要组成部分，是城市建设的法规性文件，未经批准不得随意变更。人防、规划、城建等职能部门应共同督促本规划的实施。人民防空主管部门负责地下空间开发利用兼顾人民防空要求的管理和监督检查；单独修建的人防工程要严格按照人防法规执行。

(2) 必须将人防工程建设目标纳入国民经济和社会发展计划，必须将人防工程人均面积纳入城市建设考核指标体系。

(3) 加强和完善人民防空工程建设、人防机构建设和人才培养、人民防空工程科学研究、有关标准和规范的进一步完善、引入新技术成果，提高人民防空工程施工水平。

3.5.5 有关部门应对人防工程的建设给予下列保障

(1) 保障人防指挥工程、公共人防工程与其配套的进出口道路、孔口、出入口、口部伪装房等设施以及人防主管部门的建设用地，并按国防用地处理。

(2) 在规划、审批建设项目时应留出人民防空工程进出口部的安全距离。

(3) 对连接城市的供电、供水、排水、通信等系统的人民防空设施建设，提供必要的条件。

(4) 应当根据人民防空的需要，组织城建、公用、电力卫生、医药、公安部门、卫生、化工、环保、邮电、交通运输等有关部门组建防空专业队。

郑州市郑东新区人防工程与地下空间利用开发规划成果验收会意见

2005年6月8日上午，郑东新区管委会土地规划局组织召开了“郑东新区人防工程与地下空间开发利用规划”规划成果验收会。会议成立了由省市人防部门、城市规划管理设计部门、郑东新区管委会以及管委会土地规划局、建设局等领导和专家组成的验收组。验收组认真听取了南京解放军理工大学工程兵工程学院关于规划成果和上次专家评审会评审意见修改情况的汇报，进行认真评议，形成意见如下：

一、该规划紧密结合郑东新区城市建设和人民防空建设实际，科学发展，合理规划，整个规划体系完善、指导思想明确、依据充分、方法科学，在郑东新区防护空间体系、城市人防工程建设布局、地下空间整合等方面有较多创新，具有相当的科学性、系统性和可操作性。专家组原则通过该项规划成果验收。

二、专家组对规划成果提出了以下完善和深化意见：

1、该规划应以郑州市城市总体规划、郑东新区总体规划、控制性规划为依据，并结合轨道交通规划以及其他各专项规划，保证各项规划的良好衔接，规划期限应与郑东新区总体规划相一致。

2、郑东新区人防战略分析，指挥所位置、等级、建设时序以及人口疏散的方向等，应会同人防部门进一步核实。

3、进一步加强人防与地下空间规划的结合，紧密联系郑东新区建设现状，增强规划的可操作性。

4、补充“规划”的总体规划图和地下空间近期建设投资估算，完善规划成果。

二〇〇五年六月八日

评审专家名单：

王广国：郑东新区管委会副主任
于法典：河南省人防办副主任
韩道同：河南省人防办总工
马怀林：河南省人防办工程处处长
赵烈江：郑州市人防办主任
于　明：郑州市人防办副主任
秦有权：中国人民解放军总参工程兵第三设计研究所副处长、高工
陈志龙：南京解放军理工大学工程兵工程学院教授、博导
赵春生：郑州市人防办总工
李保平：郑州市人防办工程处处长
李　巍：郑州市人防办工程处副处长
郭凤春：河南省建设厅城市规划与风景园林处处长、注册规划师
宋建华：郑州市规划局规划处处长
任西锋：郑州市规划设计研究院副总工、注册规划师
盛　羽：郑州市市政设计院院长、总工
刘大全：郑东新区土地规划局副局长、注册规划师
李艳春：郑东新区建设局副局长、注册规划师

郑州市郑东新区地下空间开发利用规划

Special Plan of the Underground Space Development and Utilization for Zhengdong New District

2

郑州市郑东新区地下空间开发利用规划

Special Plan of the Underground Space Development and Utilization for Zhengdong New District

项目名称：郑州市郑东新区地下空间开发利用专项规划
委托单位：郑州市郑东新区管理委员会土地规划局
　　　　　郑州市人民防空办公室
编制单位：解放军理工大学地下空间研究中心
　　　　　南京城理人城市规划设计有限公司

1 概述

1.1 编制目的

为了加强对郑东新区地下空间开发利用的管理，合理开发城市地下空间资源，统筹安排规划区内各类地下工程设施布局，大力促进地下空间的建设发展，适应城市现代化和城市可持续发展建设的需要，特制定本专项规划。

1.2 规划范围、期限

规划范围为郑东新区除经济开发区之外的部分，西起107国道，东至京珠高速公路，北起连霍高速公路，南至陇海铁路，总面积约为114km^2。

近期规划年限：2010年；中期规划年限：2020年；远景规划年限：2050年。

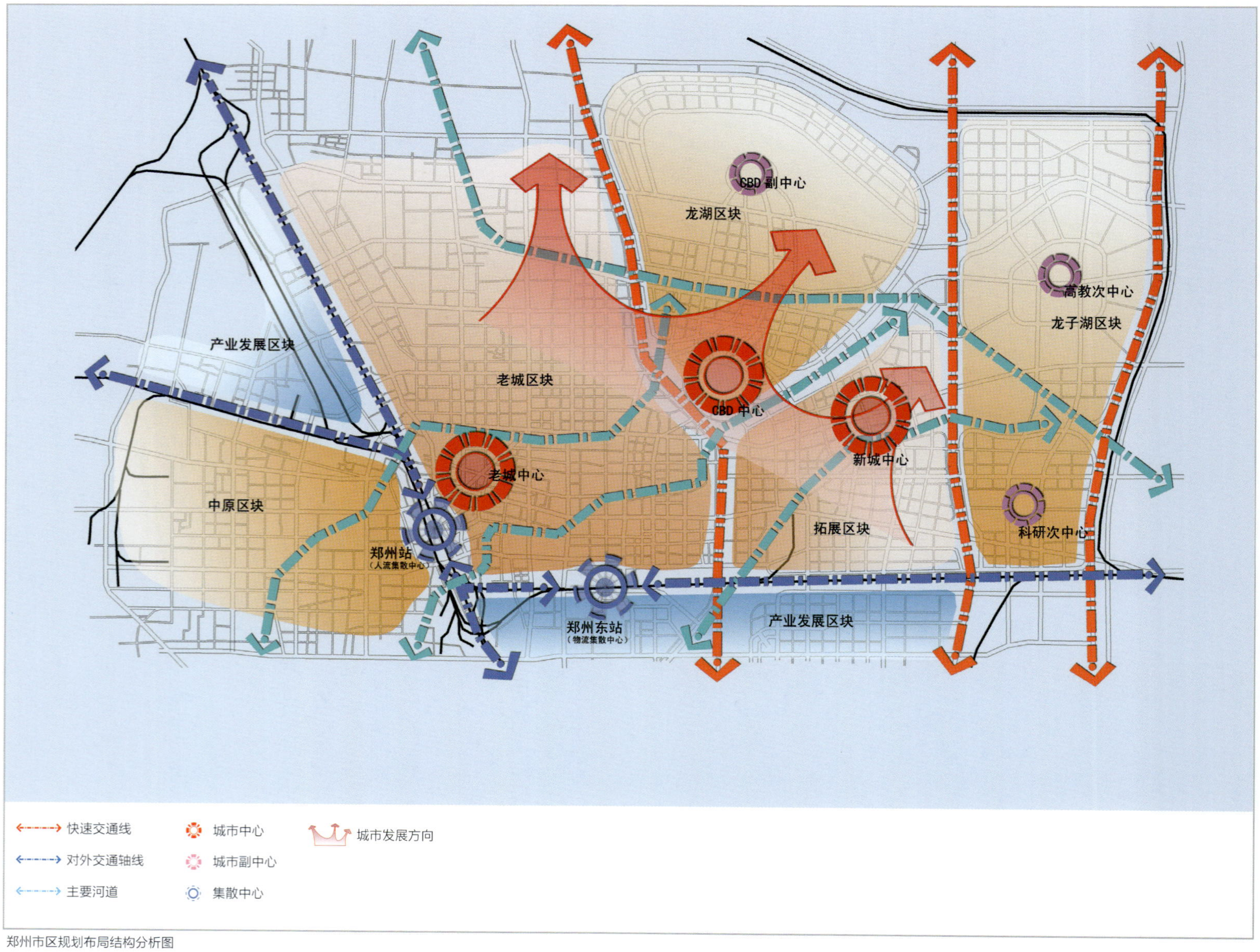

郑州市区规划布局结构分析图

1.3 规划背景分析

1.3.1 郑州市规划市区构成组团中，圃田组团（以郑东新区为主体）是城市重点发展区域，并规划形成3个功能核心：老城区块内的老城中心、龙湖区块内的CBD中心、拓展区块内的新城中心。

1.3.2 郑东新区的规划采取组团开发的概念，共分为CBD、龙湖地区、拓展区、龙子湖地区、经济技术开发区等若干组团，建设发展目标为生态城市、共生城市、新陈代谢城市和环形城市，充分体现以人为本的精神和改善人居环境的意愿。

1.3.3 郑东新区规划道路交通系统呈现方格网加放射环的混合形态，有多条主干路与老城区联系，道路密度大，建设标准高。

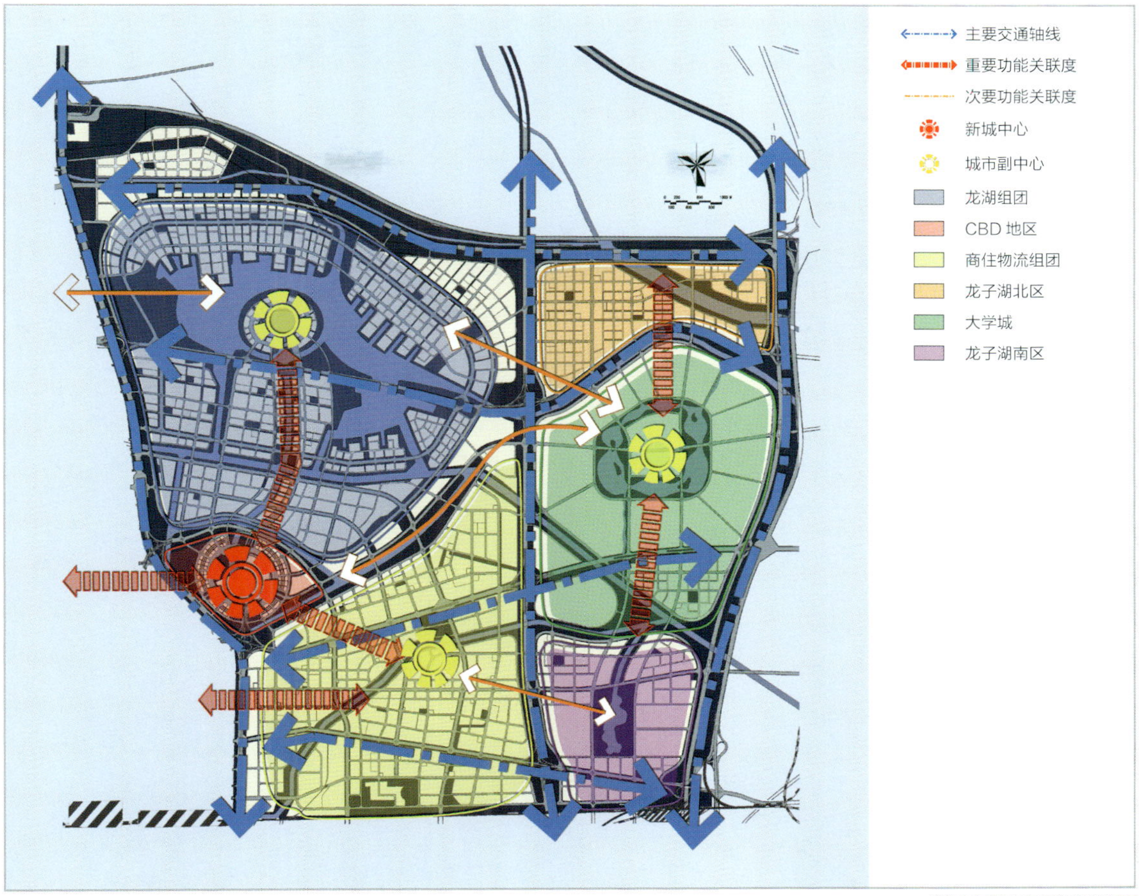

郑东新区规划布局结构分析图

郑东新区规划道路交通分析图

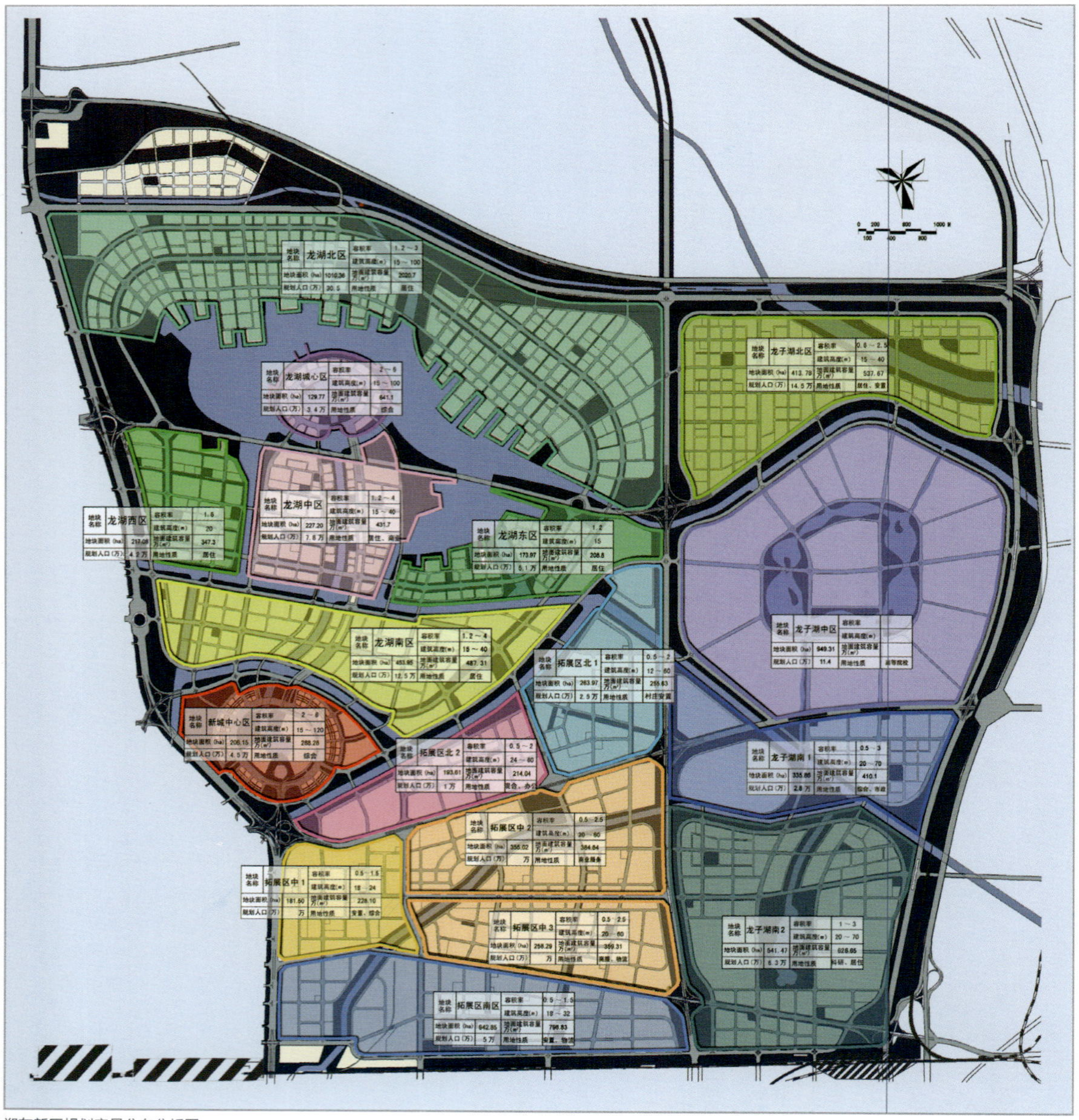

郑东新区规划容量分布分析图

2 地下空间开发利用规划

2.1 地下空间供给与需求分析

2.1.1 规划提出在未来相当长的时间内，新区地下空间的开发利用仍会集中在-30m范围内的浅层和中层地下空间，并且绝大部分以0~-20m以内的开发为主，局部地段视情况需要开发到-30m。

2.1.2 本次规划采用城市总体规划数学模型法等方法，预测郑东新区建设空间需求量：郑东新区地下空间资源总量为9.06亿m^3，可利用地下建筑面积为6040m^2，规划期末郑东新区地下空间需求量约1700万m^2，人均地下空间需求量为13.11m^2，各不同性质用地的地下空间需求量如下表所示。

郑东新区各类用地地下空间开发需求表

用地代号	用地性质	用地面积（hm^2）				地下空间开发性质	需开发面积率（%）	平均开发层数	地下空间需求量（万m^2）				地下空间总需求量（万m^2）
		起步区	龙子湖地区（除大学城）	龙湖其他地区	大学城				起步区	龙子湖地区（除大学城）	龙湖其他地区	大学城	
R	居住用地	1014	458.36	807.27		地下停车	25	1	253.5	114.59	201.8175		569.86
C	公共设施用地	314.8	481.59	220.47	797.11	地下停车、地下商业服务	30	1	94.4	144.48	66.141	239.13	544.19
W	仓储用地	93.6	79.95			地下仓储物流	20	1	18.7	15.99			34.71
S	道路广场用地	732.8	324.5	966.91	283.1		10	1	73.3	32.45	96.691	28.31	230.73
U	市政公用设施用地	115.2	115.1			地下轨道交通、地下市政管线	20	1	23.0	23.02			46.06
G	绿地	629.7	424.5	1186.21	117.56	地下基础设施	5	1	31.5	21.23	59.3105	5.878	117.90
D	特殊用地	38.3				地下停车、地下商业服务	10	1	3.8				3.83
H	混合用地	325.6		36.53	85.32	地下特殊职能	30	1	97.7		10.959	25.596	134.24
	合计	3300	1891.18	3217.39	1283.09				595.9	351.75	434.919	298.917	1681.51

2.2 地下空间总体规划

郑东新区地下空间以轻轨1号线下地为契机，以新建项目地下空间为基础，以大型综合性地下公共服务空间为重点，以基础设施地下系统建设为前景，形成“一轴、一核、三极、一网络”的规划整体布局结构。“一轴”即轻轨1号线地下交通主导轴，“一核”即新区CBD地下空间综合开发核心区，“三极” 即商住物流区中心、龙湖地区CBD副中心和大学城公共设施共享中心三个组团级地下空间次中心，“一网络” 即以联系各组团的主要通道、组团之间及其内部的带状开放空间和带状绿地为地下生命线远期控制网络。

规划以商住物流区中心、龙湖地区CBD副中心和大学城公共设施共享中心为郑东新区组团级地下空间次中心。其中，商住物流区中心开发深度控制在地下二层以内，以轻轨1号线衡山站换乘枢纽以及拓展区中心为核，以地下街为主要形式向周边一定区域内辐射。 龙湖地区CBD副中心开发规模主要由配建停车需求决定，以全面铺开的、均质性的配建式地下开发为主；大学城公共设施共享中心开发深度控制在地下二层以内，呈散点状结合大型公共设施和开放空间设置。

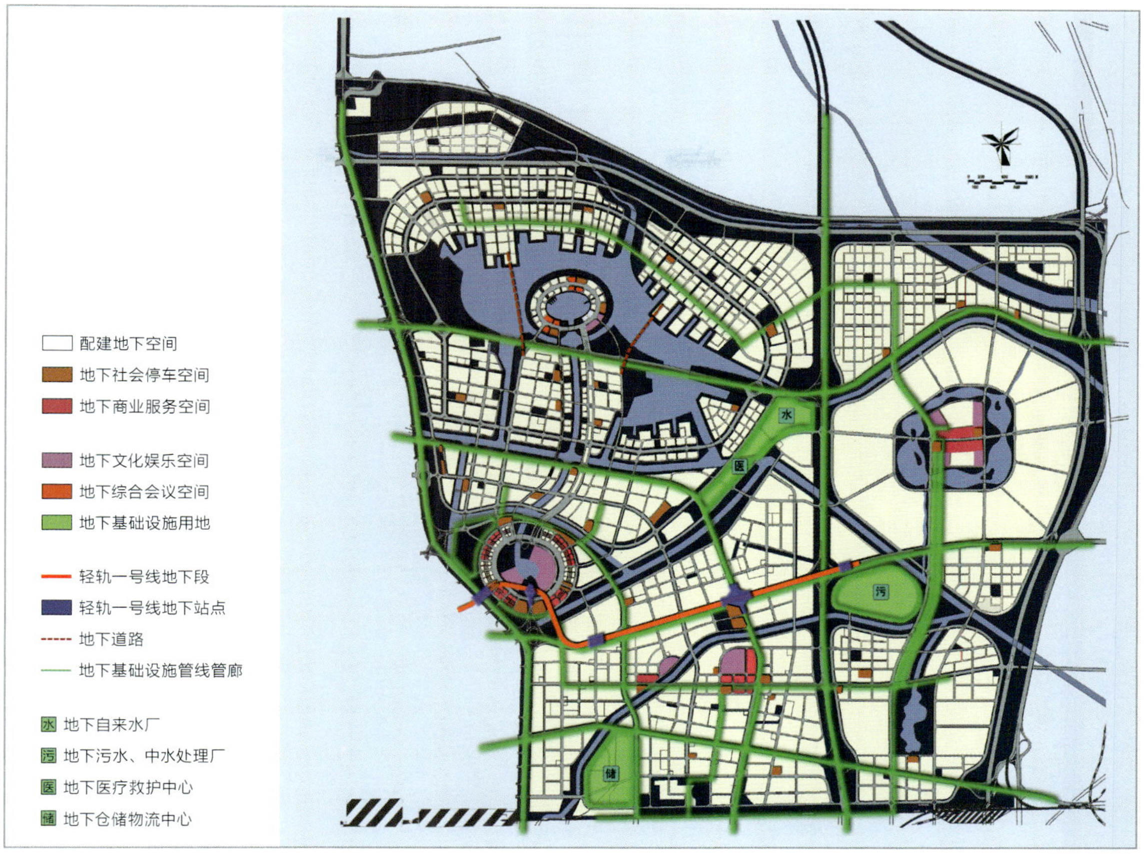

郑东新区地下空间总体规划图

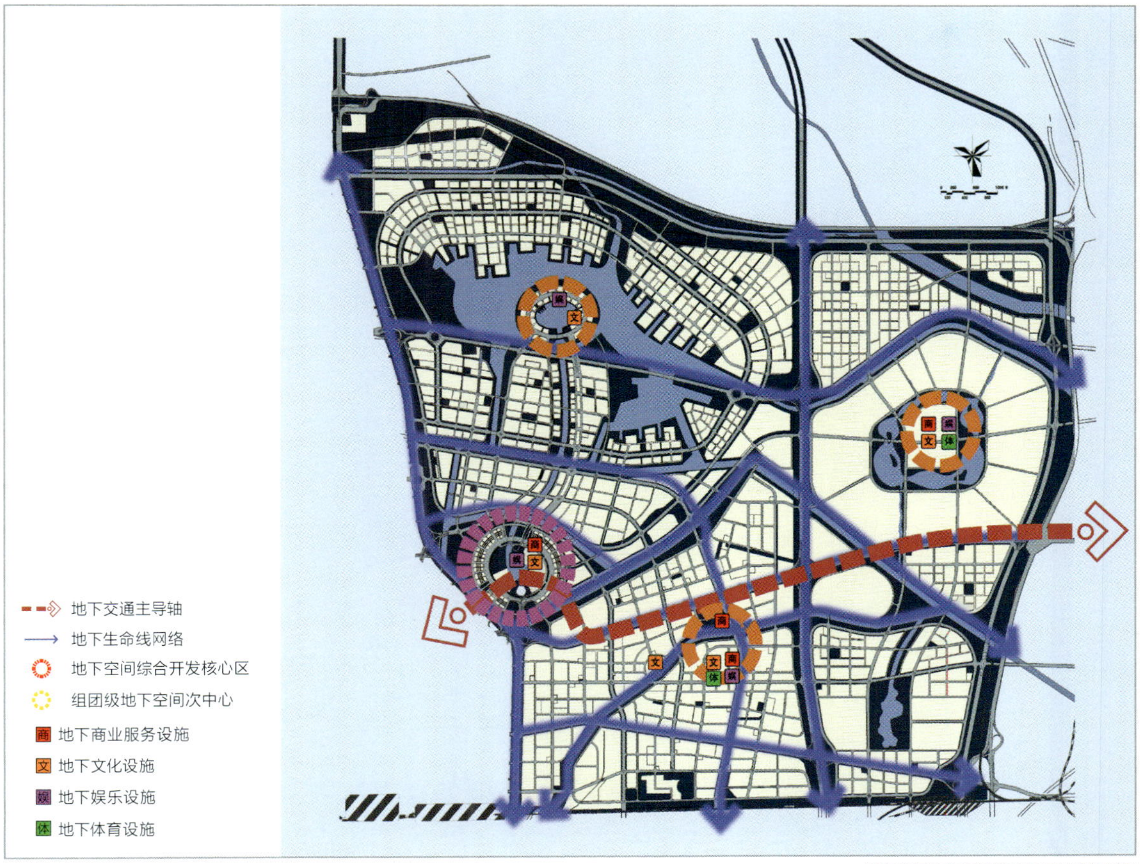

郑东新区地下空间整体布局结构规划图

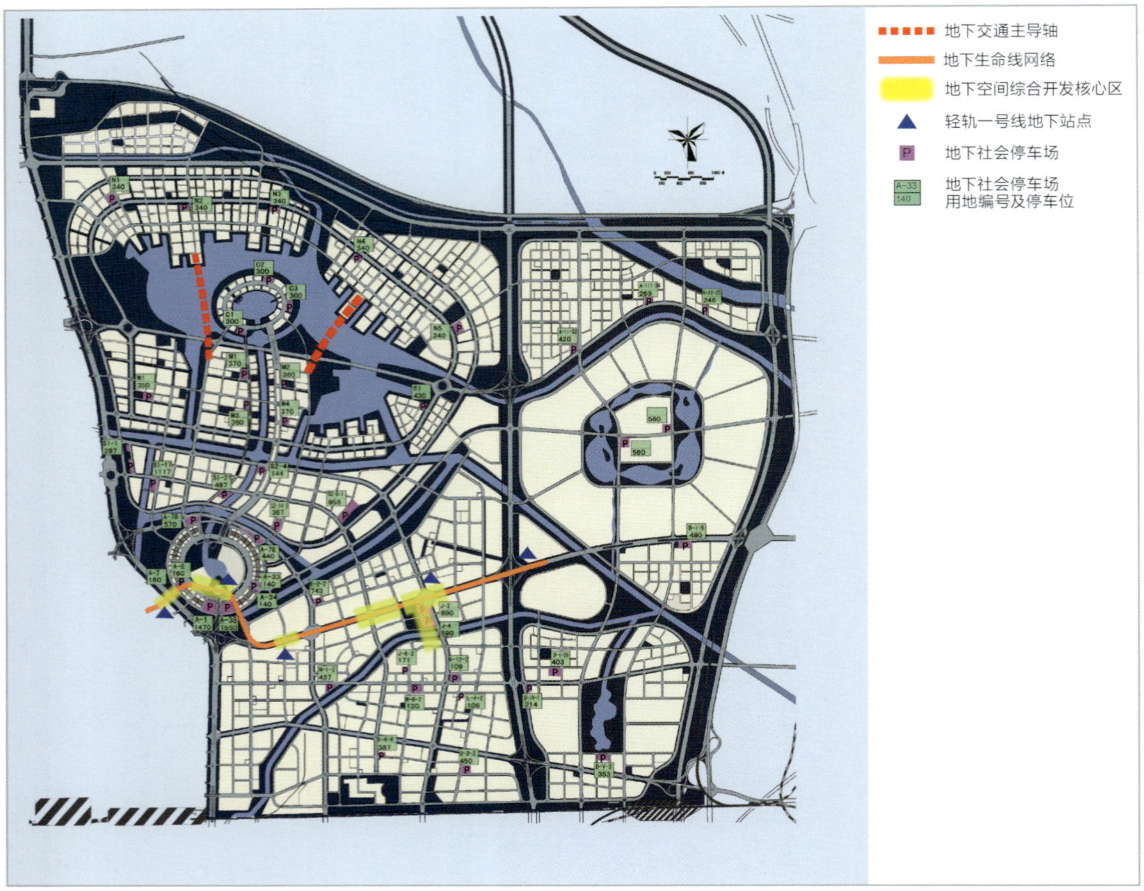

郑东新区地下空间整体布局结构规划图

2.3 地下交通规划

地下交通规划以轻轨1号线为郑东新区地下交通主导轴。规划有地下道路交通系统、地下停车场、地下步行交通系统等交通设施。

地下道路交通：规划建议从众意路，九如路分别引两条地下道路，方便龙湖南北的交通联系，维护龙湖水域景观的完整性。

地下停车场：在城市建设重点地区内，考虑以地下停车为主；各类设施配建停车空间宜采用地面与地下相结合的形式。

地下步行交通系统：本次规划建议在CBD中心、拓展区次中心、大学城共享中心等地块，轻轨地下站周边、主要道路交叉口周边等处，结合地面建设配建或单建地下步行系统。

郑东新区地下基础设施系统规划构想图

2.4 地下基础设施规划

地下基础设施主要布设有地下管线综合管廊、地下污水处理厂、地下雨水储水库、地下中水处理厂、地下变电站、地下应急水源和地下水厂、地下储气库、地下物流系统等。

地下管线综合管廊(共同沟)布局：近期，在新建道路或地下快速轨道交通系统建设时整合建设共同沟，减少独立施工的共同沟的建设量；远期，在各类市政主干管均比较集中的路段和主要市政公用设施布局共同沟。共同沟内近期优先安排电力电缆、电信电缆、广播电视电缆、供水管线，有条件地安排燃气管线、热力管线；远期发展中水管道、真空垃圾收集管道等。雨、污水管线原则上不考虑进共同沟。

2.5 地下防空防灾规划

地下防空防灾规划以轨道交通、地下商业区为骨干，以可用于战时防空的地下空间和地下生命线工程为补充，以社区相连成片，片与干（支）道相通，形成点片相连、干支相通、防护可靠、功能完善、平战结合的地下防护空间总体布局。

郑东新区地下空间防空防灾系统规划图

2.6 地下空间开发方式

地下空间分为强制性建设、鼓励性开发、特殊性开发3种开发建设方式。其中，强制性建设的地下空间是按照国家和地方有关规范和标准的要求，与建设项目地面建、构筑物同步规划设计、施工、使用的必要地下空间。鼓励性开发的地下空间是指根据一定的规划意图，与各建设项目同步开发建设的、不属于国家和地方有关规范和标准要求的那部分地下空间；特殊性开发的地下空间是指出于专门的地下开发要求而单独建设的地下空间，其建设主体往往是城市政府而非民间机构。

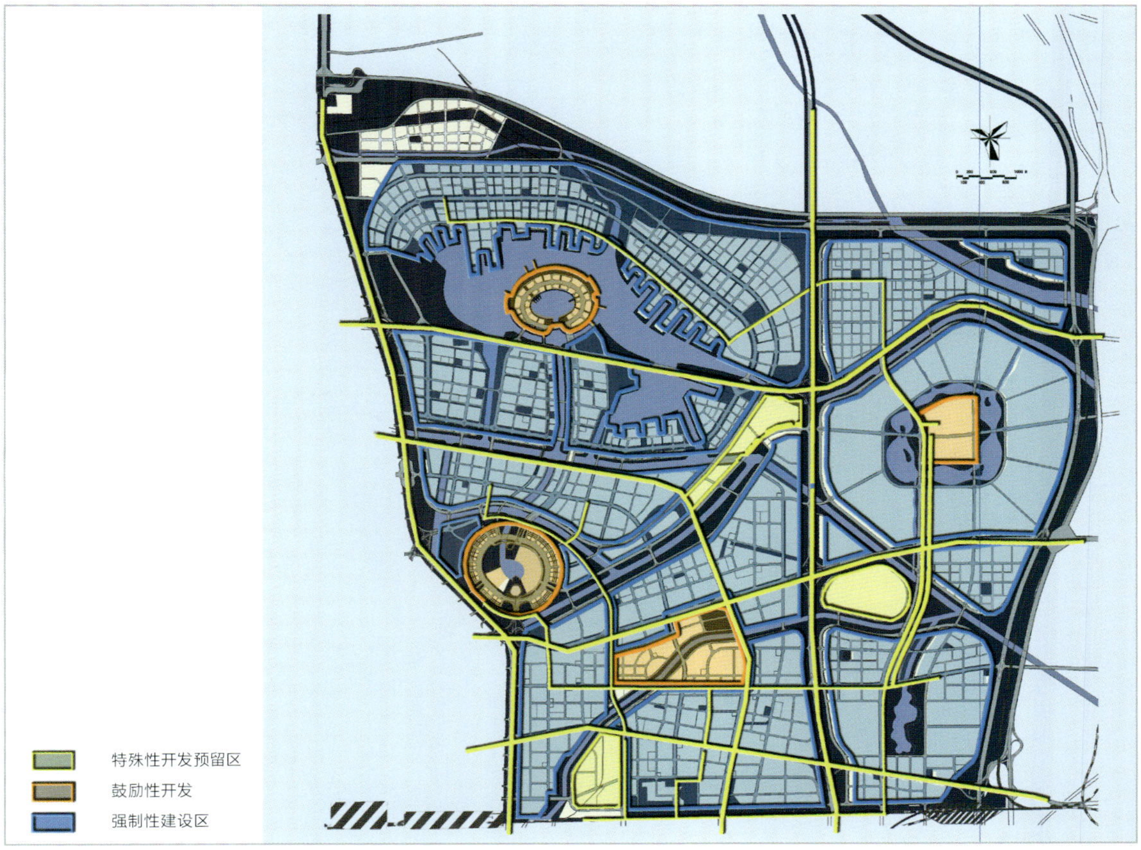

郑东新区地下空间开发建设方式图

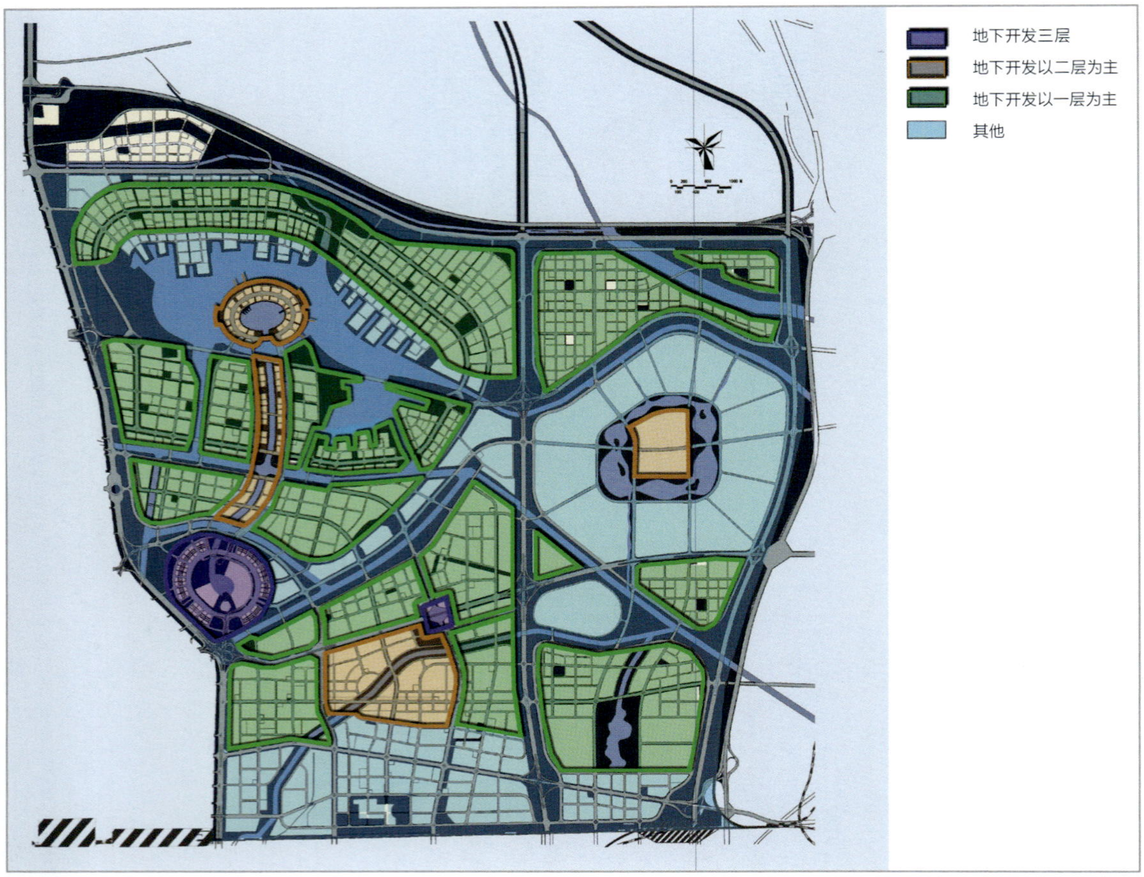

郑东新区地下空间开发深度控制图

2.7 地下空间开发深度

郑东新区主要以浅层地下空间开发利用为主，重点开发-20m以内的地下空间，按地下一层、地下二层、地下三层3个下限开发深度进行控制，鼓励建设方在条件具备的情况下充分开发利用地下空间。

根据不同区域建设条件和需要，CBD范围内按3层控制地下空间开发，拓展区次中心、龙湖CBD副中心和大学城共享中心按两层控制地下空间开发，其他区域开发一层地下空间用于停车。

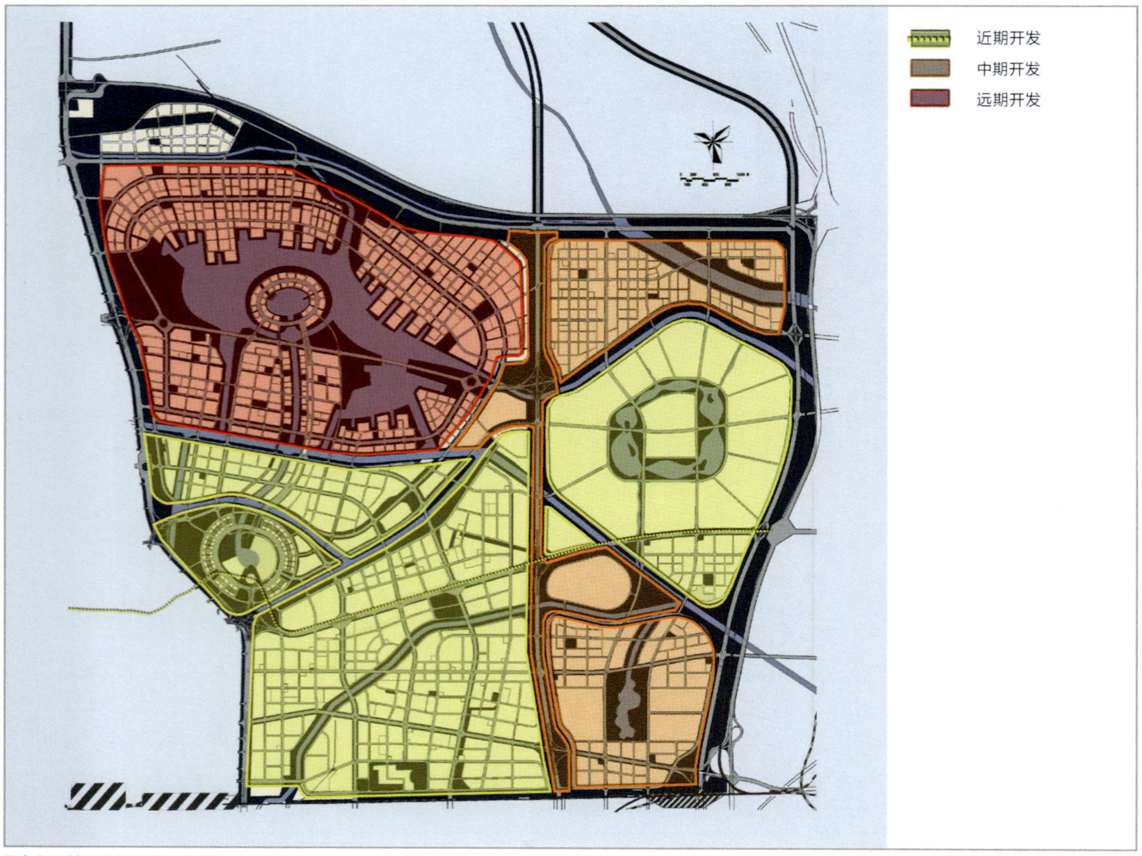

郑东新区地下空间开发时序控制图

2.8 地下空间开发时序

近期（2005~2010）：道路交通系统的完善，轻轨1号线地下段建成；CBD、拓展区、龙湖南区、大学城地下与地上同步建设。

中期（2010~2020）：CBD内的地下空间形成完整高效的地下空间体系；地下步行街和商业设施发展的主要阶段，拓展区次中心、大学城共享中心地下空间重点项目建设；龙子湖北区、南区地上与地下同步建设；大型地下市政设施和共同沟开始建设 。

远期（2015~2050）：龙湖中区、北区地下与地上同步建设；大型地下市政设施和共同沟建设的主要阶段。

2.9 地下空间开发强度

地下空间开发强度指地块地下空间开发量与地块面积的比例系数，与地上空间的开发强度基本成对应关系。郑东新区内“一核”的开发强度最高，其次是“一轴”的各地下站点周边以及“三极”地区。

郑东新区地下空间开发强度控制图

郑东新区地下空间开发强度表

片区名称		片区地面功能	地块面积 (hm^2)	地下空间性质	开挖平面面积率 (%)	地下平均开发层数	地下开发强度	地下开发面积(万m^2)
新城中心区(CBD)		办公/商业/居住	206.15	停车 / 商业服务 / 轻轨站	30	2	0.6	123.69
龙湖地区			2212.33					486.27
其中	龙湖北区	居住	1010.36	停车	20	1	0.2	202.07
	龙湖城心区(CBD副中心)	旅游/会议/度假	129.77	停车/文化娱乐	30	1.5	0.45	58.40
	龙湖中区	居住/商业	227.2	停车	25	1	0.25	56.80
	龙湖东区	居住	173.97	停车	20	1	0.2	34.79
	龙湖西区	居住	217.08	停车	20	1	0.2	43.42
	龙湖南区	居住/医疗卫生	453.95	停车	20	1	0.2	90.79
拓展区			1895.24					441.18
其中	拓展区北1区	村庄安置	263.97	停车	20	1	0.2	52.79
	拓展区北2区	行政办公	193.61	停车	20	1	0.2	38.72
	拓展区中1区	村庄安置/混合	181.5	停车	20	1	0.2	36.30
	拓展区中2区	商业服务	355.02	停车/商业服务/轻轨站	25	1.5	0.375	133.13
	拓展区中3区	商业服务/物流	258.29	停车/仓储/物流储运	20	1	0.2	51.66
	拓展区南区	物流/村庄安置	642.85	停车/物流储运	20	1	0.2	128.57
龙子湖地区			2240.42					370.2
其中	龙子湖北区	居住/混合	413.78	停车	20	1	0.2	82.76
	龙子湖核心区(大学城共享中心)	公共设施/居住	89.68	停车/文化娱乐	20	1.5	0.3	26.90
	大学城其他区域	高等院校	859.63	停车	15	1	0.15	128.94
	龙子湖南1区	居住/科研/市政	335.86	停车/基础设施	15	1	0.15	50.38
	龙子湖南2区	科研/物流/居住	541.47	停车	15	1	0.15	81.22
合计			6554.14					1421.34

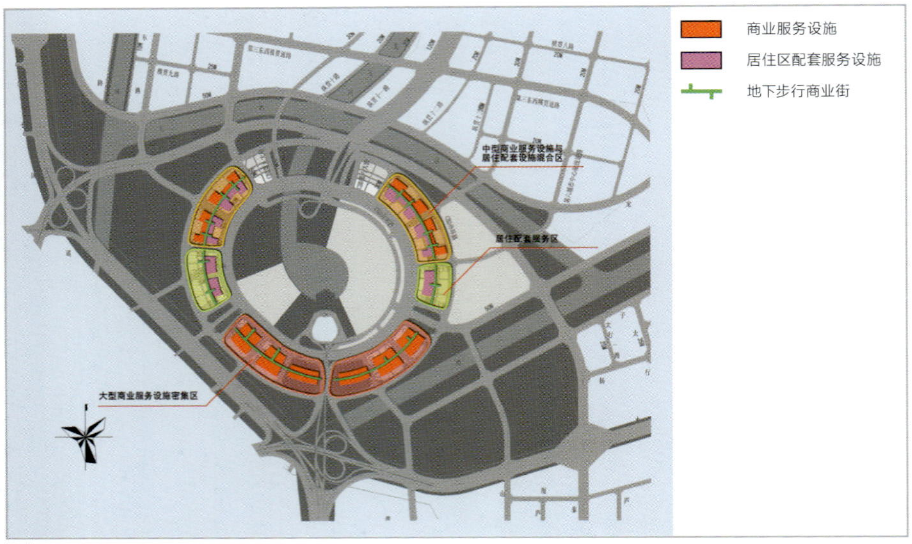

郑东新区CBD地区地上地下商业服务空间与业态分析

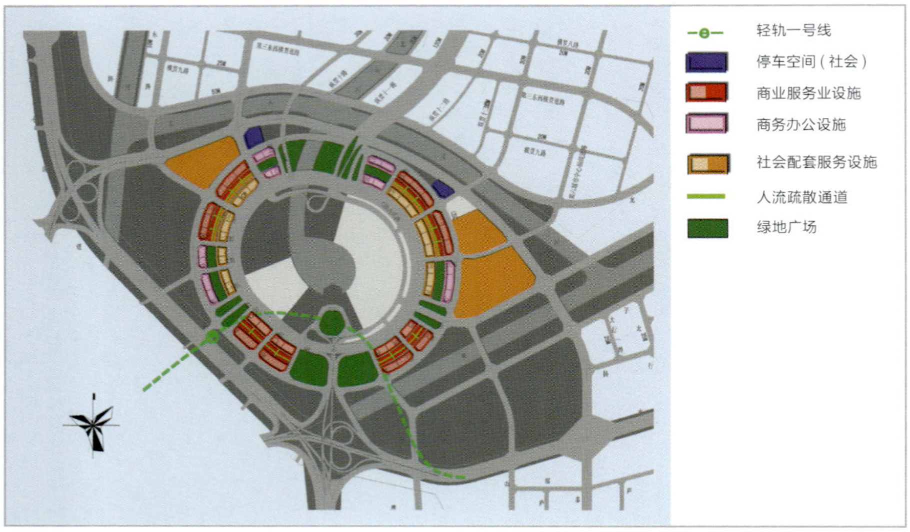

郑东新区地下空间分层开发利用模式图(1F)

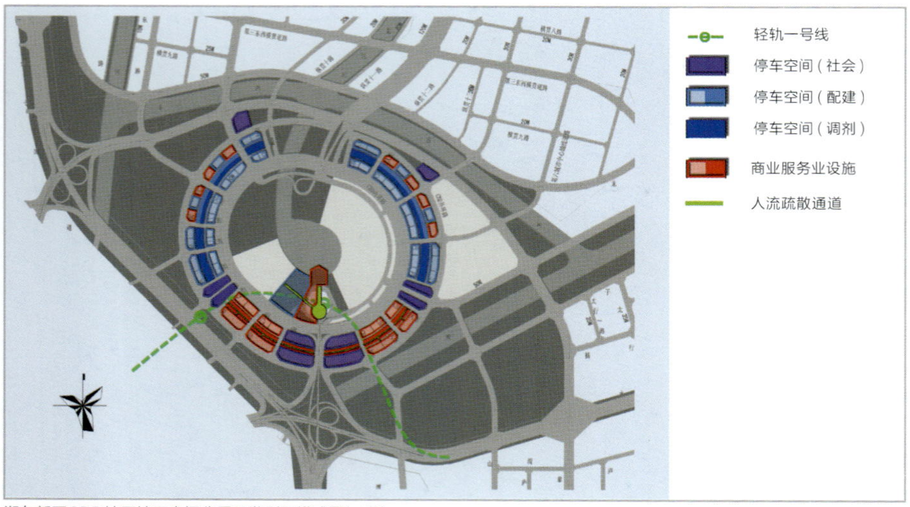

郑东新区CBD地区地下空间分层开发利用模式图(−1F)

2.10 CBD地下空间规划

CBD范围内按三层控制地下空间开发：地下一层规划为商业服务空间和停车空间，地下二层规划为停车空间和轻轨1号线会展中心站站厅层，地下三层规划为停车空间和轻轨1号线地下段部分隧道以及会展中心站站台层。

2.10.1 CBD地下空间分层规划地面层（1F）

CBD地面层主要为绿地、地面停车场、商业服务设施等。

2.10.2 CBD地下空间分层规划（−1F）

CBD地下一层高6.5m~7.5m或4.0m，主要规划用于商业服务设施、配建停车库和独立单个社会停车场。

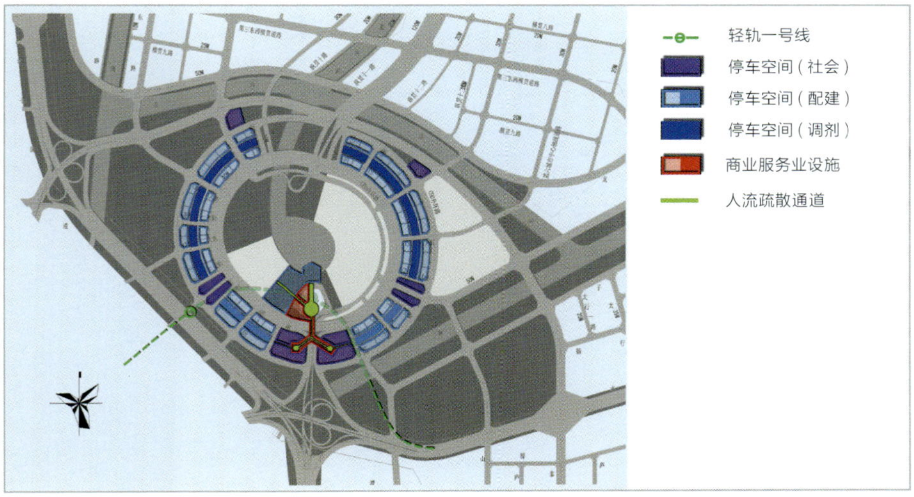

郑东新区CBD地区地下空间分层开发利用模式图(-2F)

2.10.3 CBD 地下空间分层规划（-2F）

CBD 地下二层高 4.0m，或 5.5m~7.5m，规划用途以停车为主，并与地铁车站对接，配套商业服务等设施。

2.10.4 CBD 地下空间分层规划（-3F）

CBD 地下三层规划层高 4.0m，本层主要是轻轨一号线站台层及 CBD 外圈建筑配建的停车库。

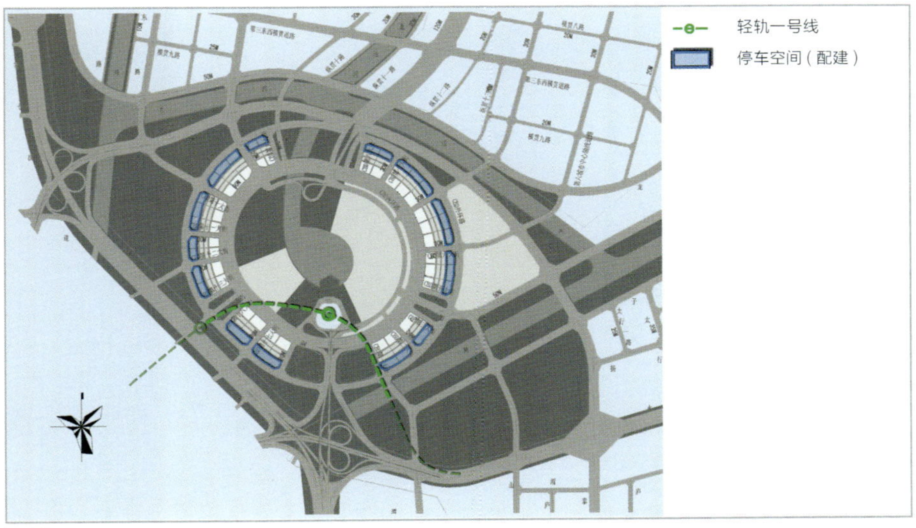

郑东新区地下空间分层开发利用模式图(-3F)

3 近期规划、投资估算及实施建议

3.1 地下空间近期建设规划

3.1.1近期建设规划包括加快轻轨1号线一期工程，结合该工程建设开发利用地下空间，重点结合轻轨地下站建设地下商业步行街、地下人行通道，并与周边建筑的地下空间连通。

3.1.2 进行CBD地区城市地下空间建设与初步整合：CBD环形城市地下空间与地面建设同步推进，全部地下一层和部分地下二层地下空间投入使用；环形城市南部、金水路立交两侧的两片重点商业区形成地上地下贯通的商业步行空间，并实现与轻轨1号线会展中心站站厅的对接。

3.1.3 近期拓展区次中心地下空间开发利用：近期重点结合轻轨1号线一期工程建设形成衡山路地下站和换乘枢纽，以轻轨1号线衡山路站换乘枢纽以及拓展区中心为核，以地下街为主要形式向周边一定区域内辐射，开发深度控制在地下二层以内。

3.1.4 近期地下市政设施建设：重点是CBD地区110kV变电站地下化，以提高新区的防灾能力、改善新区环境、提高土地利用率。

3.2 近期地下空间建设投资概算

郑东新区近期地下空间建设主要包括民用建筑地下室建设和轻轨1号线地下段建设两个部分，经计算，郑东新区近期地下空间建设总投资约为91.9亿元，详见下表。

近期地下空间建设投资概算表

项目	参数	地下空间开发分区			分项总造价(亿元)
		CBD	拓展区	龙湖南区	
民用建筑地下室	地下开发总面积(万m^2)	65.9	418.2	109.9	76.8
	地下空间造价(亿元)	9.3	55.6	11.9	
轻轨	轻轨地下段总长(km)	7.5			10.5
	轻轨造价(亿元/km)	1.4			
不可预见费用		按总造价的5%计算			4.6
地下空间总造价		91.9			

3.3 实施建议

3.3.1 通过制定《郑东新区城市地下空间开发利用管理规定》等法规规范，规范、有序进行地下空间开发和维护。

3.3.2 通过CBD地区地下空间的开发利用试点，理顺地下空间开发利用的管理机制、实施机制；加强地下空间开发利用宣传，转换传统观念，调动各方面的积极性，充分发挥地下空间在解决城市用地紧张、提高土地使用效率、缓解交通拥挤、改善环境、减轻灾害、节约能源等方面的功能和作用；严格规范审批各地块的地下空间设计方案，对规划必要的修正不得影响原有规划体系；鼓励不同开发主体的地下空间互相连通、互相开放使用。

3.3.3 建立地下空间开发利用数据库，对地下空间开发实施动态平衡管理。

郑州市郑东新区人防工程与地下空间利用开发规划成果验收会意见

2005年6月8日上午，郑东新区管委会土地规划局组织召开了“郑东新区人防工程与地下空间开发利用规划”规划成果验收会。会议成立了由省市人防部门、城市规划管理设计部门、郑东新区管委会以及管委会土地规划局、建设局等领导和专家组成的验收组。验收组认真听取了南京解放军理工大学工程兵工程学院关于规划成果和上次专家评审会评审意见修改情况的汇报，进行认真评议，形成意见如下：

一、该规划紧密结合郑东新区城市建设和人民防空建设实际，科学发展，合理规划，整个规划体系完善、指导思想明确、依据充分、方法科学，在郑东新区防护空间体系、城市人防工程建设布局、地下空间整合等方面有较多创新，具有相当的科学性、系统性和可操作性。专家组原则通过该项规划成果验收。

二、专家组对规划成果提出了以下完善和深化意见：

1、该规划应以郑州市城市总体规划、郑东新区总体规划、控制性规划为依据，并结合轨道交通规划以及其他各专项规划，保证各项规划的良好衔接，规划期限应与郑东新区总体规划相一致。

2、郑东新区人防战略分析，指挥所位置、等级、建设时序以及人口疏散的方向等，应会同人防部门进一步核实。

3、进一步加强人防与地下空间规划的结合，紧密联系郑东新区建设现状，增强规划的可操作性。

4、补充《规划》总体规划图和地下空间近期建设投资估算，完善规划成果。

二〇〇五年六月八日

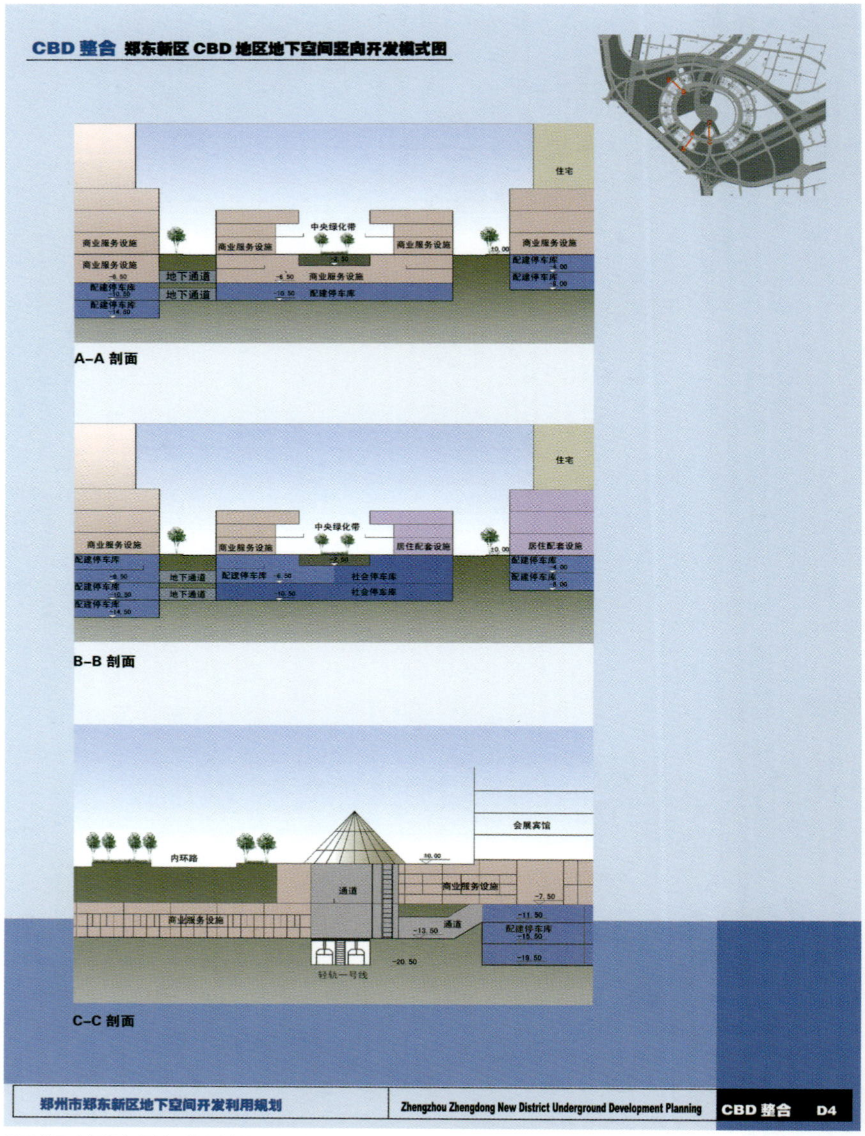

CBD地下空间竖向规划及横向连接规划示意

评审专家名单：

王广国：郑东新区管委会副主任
于法典：河南省人防办副主任
韩道同：河南省人防办总工
马怀林：河南省人防办工程处处长
赵烈江：郑州市人防办主任
于　明：郑州市人防办副主任
秦有权：中国人民解放军总参工程兵第三设计研究所副处长、高工
陈志龙：南京解放军理工大学工程兵工程学院教授、博导
赵春生：郑州市人防办总工
李保平：郑州市人防办工程处处长
李　巍：郑州市人防办工程处副处长
郭凤春：河南省建设厅城市规划与风景园林处处长、注册规划师
宋建华：郑州市规划局规划处处长
任西锋：郑州市规划设计研究院副总工、注册规划师
盛　羽：郑州市市政设计院院长、总工
刘大全：郑东新区土地规划局副局长、注册规划师
李艳春：郑东新区建设局副局长、注册规划师

郑州市郑东新区公共交通专项规划

Special Plan of Public Transportation for Zhengdong New District

3

郑州市郑东新区公共交通专项规划
Special Plan of Public Transportation for Zhengdong New District

项目名称：郑州市郑东新区公共交通专项规划
委托单位：郑州市规划局
东南大学交通学院
编制单位：郑州市公共交通总公司
郑州市郑东新区管理委员会土地规划局

1 概述

1.1 项目背景

郑东新区作为郑州市外延和内涵发展的集中体现，在城市化背景下科学决策其客运交通发展模式并合理规划综合运输体系是保障新区社会经济与交通运输协调发展的重要方面。

1.2 规划范围

本次规划范围为西起107国道，东至京珠高速公路，北起连霍高速公路，南至郑州机场快速路，总用地范围约150km^2，规划总人口135.2万人。

2 公共交通发展战略

2.1 客运交通发展模式

新区交通的合理发展模式为：以公共交通为主体（CBD地区为主导），多种交通方式协调高效的综合交通体系。

2.2 公共交通发展模式

根据城市发展和交通发展的实际，规划将大力发展公共交通，积极构筑以轨道交通（市郊铁路、地铁、轻轨）和快速公交为骨干，常规公交为主体，出租车为辅助的多元化、快速、高效、安全、环保的城市公共交通系统。

2.3 公共交通网络模式

近期公共交通主要方式为常规公交系统，因此公交网络主要由常规公交线路、枢纽及客流集散点构成。根据常规公交线路功能、特征等因素，划分为3个等级：常规公交主干线、常规公交辅助线和常规公交驳运线。主干线划分为新区内部主干线和向老城区放射的主干线2种类型，辅助线包含郑东新区内部辅助线和对外放射状辅助线，驳运线主要分布于郑东新区内部。

远期公共交通方式包括城市轨道交通系统、快速公共交通系统和常规公交系统，根据公交线路功能、特征等因素，划分为5个等级：城市轨道交通线、快速公交线、常规公交主干线、常规公交辅助线和常规公交驳运线。

3 近期常规公交线网规划

3.1 规划基本原则

郑东新区近期常规公交线网规划基本原则主要包括：提高线网的覆盖水平和可达性，最大限度地满足公交乘客的出行需求；满足规范等关于公交线网的相关控制性指标；综合考虑线网自身特征和运行环境，最大程度地减少居民出行总时耗；常规公交线网布设的分层次、分等级、分类别；考虑公交运营部门的具体情况，使运营收益尽可能大。

3.2 公交线网发展规模

3.2.1 公交服务分区

根据郑东新区规划人口密度、就业岗位分布、产业布局、用地性质等因素，将其划分为8个公交服务分区。

郑东新区公交服务分区划分

根据《郑州市综合交通规划》和《郑州市公交系统专项规划》，综合考虑郑东新区8个公交服务分区土地利用现状和规划，结合人口用地布局，提出近远期郑东新区常规公交线网规划控制指标，见郑东新区公交规划主要控制性指标。

郑东新区近期公交线网总长度约346km，远期将达到约575km；本次规划常规公交线路长度10~12km；内部公交线路条数与对外线路条数按1：1.667的比例关系取值。

郑东新区公交规划主要控制性指标

公交服务分区		①	②③	④⑤⑧	⑥⑦
公交线路网密度（km/km^2）	近期	4.8	3.0	2.0	2.0
	远期	4.5	3.5	3.0	2.5
重复系数	近期	1.5	1.5	1.5	1.0
	远期	1.5	2.0	2.0	1.5

郑东新区近期内部主干线规划

线路名称	长度（km）	途经道路
Nz01	9.9	郑东新区CBD－泰山路－经开第三大街－航海东路－经开第八大街
Nz02	10.0	郑东新区CBD－龙湖环路
Nz03	14.7	龙湖环路－衡山路－经开第八大街
Nz04	11.0	郑东新区CBD－金水东路－龙子湖纵贯一路
Nz05	14.7	经北三路－经北四路－衡山路－郑汴路－龙子湖纵贯三路
Nz06	10.1	郑东新区CBD－龙子湖中路

3.3 线网布局规划

3.3.1 新区内部主干线规划

郑东新区内部共规划主干线6条，平均长度为11.7km。各条线路的长度和走向见郑东新区近期内部主干线规划。

3.3.2 新区对外主干线规划

郑东新区对外主干线共规划14条，平均长度为13.4km。各条线路的长度和走向见郑东新区近期对外主干线规划。

3.3.3 新区内部辅助线规划

郑东新区内部共规划辅助线13条，平均长度为10.2km。各条线路的长度和走向见郑东新区近期内部辅助线规划。

郑东新区近期对外主干线规划

线路名称	长度（km）	途经道路
Wz01	13.3	郑东新区CBD－第三东西横贯道路－农业路－文化路－沙门路－邮运北路
Wz02	14.3	郑东新区CBD－黄河路－经三路－农业路－冉屯路
Wz03	14.7	郑东新区CBD－黄河路－嵩山北路－中原西路
Wz04	12.1	郑东新区CBD－纬二路－花园路－陇海西路
Wz05	12.9	郑东新区CBD－民航路－金水路－东明路－航海中路
Wz06	11.7	郑东新区CBD－庐山路－郑汴路－东大街－西大街－正兴街－中原东路
Wz07	13.7	郑东新区CBD－金水路－未来大道－冯庄路－三环路
Wz08	13.9	第二东西横贯道路－东风路－花园路－新柳路
Wz09	13.0	第一东西横贯道路－经三路－文化路－红砖路－劳动路
Wz10	10.4	扬子路－民航路－金水路－人民路－正兴街
Wz11	11.5	黄山路－郑汴路－东大街－西大街－正兴街－福寿街
Wz12	15.7	经开第三大街－航海东路－航海路－京广南路－庆丰路－保全街－陇海西路－伊河路－嵩山南路
Wz13	17.0	经开第八大街－航海东路－一零七国道－郑汴路－东大街－西大街－正兴街－中原东路－大学路
Wz14	13.2	郑汴路－一零七国道－航海路－航海中路－嵩山南路－淮河路

郑东新区近期内部辅助线规划

线路名称	长度（km）	途经道路
Nf01	9.9	龙湖环路－龙子湖外环路
Nf02	11.3	畜牧路－龙子湖外环路
Nf03	13.2	畜牧路－第三城市中心轴线道路－太行路－扬子七路－黄山二路－漓江路
Nf04	11.7	郑东新区CBD－扬子四路－扬子三路
Nf05	10.3	郑东新区CBD－太行路－珠江三路－经开第八大街
Nf06	8.6	郑东新区CBD－庐山三路－中央大道
Nf07	8.6	郑东新区CBD－庐山路－珠江三路－经开第三大街－经北二路－经开第五大街
Nf08	10.1	庐山路－中央路－渭水四路－漓江四路－崂山四路－东三环－陇海东路－经开第十一大街
Nf09	9.4	扬子二路－扬子四路－黄山二路－渭水一路－太行路－漓江二路－体育南路－珠江二路－经开第三大街
Nf10	8.0	太行五路－渭水一路－中央大道－崂山三路－经开第三大街－经开第一大街
Nf11	10.5	龙子湖纵贯三路－东三环－经北二路－经开第十一大街－经南五路
Nf12	10.9	龙子湖外环路－中央大道－黄山路
Nf13	10.6	龙子湖纵贯二路－龙子湖外环路－中央大道

郑东新区近期对外辅助线规划

线路名称	长度（km）	途经道路	备注
Ff01	20.0	经开第八大街－航海东路－航海路－城东南路－陇海东路	现状 307 路
Ff02	15.1	张庄路－商城路－太康路－建设东路－工人路－颍河路	现状 52 路
Ff03	15.3	金水路－东明路－西大街－正兴街－兴隆街－一马路－陇海路－淮河路－桐柏路	现状 87 路
Ff04	9.7	郑汴路	现状 14 路
Ff05	12.8	航海东路－航海路－东明路－商城路－正兴街－兴隆街	现状 33 路
Ff06	14.1	金水路－东明路－商城路－正兴街－中原东路－嵩山南路－汝河路－淮河路	现状 58 路
Ff07	14.2	金水路－人民路－太康路－棉纺东路－棉纺西路－华山路	现状 37 路
Ff08	15.8	安庄－一零七国道－黄河路－东明路－商城路－管城街－南大街－城南路	现状 319 路
Ff09	10.5	第三东西横贯道路－一零七国道－黄河路－东明路－纬四路	现状 48 路
Ff10	13.5	张庄路－金水路－东明路－纬五路－黄河路－政六街－花园路－北三环－渠东路－沙门路	现状 77 路
Ff11	9.6	漓江二路－太行路－金水东路－第四东西横贯道路－黄河路－纬五路	现状 47 路
Ff12	9.2	纬四路－未来大道－东明路－凤凰路－城南路－南关街－陇海东路－一马路	现状 206 路
Ff13	8.8	第二东西横贯道路－一零七国道－未来大道－纬五路－花园路	
Ff14	11.3	东风路－丰庆路－沙门路	
Ff15	11.8	珠江一路－货栈街－陇海东路－陇海西路	
Ff16	8.2	郑东新区 CBD －龙湖环路－丰产路－花园路－纬五路	
Ff17	10.9	龙湖环路－沙门路－高皇路－新柳路	
Ff18	12.5	经开第三大街－航海东路－航海路－石柱路	
Ff19	11.4	经济技术开发区－南三环	

郑东新区路段公交客流量分布

3.3.4 新区对外辅助线规划

郑东新区内部共规划辅助线19条，平均长度为12.4km。各条线路的长度和走向见郑东新区近期对外辅助线规划。

3.3.5 CBD内部BRT线网规划

郑东新区CBD内部内环和外环共规划快速公交（BRT）环线2条（单向运行），内环布置在外侧车道，外环布置在内侧车道，BRT内环线长3.5km，外环线长5.0km。

3.4 近期线网规划方案评价

3.4.1 公交线网布局评价

（1）公交线路总长度和线路条数

郑东新区近期规划的常规公交线路总条数为52条，其中内部线路19条，对外线路33条。规划线路总长度约为626km，平均每条线路的长度约为12.0km，指标与规划目标相吻合。

（2） 线路非直线系数

公交线路的非直线系数是指乘客实际乘车路程与乘车起止点之间的直线距离的比。近期规划线路的非直线系数的平均值为1.29，线路基本满足规范的要求。

（3）线网密度与线路密度

公交线网密度和线路密度是反映一个城市的公交线网和公交线路覆盖程度的主要指标。郑东新区规划的公交线网密度和线路密度达到了规范的要求。

（4）公交站点覆盖率

郑东新区规划的近期公交线路以300m半径计算，公交站点的服务面积覆盖率约为68%，以500m半径计算，公交站点的服务面积覆盖率约为97%，达到了规范的要求。

3.4.2 公交客流分配结果评价

根据近期公交线网规划方案，得到客流分配结果见左图所示。

从左图上可以看出，郑东新区公共交通客流空间布局较为均衡，体现了规划线网方案的可达性；同时呈现CBD地区客流较大的特征，一定程度上反应了规划方案具有一定的中心放射状结构。

郑东新区近期（2010年）公交线网规划方案符合相关规划要求，能够满足郑东新区公共交通客运需求，具有较好的社会和经济效益。

4 远期公共交通发展规划

4.1 大运量公共交通布局规划

郑东新区公共交通走廊布局呈现以CBD地区为中心的环放式结构，其基本特征主要有以下几点：

4.1.1 走廊布局总体上是以CBD为中心的“环形+放射状”布局结构，有利于加强周边地区与CBD的联系，强化CBD地区的商务中心功能。

4.1.2 客运走廊布局上体现出均衡性和向心性；

4.1.3 存在多条客运走廊与主城区联系，便于主城区和郑东新区的公共交通联系；客运走廊有多条向外延伸，便于郑东新区和近郊组团间开设大运量公共交通系统，加强联系。

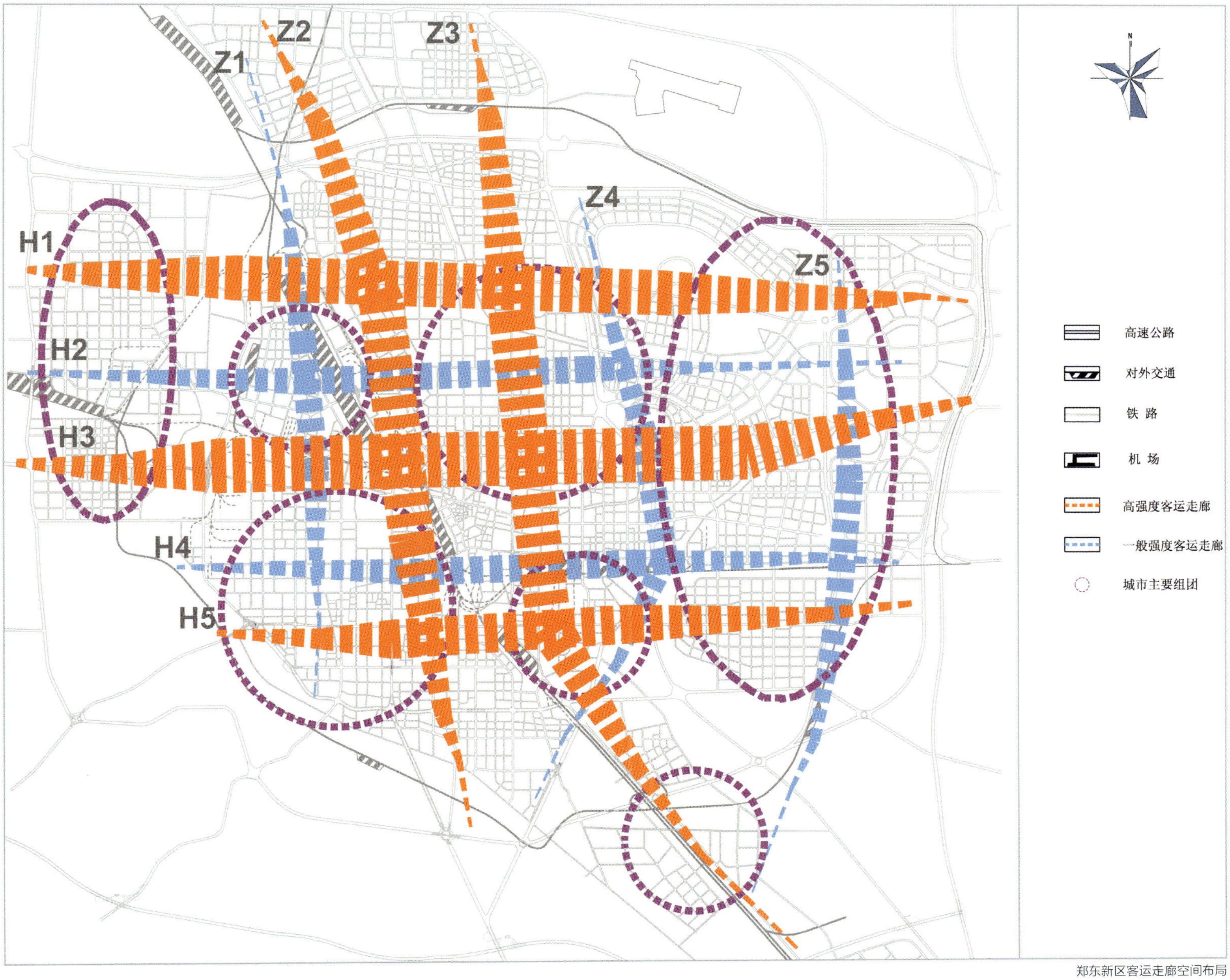

郑东新区客运走廊空间布局

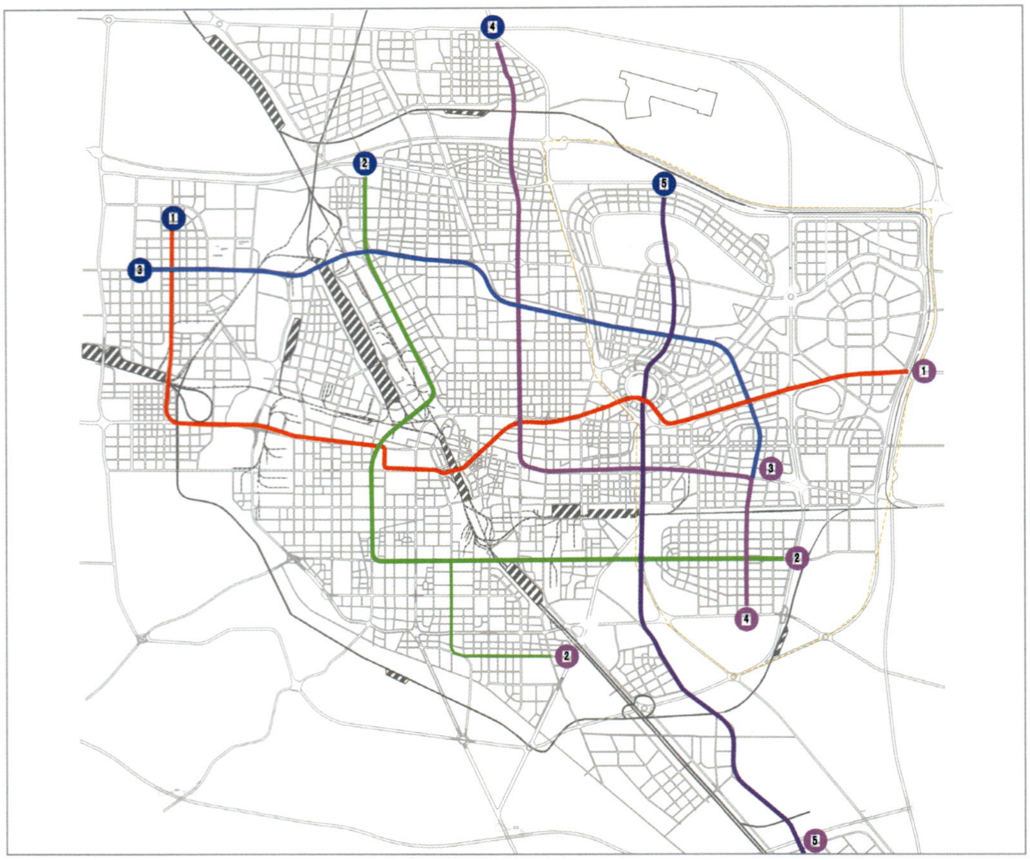

郑州市轨道交通线网规划

4.2 轨道交通发展规划

轨道交通规划中的5条线路均通过郑东新区，其中1号线由中部横穿越郑东新区，2号线从经济开发区穿过，3号线和4号线纵向穿过郑东新区。对于郑东新区，轨道线路以衡山路站为核心呈中心向四周的放射状。轨道线网的规划密度为0.32km/km^2，密度较低。按轨道覆盖沿线各取750m计算，计算可得郑东新区内轨道线的覆盖面积为53km^2，覆盖率为37.6%。

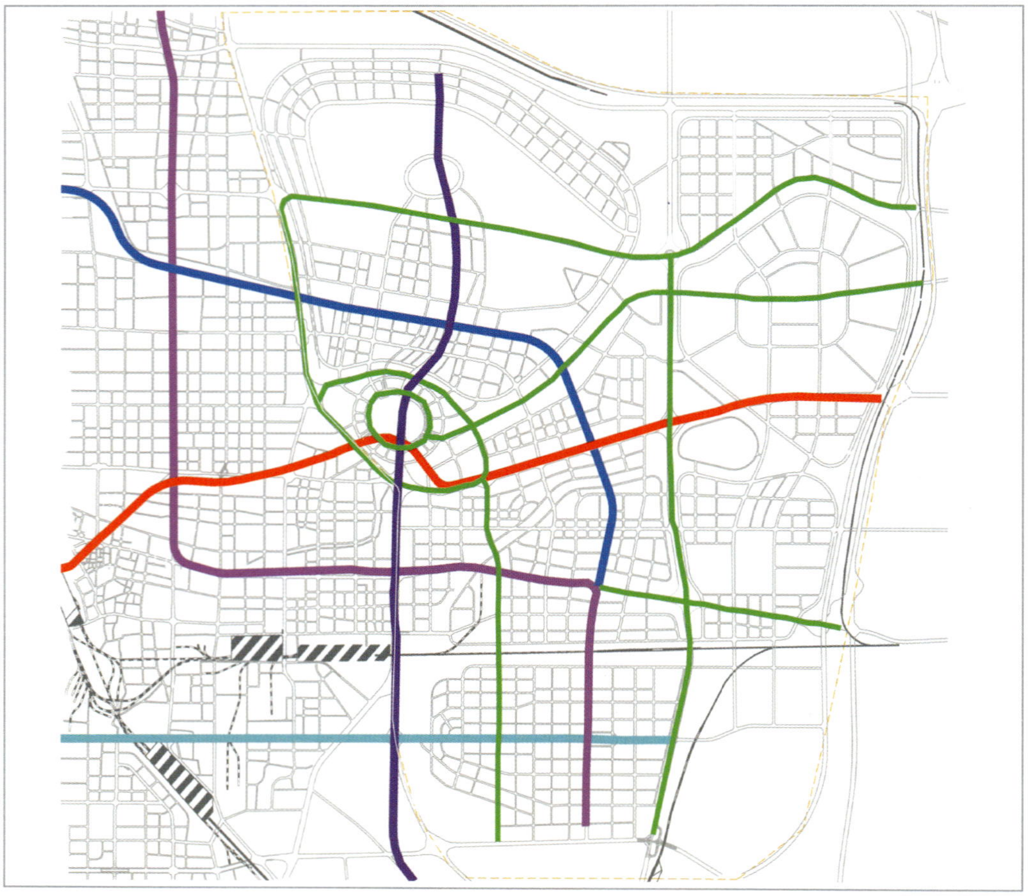

郑东新区快速公交通道规划

4.3 快速公交发展规划

4.3.1 快速公交系统的功能定位

与轨道交通共同构成公共交通系统的骨干方式；与轨道交通网络共同构成公共交通网络的骨架；与轨道交通运输共同承担客运走廊的集、疏、散。

4.3.2 快速公交通道布局

这期郑东新区范围内的快速公交线路长度为75~100km，规划的快速公交通道与轨道1号线至5号线共同占据郑东新区主要客运走廊，形成区域公共交通的主骨架。

4.3.3 快速公交发展策略

根据郑东新区实际情况，建议郑东新区和主城区连结的快速公交线路以及郑东新区内部的公交线路采用高标准的快速公交系统，而郑东新区和周边近郊联系的快速公交线路则可以采用利用公交优先系统，实现公交的快速化；或利用公交专用道，并加大站距。

4.4 远期常规公交发展规划

4.4.1 远期常规公交布设原则

不同等级线网对应不同的服务空间和对象；强化枢纽换乘功能，特别是中环换乘带的截流能力；通过一体化的网络（线路+枢纽）出行的可达性、快速性、便捷性，摆脱了以往以单条线路论述可达性、快速性、便捷性的含义；不同模式对应于不同的用地特征，有利于实现公共交通对土地利用的导向作用；郑东新区内部公共交通网络与外围公共交通网络能够实现合理衔接。

4.4.2 远期常规公交布设思路

由于远期轨道交通和快速公交的存在，常规公交布局时应依托上述骨干线网来布设，其基本原则主要包括：常规公交主干线路布局尽量服务于轨道交通或常规公交没有服务到的客运走廊，应避免与轨道交通或快速公交重叠（不应超过两站间距）；常规公交辅助线对轨道交通线，快速公交线和常规公交主干线构成的网络构架进行加密和编织成网，强化枢纽的衔接作用；常规公交接驳线主要服务于骨干线（轨道交通和快速公交）的特定范围的集散；轨道交通和快速公交构成的骨干线网密度较高的区域，调整常规公交线网布局的同时应适当降低常规公交的线网密度；骨干线网密度较低的区域应提高常规公交线网密度。

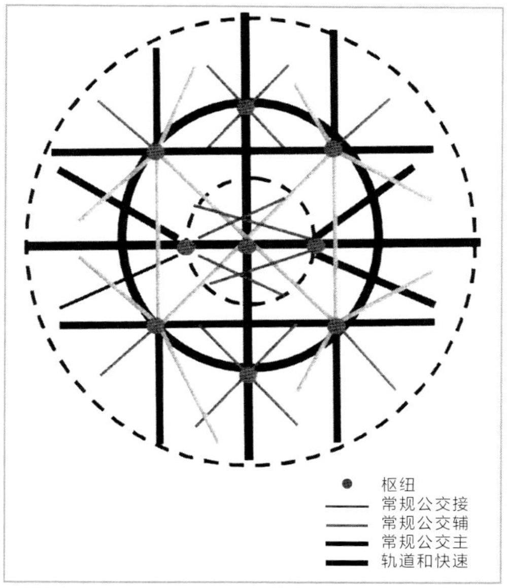

多种交通方式转换与联系横式图

5 公共交通枢纽及场站布局规划

5.1 公交枢纽布局规划

根据郑东区客流分布，从枢纽的基本功能划分入手，结合对轨道交通规划以及潜在客运走廊的分析，本次规划建议郑东新区设置10个交通枢纽，其中市域级枢纽2个、中心区级枢纽6个，对外枢纽2个。鉴于片区级公共交通枢纽规模较小、等级较低，不在本次规划涉及范围之内。

郑东新区公交枢纽规划表

枢纽级别	枢纽名称	枢纽功能
对外公共交通枢纽	高速铁路站公交枢纽	和郑州火车站共同承担未来郑州对外交通功能
	客运东站公交枢纽	主要承担长途客运东站的换乘功能，也承担外围区至中心区的换乘功能
市域级公共交通枢纽	衡山路公交枢纽	位于轨道交通 1 号线、3 号线交界处，快速公交通道旁，为郑东新区内部各区域之间提供换乘，以及承担郑东新区进入全市客流集散、换乘服务，
	郑东新区 CBD 地区公交枢纽	轨道交通 1 号线上，快速公交通道旁，郑东新区市域级换乘枢纽，为全市客流进入郑东新区提供集散、换乘服务
中心区级公共交通枢纽	龙湖南区公交枢纽	轨道交通 3 与 5 号线交汇处，快速公交通道旁，主要承担龙湖地区与新区其他地区的换乘以及新区与老城区北部换乘，另外该枢纽还承担着城市外围地区（中牟组团）与中心城区的换乘功能
	大学城公交枢纽	位于龙湖外环路与东四环交接界处，主要承担新区东部地区与新区 CBD 以及其他地区的换乘功能，另外也有截流东部远郊组团客流进入中心城区的作用
	经济开发区公交枢纽	位于地铁 2 号线和 4 号线交界处，承担新区南部地区与新区北部和其他地区的换乘功能，以及郑东新区与老城区南部的换乘功能
	郑汴路公交枢纽	位于地铁 3 号线和 4 号线交界处，快速公交通道旁，承担新区南部地区与新区其他地区的换乘功能，并承担城市外围区至核心区的换乘功能
	东建材公交枢纽	位于地铁 4 号线和 5 号线交界处，快速公交通道旁，主要承担城市外围区至老城区北部的换乘功能
	航海路七里河公交枢纽	航海路七里河公交枢纽位于地铁 2 号线和 5 号线交界处，快速公交通道旁，主要承担城市外围区至老城区西部的换乘功能

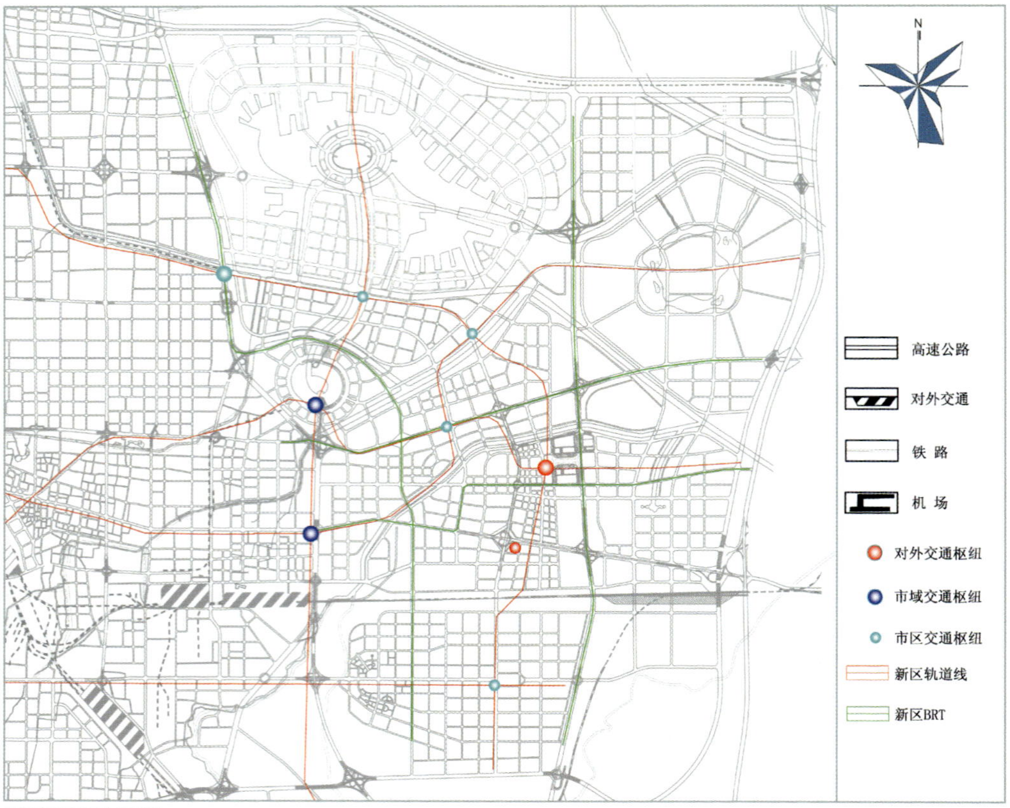

新区客运枢纽布局规划

5.2 公交场站布局规划

郑东新区公交场站规划主要包括公交首末站、停保场、高级保养、修理场3种。

5.2.1 首末站布局规划

本次首末站规划针对原首末站布局进行了调整，对于以往规划首末站覆盖强度不高的地区，增加首末站数量，对以往规划未考虑地区增设首末站。

5.2.2 停车保养场、高级保养修理场布局

根据公交场站布局原则以结合郑东新区用地条件，本规划对综合规划中的保养场和高级保养修理用地及布局进行了调整。

郑东新区场站一览表（用地单位：万m^2）

序号	场站名称	位置	近期利用用地	远期规划用地	备注
1	经开区停保场	经开第八大街西，经南五路北	5	7	
2	金水东路停保场	金水东路南，黄山路东	6	7	与金水东路高级保养修理场合建
3	泰山路停保场	泰山北路东，扬子路南	3	3	
4	郑汴路停保场	郑汴路南，恒山路西	6	6	
5	森林公园停保场	第一东西横贯道路北，107 国道东	0	3.5	
6	龙湖环路停保场	龙湖环路东，东四环西	0	3.5	
7	大学城停保场	金水东路北，龙子湖横贯三路东	3	3.5	
8	龙子湖纵贯三路停保场	金水东路北，龙子湖横贯三路东	0	3.5	
9	金水东路高级保养修理场	金水东路南，黄山路东	3	5	与金水东路停保场合建

6 公交优先系统发展规划

公交优先系统包括3方面的内容：公交优先通道系统、公交优先管理系统、公交优先政策和资金保障系统。

6.1 公交优先通道系统规划

6.1.1 近期路段公交优先系统规划方案

近期，由于轨道交通和快速公交系统尚未实施或正处于建设期，路段公交优先措施的重点主要集中在郑东新区公交专用道系统规划建设上。郑东新区的主干道路多设有中央绿化分隔带和机非分隔带，从方便公交车与其他交通方式换乘的角度以及公交专用道停车设施对道路甚至交通流影响的角度出发，郑东新区的公交专用道形式应以路外侧式公交专用道为主要形式，利用主干道上的机非分隔带设置停靠站，并与非机动交通有机衔接。

根据郑东新区总体规划，可以根据新区内部不同的公交需求将其分为各个不同的区域，如突出CBD地区为郑东新区的中心，在进行公交专用道的布设时，首先对照新区内各条道路的红线宽度，利用布设公交专用道的各快速通道实现郑东新区内各区域之间的公交联系，突出郑东新区CBD地区的核心地位，同时加强郑东新区与老城区的直线联系，为形成快速、便捷的未来新区公交提供公交专用道路网保证。

郑东新区的规划公交专用道可大致分为两种形式：为快速公交预留的公交专用道与普通公交专用道。预留快速公交通道的公交专用道一般设置在红线宽度60m以上的主干路上，这些道路一般都有双向6车道以上的车道数和较宽的机非分隔带，如商都路、东风东路等，预留的公交专用道可沿机动车道外侧设置。普通公交专用道主要设置在非快速公交走廊的主干道上，如如意东路、如意西路等。

6.1.2 公交优先网络规划

(1) 建立整体的公交优先网络时以远期的道路交通网络条件和客流量发展为基础,确定公交专用道及公交主网络的总体格局,贯彻“规划为先,整体成网”的思想。郑东新区的基本客流交通主要是以CBD地区为主要集散地，以东西3条横向道路，南北3条纵向道路以及CBD地区的环形通道为主要骨架构造郑东新区公交优先通道网络。

(2) 在非快速公交通道上充分利用现有道路形成公交优先。除去以上预留快速公交优先通道外，考虑增加常规公交优先通道，在未来轨道交通建成后，实现由轨道交通通道、快速公交以及地面常规公交专用道组成的一体化公共交通网络。

6.1.3 交叉口公交优先系统设置

在交叉口让公交车优于其他车辆通过或者拐弯，采取交通工程设计和交通信号控制措施，进行公交优先。

6.1.4 公交优先通道停靠站设置形式

(1) 无非机动车道的公交专用道停靠站设置

没有非机动车道时，公交专用道停靠站就可以沿路侧设置在人行道上，根据具体的道路和交通条件可以设计成直线式停靠站，（直线式公交停靠站）；港湾式停靠站（港湾式公交停靠站）。

(2) 有非机动车道的公交专用道停靠站设置

有非机动车道时公交车的停靠将受到更多的干扰。停靠站的设置可以有以下5种形式：a. 停靠站设置在机非隔离带上，为直线式（机非分隔带上直线式停靠站）。b. 将道路在停靠站的断面处向外拓宽，非机动车道向路边侧移，公交专用道的右侧相应拓宽，停靠站设置在公交专用道与非机动车道之间，形成港湾式（机非分隔带上右拓宽港湾式停靠站）。c. 道路宽度不变，公交专用道向两侧拓宽，右侧占用部分非机动车道，形成港湾式，左侧占用部分社会车辆的车道，相邻社会车辆的车道也相应向左侧偏移，宽度减小，停靠站设置在公交专用道与非机动车道之间（机非分隔带上两侧拓宽港湾式停靠站）。d. 停靠站设置在人行道上，公交车辆离开公交专用道，进入非机动车道停靠，非机动车道相应向左侧偏移，占用部分公交车道（人行道上直线式停靠站）。e. 停靠站同样设置在人行道上，但非机动车道向右侧拓宽，形成港湾式停靠站，公交专用道不变（人行道上港湾式停靠站）。

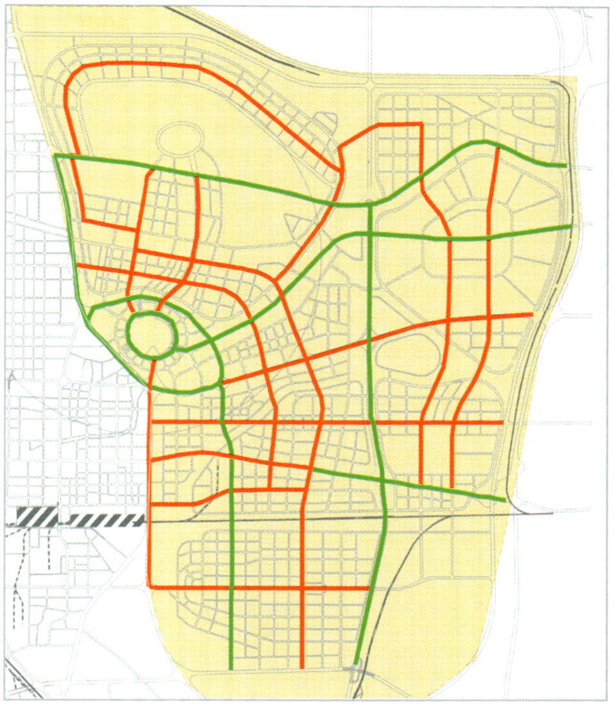

近、远期郑东新区公交专用道布局规划
(绿色为快速公交专用道，红色为常规公交专用道)

郑东新区公交优先通道实施计划
(绿色为远期实施专用道，紫色为近期实施专用道)

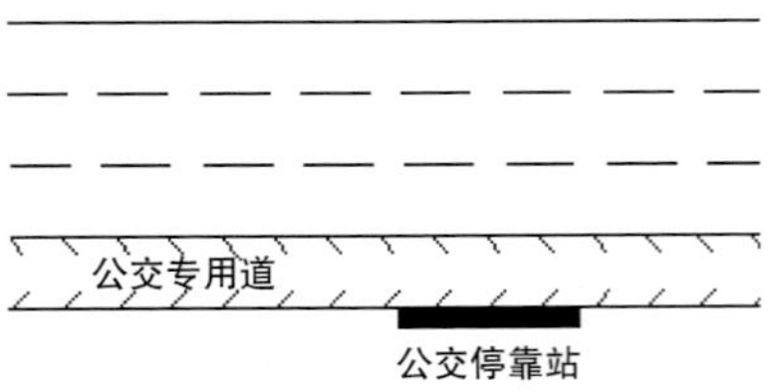

直线式公交停靠站

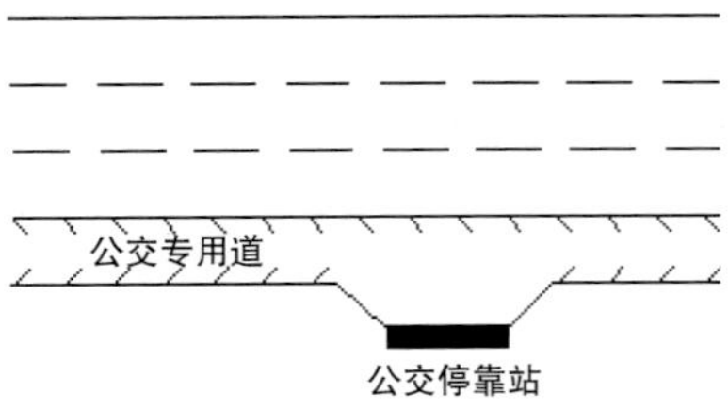

港湾式公交停靠站

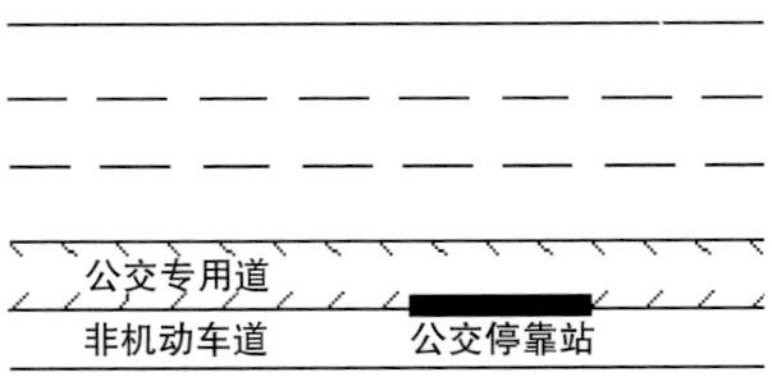

机非分隔带上直线式停靠站

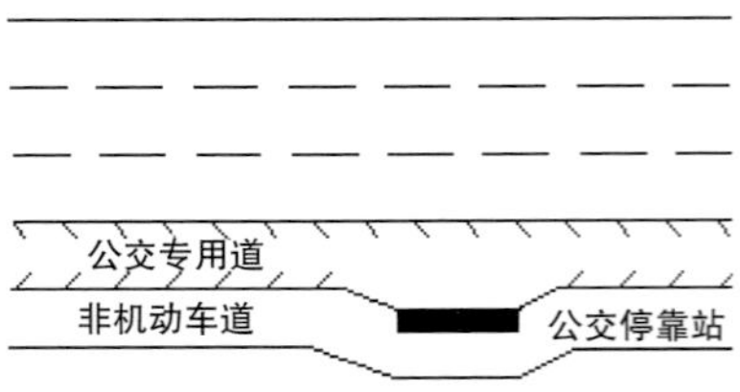

机非分隔带上右拓宽港湾式停靠站

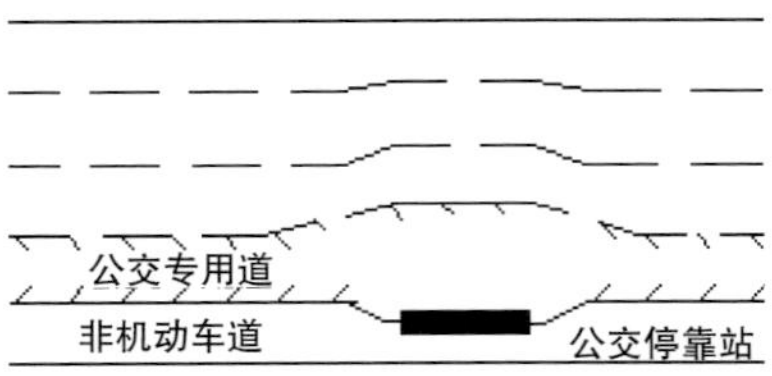

机非分隔带上两侧拓宽港湾式停靠站

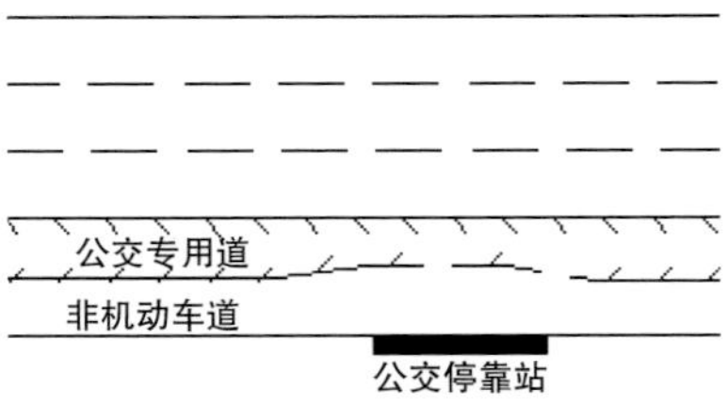

人行道上直线式停靠站

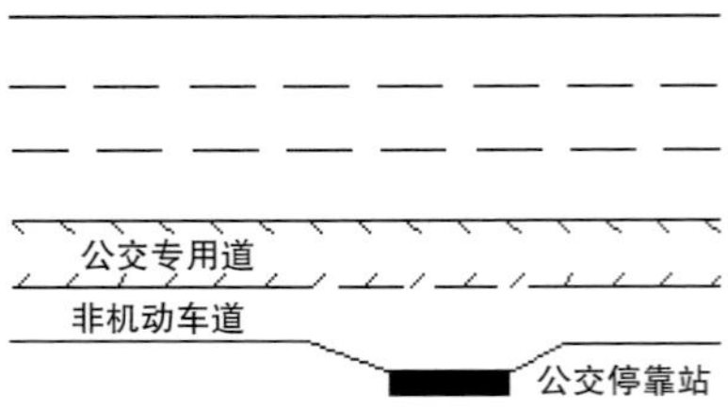

人行道上港湾式停靠站

6.2 公交优先管理系统规划

公交优先管理措施主要包括两个方面：交通需求管理和公交优先通行管理。

交通需求管理措施主要是应用各种手段使交通方式结构趋向合理。郑东新区未来的交通流将有较大的比重集中在CBD地区，CBD内部的交通出行多为商务、通勤交通，可以适当调整出行的时间分布，实行错时上下班，均衡交通分布，缓解公交压力，同时新区良好的道路基础设施条件，将吸引大量的私人机动交通，可采取限制停车位；在高峰时段限制私人小汽车通行；白天不允许货车进入中心区（CBD地区）等交通管理措施，给公交出行需求和比例的增加创造良好条件。

公交优先通行管理具体措施包括：设置公交优先通行指示标志；交叉口公共交通信号优先。

7 公交规划实施保障体系

7.1 政策保障体系

7.1.1 制定配套的交通法制法规，规范公共交通参与各方的行为。

7.1.2 强化城市公共交通工作的组织领导。

7.1.3 规范化管理和培育客流市场，实施城市公共交通系统的分步开发。

7.1.4 加大公交优先发展政策的宣传工作。

7.2 资金保障体系

7.2.1 制定合理的投融资政策。

7.2.2 制定优先发展城市公共交通的相关经济政策。

7.2.3 公交票制改革。

7.3 市场化运作模式

7.3.1 公交线路市场化运作模式

郑州市郑东新区公交线路建议采用线路特许经营制度。在公交线路招标和市场化运作与管理方面可以采取下述策略：建立线路经营效益评估制度；分阶段地将线路向社会公开招标；将盈利线路与亏损线路捆绑进行公开招标。

7.3.2 公交场站市场化运作模式

(1) 部分停车场建设和运营管理可以联合社会上专业停车场（楼）一起招标进行建设、运营和管理。

(2) 郑州市郑东新区内的公交场站可以作为大型商场、娱乐场所、居民小区的配套设施由它们（依据“受益者分担”原则）出资兴建。

(3) 停车场的建设、运营和管理建议采用BOT模式。

(4) 为了精简公交运营公司机构和节约维修成本，可以将公交车辆二级以上维护作业和维修作业完全外包给社会上专业车辆维修厂进行。

7.3.3 公交枢纽市场化运作模式

(1) 同一等级枢纽间采用统一的市场准入机制，面向社会实行公开招标。

(2) 市域级和中心区级枢纽的建设应紧密结合轨道交通中心换乘站和对外客运站的建设方案进行，部分枢纽的建设可以结合上述中心换乘站的改扩建工程统一面向社会进行招标。

(3) 在优先保障公交运营情况下，场站公司或枢纽经营企业可以承担其他市场化经营项目。

(4) 枢纽的运营和管理过程中应加强政府的市场监管职能，完善市场监督和惩戒机制，确保公共利益优先原则得以实现。

7.4 技术保障体系

7.4.1 增加科研资金投入，加强城市公共交通的科学基础和应用研究，推动以智能交通为重点的城市公共交通行业科技进步。

7.4.2 进一步加强公交调度指挥系统建设与管理工作。

7.4.3 公共交通智能收费卡（电子卡）的专项研究。

7.4.4 公共交通车辆技术研究。

7.4.5 强化职业技能和道德教育培训，提高公共交通出行效率和服务水平。

郑州市郑东新区公共交通规划评审会会议纪要

2005年10月22日上午，郑州市规划局、郑东新区土地规划局在郑州共同主持召开了《郑东新区公共交通规划》成果评审会。会议邀请了省内外11位专家组成专家组。郑州市有关部门领导和代表参加了会议。专家组和与会代表审阅了规划成果报告，听取了规划编制单位的方案介绍，经认真审议，形成如下评审意见：

一、《规划》目标明确，内容丰富，技术路线正确，规划指标基本合理，符合郑东新区的发展战略，基本达到任务书的要求。

二、为进一步完善《规划》，专家组提出如下修改意见和建议：

1、在完善现状分析的基础上，进一步更新轨道交通线网规划、道路网规划等有关规划资料，对本规划方案做适当的衔接和调整。

2、交通需求预测和客流分配应进一步与新铁路客运站等大型交通设施及用地性质布局、人口分布相结合。

3、结合龙子湖大学城、农村安置区入驻情况、CBD以及中央大道、郑汴路两侧项目情况等，重点优化近期公交线路和场站，核实公交场站、枢纽用地规模、位置等。

4、进一步完善BRT线路布局、断面布置等方面的控制成果。

5、鉴于CBD的重要性，对CBD范围的公交规划单独列章，重点论述。

三、专家组原则同意通过该《规划》，编制单位按照上述意见和建议尽快修改完善规划成果。

二〇〇五年十月二十二日

评审会专家名单：

杨　涛：南京市交通规划所所长

关宏志：北京市工业大学交通研究中心教授、博导

王东方：郑东新区管委会土地规划局局长、注册规划师

牛建军：郑州市规划局交通处处长

杨友林：河南省城乡规划院所长

李凤歧：郑州市公安局交巡警支队副队长

张　雷：郑州市市政管理局总工

马振海：郑州市市政管理局客运交通处处长

任西锋：郑州市规划院副总工、高级工程师

杨永腾：郑州市市政设计院副总工

刘大全：郑东新区管委会土地规划局副局长、注册规划师

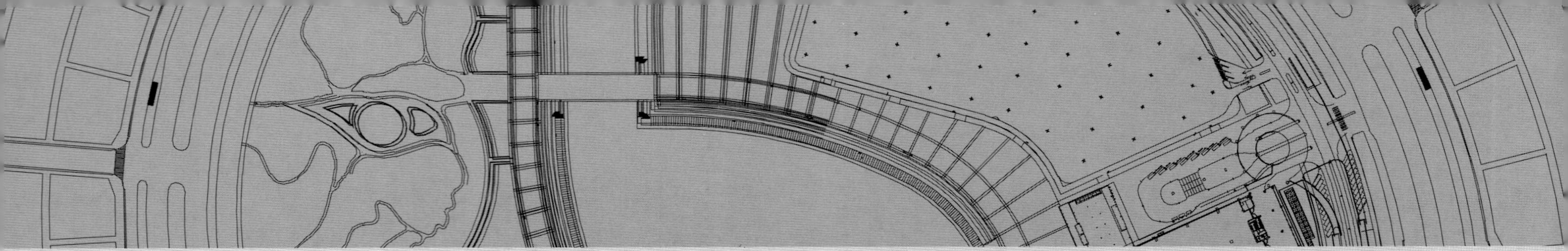

4 郑州市郑东新区综合交通专项规划

Special Plan of Integrated Transportation for Zhengdong New District

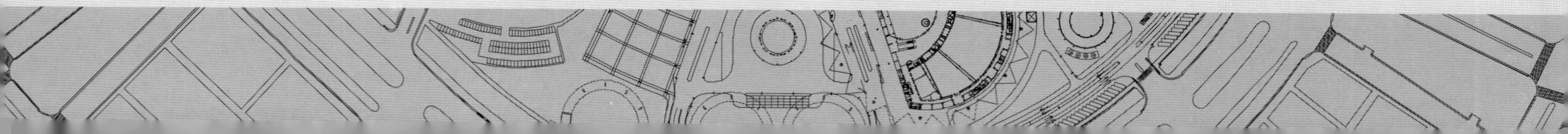

郑州市郑东新区综合交通专项规划
Special Plan of Integrated Transportation for Zhengdong New District

项目名称：郑州市郑东新区综合交通专项规划
委托单位：郑州市郑东新区管理委员会土地规划局
编制单位：东南大学交通学院

1 概述

1.1 规划背景

作为郑州市城市化发展的重心，郑东新区应该也有条件从更高的角度制定城市交通可持续发展战略。作为上承新区总体规划和土地利用规划、下启各专项规划的综合交通规划的研究制定已经成为郑东新区快速发展的迫切需求。

1.2 规划范围及年限

本次规划范围为：西起107国道，东至京珠高速公路，北起连霍高速公路，南至陇海铁路，总用地范围约115km^2。

近期规划年限：2010年；远期规划年限：2050年。

规划范围示意图

2 新区交通发展战略

2.1 交通发展战略

2.1.1 交通发展总体战略目标

(1) 构建一体化的城市交通运输网络

(2) 形成以公交系统为主的多层次客运服务体系

(3) 建设以快速通道为骨架的系统路网

(4) 综合交通枢纽导向的土地利用

(5) 建设大运量公共交通系统

(6) 运用现代化交通管理手段，提高道路交通运行效率

(7) 加强停车设施的配套建设

(8) 建立有力的政策和资金保障体系

2.1.2 郑东新区城市交通发展控制目标

(1) 车辆发展目标：根据城市机动化趋势水平的预测，至2020年郑东新区机动车总需求规模为17~20万辆。

(2) 道路系统建设目标：建设完成70km的快速道路，快速路网密度达到0.61km/ km^2；建设完成主干路系统181km，主干路网密度达到1.57km/km^2;次干路系统185km，次干路网密度达到1.61km/ km^2。

(3) 客运发展目标：客运交通的总目标是形成常规公交为主体、轨道交通为骨干的多元化、安全、方便、快捷的综合客运交通体系。公共交通平均出行时耗30分钟。公共交通运输比例达到40%。

(4) 停车建设目标：近期完成30000个泊位以上的公共停车场建设。

(5) 交通管理目标：到2020年，道路交通管理达到国内领先水平，交叉口渠化率达到95%。

(6) 建设投资目标：城市交通建设的20%资金来源于非政府投资。

2.2 道路网发展战略

2.2.1 道路网规模指标

根据新区实际情况，并经国内外城市对比分析及国际和城市现代化发展要求，提出郑东新区远期2020年道路面积率指标宜为15%~20%；道路网密度推荐指标宜为5.5~6.5km/km^2；郑东新区各类道路规划长度的比值为：快速路：主干路：次干路 = 1：2~3：2~3。

2.3 郑东新区道路网总体布局

2.3.1 总体思路

(1) 构筑快速路支撑的新区交通，满足新区空间拓展的交通需求和提供新老城区便捷的联系通道；

(2) 按照总体规划组团理念，各组团内部形成独立的道路网体系。

(3) 保证组团之间便利的联系，各组团间通过3条以上快速路或城市主干道进行联系；

(4) 利用快速路和主干路服务于对外交通的有机疏散，满足高速火车新站和机场的衔接需求；

(5) 利用主干路优化新区区间的连通通道布局，新区内部形成等级划分明确、级配合理的道路网体系。

2.3.2 道路网主要建设策略

构筑新区快速道路骨架路网，建成完善的干道网系统，同时高度重视支路网建设；理清道路功能分级，发挥路网整体效应，加强交叉口渠化，提高路网总体容量。

2.4 客运体系发展战略

建立起以地面公共交通为主体、快速轨道交通为骨干、融个体交通（步行、自行车、小汽车等）为一体的、多元化协调发展的综合客运体系，并具有多平面、多方式间良好的换乘系统。

客运枢纽是乘客集散、转换交通方式和线路的场所，也是城市客运交通系统的组成部分。本次规划根据枢纽的服务区域将其划分为对外、市级、新区级和组团（片区）级4个等级。

2.5 公共交通发展战略

确立公共交通的主导地位，郑东新区公共交通网络应该按照体现服务分区、线路分级、枢纽分层的基本特征，从而实现公共交通占主体，各种公共交通协调发展的一体化交通体系，同时公共交通与土地利用协调发展，以合理的线路网规模促进新区可持续发展，以便捷的公共交通满足新区内部及新老城区之间居民出行需求。

2.5.1 轨道交通发展战略

解决好轨道交通建设资金来源，重视轨道交通建设实施计划及战略部署的研究，解决好换乘问题，轨道交通成为客运体系的骨架。

2.5.2 快速公交发展战略

建议郑东新区和主城区联结的快速公交线路以及郑东新区内部的公交线路采用高标准的快速公交系统，而郑东新区和周边近郊联系的快速公交线路则可以采用利用公交优先系统，实现公交的快速化或利用公交专用道，并加大站距。

2.5.3 公共交通发展策略

大力发展常规公共交通，完善路网设施，实施公交优先；同时建立公交智能管理系统（ATPS），并将公交运营推向市场；后期实现快速公交升级轨道交通。

2.6 对外交通总体发展策略

2.6.1 新老城区交通发展战略

完善107国道两侧的新老城区通道建设，规划通道应分层次（货运通道和客运通道）；规划东西向的快速路形成货运通道，货运通道不从城市内部穿过；客运通道间距要布局合理、流量均匀；大力发展大运量的公共交通，使之成为客运通道之间主要交通方式；新区各大重要客流集散地与老城区都应有主干路衔接。

2.6.2 与郑州以外区域交通发展战略

(1) 铁路发展战略

在新区规划高速客运站，分流老站客流。客运站的规划要与土地利用及郑东新区整体规划结合，同时要充分考虑到与周边高速公路的联系。

(2) 公路发展战略

完善高速过境通道建设，建设机场高速公路，加强郑东新区和航空组团的联系。考虑将310国道在其京珠高速的衔接处向西延伸至107国道以加强新区与中牟组团之间的联系。

2.7 货运交通发展战略

郑东新区货运交通结构发展总体策略应为：建设一体化的综合物流体系。

2.8 交通管理策略

加大科技投入，实施交通管理科技工程，基本实现交通管理信息化，交通控制智能化，交通指挥现代化，最终实现交通管理现代化。到2020年，道路交通管理基本达到世界发达国家水平。

3 郑东新区道路网规划

本次规划在通过分析原规划方案的路网布局以及道路的功能定位，对其中不合理的地方进行调整并运用道路网络布局优化原有理论，对原有规划路网进行优化。本次规划内容包括：新区道路网规划、 道路红线及横断面规划和道路交叉口规划3个部分。

3.1 新区道路网规划

根据郑东新区土地使用调整规划以及后期建设项目分布情况，结合交通需求预测结果，对原规划路网中存在的问题进行了改进和调整：将北四环和安平路与莆田南路的等道路等级提高至快速路；将龙须二路、民德街、景致街、通泰路、熊耳河路等道路提升为主干路，降低外环与内环的部分主干路的等级；提高了各组团内部及组团之间的次干路密度。

3.2 道路红线及横断面规划

3.2.1 道路红线控制方案

道路红线是指划分城市道路用地和城市建筑用地、生产用地及其他备用地的分界控制线。根据《城市道路交通规划设计规范》和《郑东新区总体发展概念规划》以及其他相关专项规划和技术标准规范，和红线规划理论的指导下，并充分考虑道路横断面布置要求和郑东新区道路网的规划成果，提出了郑东新区道路规划红线宽度，快速路道路红线宽度为70~80m，主干道红线宽度为50~80m，次干道红线宽度为20~30m。

3.2.2 快速路典型路段设计

郑东新区快速路红线宽采用70或80m，根据交通流的性质和各类交通（机动车、非机动车及行人）的比例结构，主要有两种断面布置形式。当道路有货运通道功能，主要作为过境运输通道时采用快速路路段1的断面形式(70–5–5–4–15–12–15–4–5–5)；当道路是连接老城区和新区，行人、非机动车流量较大时采用快速路路段2 的断面形式（80–7.5–7.5–4–15–12–15–4–7.5–7.5），此种断面形式还应考虑设置公交专用道。

3.2.3 主干路典型路段设计

郑东新区规划主干路红线宽有50m、60m、80m、90m和120m5种，其中90m宽道路是CBD内环，此处不再重复。根据路段类型划分，主干路路段有4种类型：当主干路连接新老城区中心，且新老城区往来交通中行人非机动车比重较大时，采用（80–5–10–4–15–12–15–4–10–5）形式，此种断面形式且应考虑设置公交专用道；当主干路连接新老城区，其行人、非机动车交通量较小时采用(60–9–15–12–15–9)、(50–3.75–4.5–3.75–11.5–2–11.5–3.75–4.5–3.75）形式，此种断面形式也应考虑设置公交专用道；当主干路是服务于新区各部分时，采用(120–5–7–3–15–60–15–3–7–5)、(60–4.5–4.5–3.5–11.5–2–11.5–3.5–4.5–4.5)或(50–9–12–8–12–9)形式（120m断面是考虑高架轨道交通的情况），其中50m断面考虑到设置公交专用道；当主干路作为新区对外货运主通道时，采用(60–4.5–7–7–23–7–7–4.5)形式。

3.2.4 次干路典型路段设计

当次干路处于工业区、物流区，行人非机动车交通较少时采用 (40– 4–3–10.5–5–10.5–3–4) 或(40–4–3.5– 8–4–8–3.5–4)形式，此时路段设置大型车车道；当次干路处于居住、商业区，主要发挥生活性功能时采用(40–5–3– 9.5–5–9.5–3–5)或（40–5–3–14–3–5）形式。

3.2.5 支路路段设计

郑东新区支路路段有2种类型，采用红线宽度有30m、25m和20m3类，商业物流区支路主要采用25m红线宽度，龙湖地区的纯居住区主要采用20m红线宽度，CBD支路主要采用30m红线宽度。

3.3 道路交叉口规划

3.3.1 规划思路

本次交叉口的规划方案工作思路是首先明确交叉口的功能，对交叉口的功能进行研究，然后由此对交叉口进行必要的分类，最后根据分类对各个类型和重要的交叉口提出规划方案。

3.3.2 立体交叉规划方案

快–快为完全立交形式，快–主交叉口主要为立交形式，快–次交叉口主要为分离式立交形式。

3.3.3 平面交叉口规划方案

根据平交各形式的适用范围，再综合考虑交叉口的位置、周边用地和交通量等因素，选择合适的平交形式。

3.4 规划道路网评价

到2020年，郑东新区将有快速路70km，主干路181km，次干路185km。快速路密度为0.61km/km^2，主干路密度为1.57km/km^2，次干路密度为1.61km/km^2，干路间距为680m，路网连接度指数为3.621，路网综合非直线系数为1.18，等级级配为快速路：主干路：次干路＝1：2.59：2.64。从规划道路网评价指标分析，郑东新区2020年道路网主要指标已经达到甚至超过规范的标准。

3.5 规划方案实施的对策和措施

加强市政府的领导，建立城市交通规划、建设与管理一体化机制；广开渠道，多形式解决资金来源；重视路网功能调整，减少动静交通干扰；加强城市交通科学研究，实施动态规划。

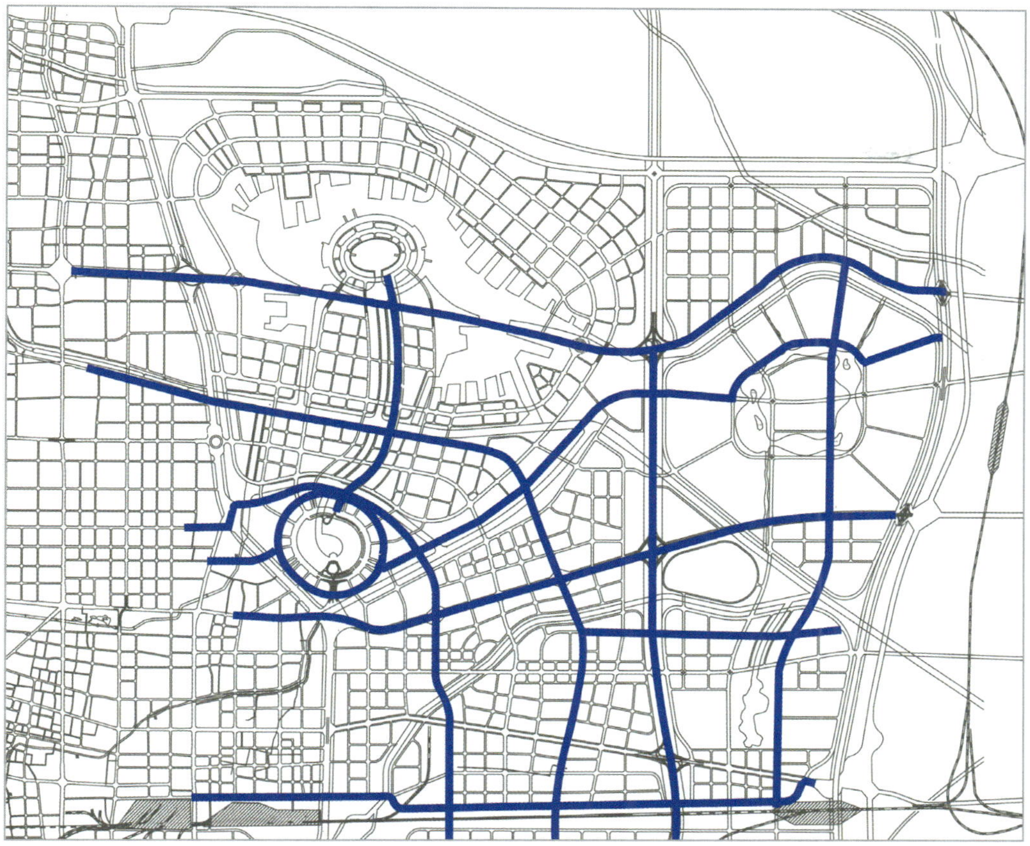

郑东新区公交客运通道图

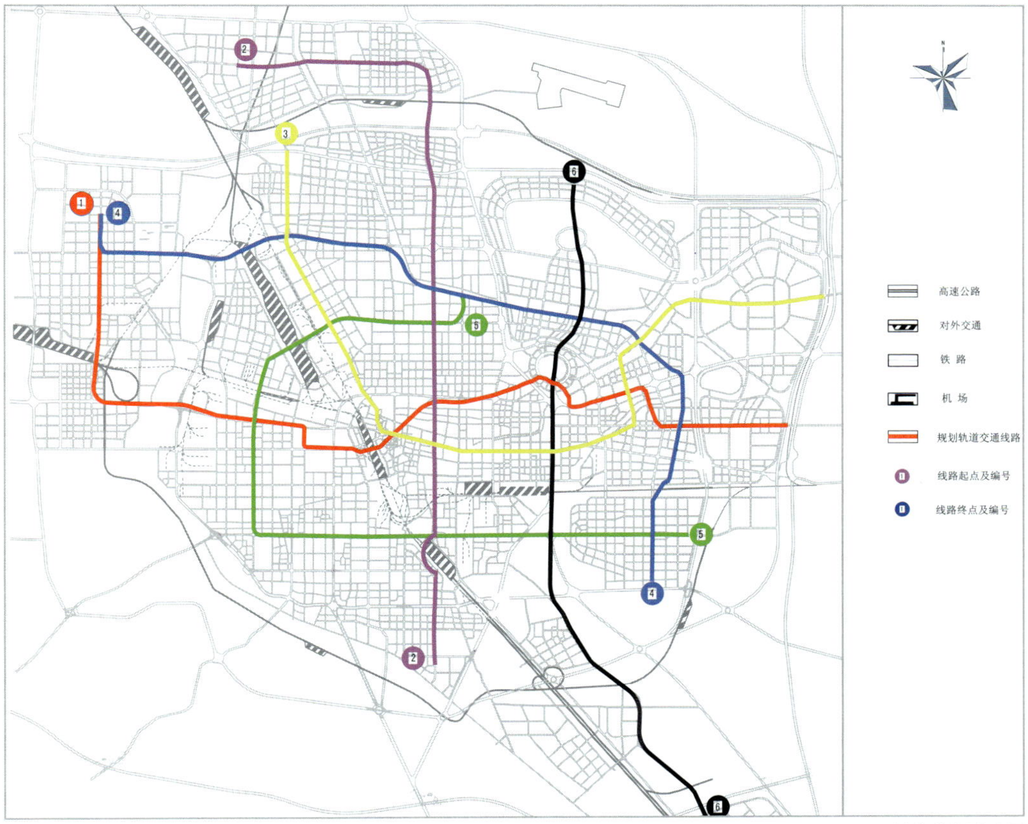

郑州市轨道线网规划图

4 新区客运交通发展规划

4.1 公共交通发展规划

4.1.1 客运通道布局

规划以郑东新区骨架网中的一些道路作为客运交通通道，形式上为“三纵五横+二半环+一环”。

郑东新区公共交通通道布局呈现以CBD地区为中心的环放式结构。

4.1.2 轨道交通发展规划

郑州市规划的几条城市轨道交通线除2号线外，布局上都经过或切过郑东新区。6条线路中1号线和3号线横穿郑东新区， 4号线纵向穿过郑东新区，5号线从经济开发区穿过，6号线纵向经过龙湖地区及CBD区。

4.1.3 快速公交（BRT）发展规划

规划的快速公交通道与轨道1号线、2号线以及3号线共同占据郑东新区主要客运走廊，形成区域公共交通的主骨架。

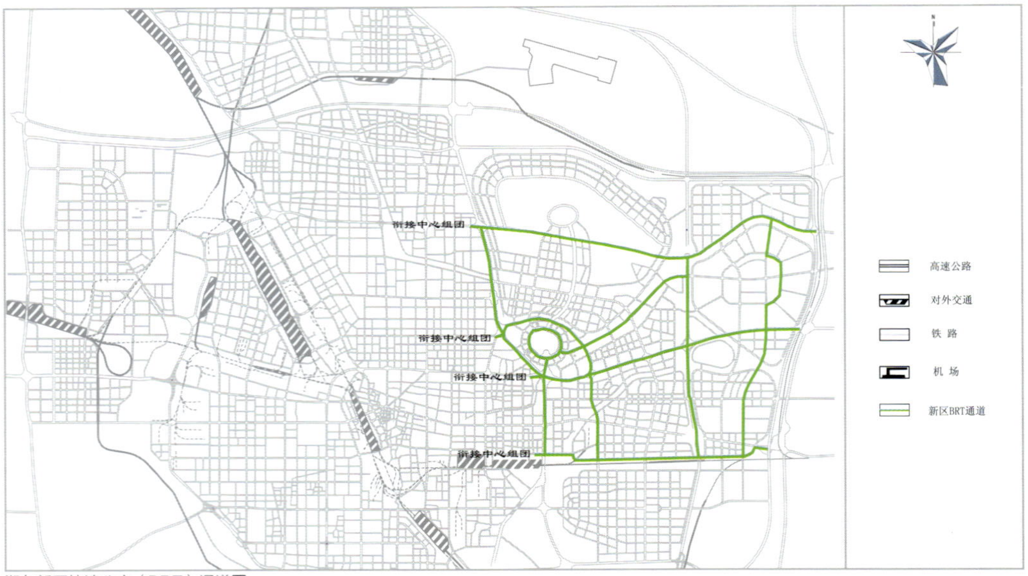

郑东新区快速公交（BRT）通道图

郑东新区重要物流节点图

5 新区货运交通发展规划

5.1 相关货场及物流园区

环顾郑东新区，这里发展物流业的基础非常雄厚。这里已经有或将要有：郑州国家干线公路物流港、郑州铁路集装箱中心、郑州铁路零担货运中心、中南邮政物流集散中心、郑州出口加工区、河南省进口保税区等重要物流设施。

郑东新区规划中的商住物流区所在位置如重要物流节点图所示。其中规划的仓储用地位于郑汴路与泰山路交叉口的西南处。另外，圃田现代物流园区是郑州市拟建的三大综合物流园区之一。郑州国际会展中心和艺术中心在举办大型活动时势必会带来大量的物流运输。

郑东新区货运通道图

5.2 货运交通通道布局

依靠东西方向的安平路——圃田南路、新龙路和南北方向的东三环路（新107国道）以及东四环路作为主要公路货运通道。同时依靠陇海铁路作为大运量货运通道。

5.3 货运交通网络规划

依靠安平路——圃田南路商住物流区的货物可以快速、有效地集散。CBD内的货运经由黄河东路-泰山路集散。

公路方面，郑东新区南北向过境货运交通主要由京珠高速公路、东三环路（新107国道）以及东四环路承担，原107国道改造为城市快速道路，作为市区东部主要的南北向运输通道。郑州市区东部东西向过境货运交通主要由连霍高速公路和新龙路承担。

铁路方面，陇海铁路穿越郑东新区南部，且郑州铁路货运东站在新区外西南角；另圃田现代物流园区还有一个集装箱中心站。

6 新区停车场规划

郑东新区城市停车要做到“停车有位，停车有序”；同时要实现郑东新区静态交通与动态交通的良性互动，协调发展。

6.1 停车需求预测

6.1.1 社会停车需求泊位分配

预测郑东新区2010年社会停车总需求260000个标准泊位，小区划分基本按照土地用地性质以及河流进行划分，共划分为26个小区，见左图、2010年各小区停车需求分配结果表。

6.2 公共停车设施规划

6.2.1 公共停车泊位需求计算

由社会停车总需求扣除配建计算得出的各小区的公共停车需求结果见2010年各小区公共停车需求表。

6.2.2 路外公共停车设施规划

根据上述停车场布局思路与原则，同时考虑国内外城市路外停车场泊位供应一般占社会总停车需求的15%左右，结合郑东新区停车场需求预测的结果，进行停车场布局规划。布局方案主要分为两部分：一是刚性半刚性布局；二是弹性布局。由于郑东新区正在建设，故远期不给出具体规划方案，见郑东新区公共停车场刚性、半刚性布局表、郑东新区弹性布局表。

6.2.3 路内公共停车设施规划

近期（2010年）郑东新区路内停车布局方案如郑东新区2010年路边停车规划表所示。远期不给出具体规划方案，这里只是建议远期路内停车的供应规模宜控制在20000个泊位以内。

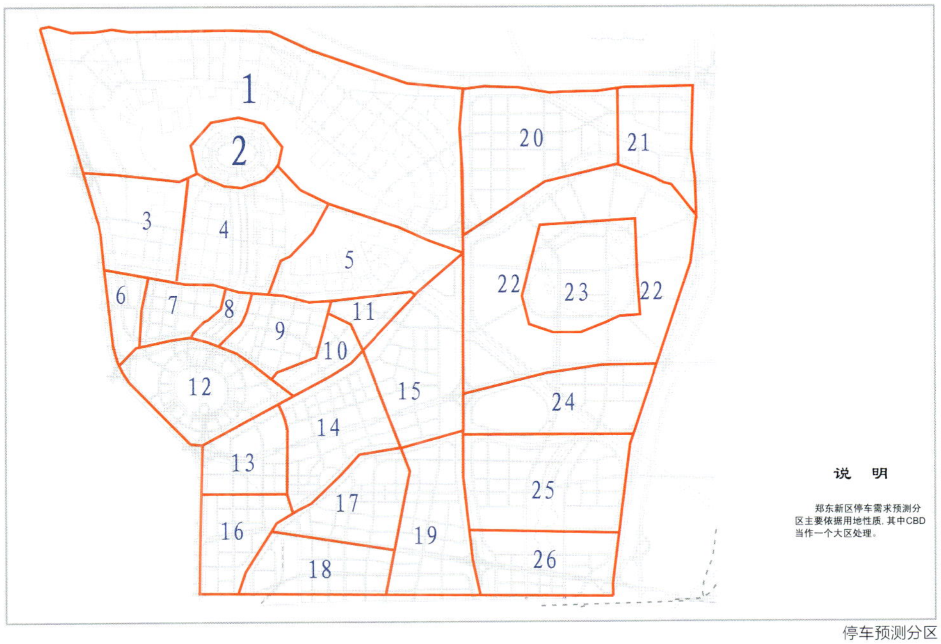

停车预测分区

2010年各小区停车需求分配结果表

区位号	主要土地性质	社会停车需求(标准泊位数)
1	综合用地	9958
2	综合用地	4596
3	综合用地	1338
4	综合用地	4596
5	综合用地	1613
6	居住用地	1769
7	居住用地	8211
8	综合用地	13555
9	居住用地	18821
10	医疗卫生	4421
11	科教+文娱	1050
12	综合用地	26000
13	商业+居住	9794
14	综合用地	15324
15	居住+市政	24445
16	居住、综合	4525
17	居住、综合	11912
18	居住、综合	12608
19	居住、综合	20199
20	居住、综合	22750
21	居住、综合	13000
22	教育科研	16250
23	商业居住	13000
24	市政设施+商业办公	2100
25	教育科研	3500
26	批发物流	1400

2010年各小区公共停车需求表

区位号	主要土地性质	公共停车需求(标准泊位数)
1	综合用地	423
2	综合用地	1105
3	综合用地	190
4	综合用地	1105
5	综合用地	388
6	居住用地	323
7	居住用地	651
8	综合用地	6480
9	居住用地	1490
10	医疗卫生	1532
11	科教+文娱	1528
12	综合用地	7366
13	商业+居住	694
14	综合用地	4390
15	居住+市政	1730
16	居住、综合	641
17	居住、综合	844
18	居住、综合	892
19	居住、综合	4292
20	居住、综合	3220
21	居住、综合	1840
22	教育科研	1380
23	商业居住	2390
24	市政设施+商业办公	445
25	教育科研	495
26	批发物流	198

郑东新区公共停车场刚性、半刚性布局表

标号	所属区位	规划年限	规模（标准泊位）	所属地块
TC-16	6	近期	333	P-3
TC-17	7	近期	500	S1-22
TC-18	8	近期	800	TC-19
TC-19	8	近期	800	S2-4
TC-20	8	近期	1500	S1-20
TC-21	8	近期	2000	S2-12
TC-22	9	近期	1100	S2-16
TC-23	10	近期	1100	S3-8-1
TC-24	11	近期	1500	P-31
TC-25	15	近期	1500	A-6-2
TC-26	14	近期	800	E-2-2
TC-27	14	近期	1500	D-8-2
TC-28	14	近期	1000	H-11-2
TC-29	14	近期	500	N-1-2
TC-30	13	近期	500	G-3-3
TC-31	16	近期	500	P-5-2
TC-32	18	近期	800	S-4-4
TC-33	17	近期	500	J-6-2
TC-34	17	近期	300	M-3-2
TC-35	19	近期	1500	K-11-2
TC-36	19	近期	1500	L-3-2
TC-37	19	近期	333	U-3-2
TC-38	20	近期	600	A-I-3
TC-39	20	近期	600	A-III-2
TC-40	20	近期	600	A-I-29
TC-41	20	近期	600	A-II-22
TC-42	20	近期	600	A-III-34
TC-43	21	近期	400	A-IV-3
TC-44	21	近期	400	A-IV-20
TC-45	21	近期	400	A-IV-24
TC-46	21	近期	400	A-IV-33
TC-47	22	近期	333	龙湖外环与龙子湖纵横三路交叉口附近
TC-48	22	近期	333	龙湖外环与杨子三路交叉口附近
TC-49	22	近期	333	龙湖外环与龙子湖中路交叉口附近
TC-50	22	近期	333	金水东路与龙子湖纵横三路交叉口附近
TC-51	23	近期	600	龙湖内环与龙子湖纵横三路交叉口附近
TC-52	23	近期	600	龙湖中路与龙子湖纵横三路交叉口附近
TC-53	23	近期	600	龙湖中路与龙子湖纵横一路交叉口附近
1 号	12	近期	350	a－75
2 号	12	近期	546	a－74
3 号	12	近期	114	a－79
4 号	12	近期	1040	a－6，7
5 号	12	近期	900	a－33，34
6 号	12	近期	1000	a－21
7 号	12	近期	500	a-1
8 号	12	近期	750	a-38

说明：停车场位置所属地块的编号直接引用所在规划区的控制性详细规划说明书。

郑东新区弹性布局表

分区号	规划停车容量（标准泊位）	停车场估计数目
1	100	3
2	200	4
3	200	2
4	300	4
5	200	2
24	200	2
25	200	2
26	200	1

公共停车场布局图

郑东新区2010年路边停车规划表

区位号	路边停车泊位数	路边停车场数量
1	120	4
2	300	10
7	150	5
8	1380	46
9	390	13
10	450	15
11	30	1
13	200	7
14	600	20
15	240	8
16	150	5
17	50	2
18	90	3
19	960	32
20	240	8
21	240	8
22	60	2
23	600	20
24	50	2
25	120	4

7 枢纽及场地布局规划

7.1 客运枢纽布局规划

从枢纽的基本功能划分入手，结合轨道交通规划以及潜在客运走廊的分析，本次规划建议郑东新区设置10个交通枢纽，其中市域级枢纽2个、中心区级枢纽6个，对外枢纽2个，鉴于片区级客运枢纽规模较小、等级较低，不在本次规划涉及范围之内。

郑东新区公交枢纽规划表

枢纽级别	枢纽名称	枢纽功能
对外客运枢纽	高速铁路站公交枢纽	和郑州火车站共同承担未来郑州对外交通功能，与客运东站联合开发
	客运东站公交枢纽	主要承担长途客运东站的换乘功能，也承担外围区至中心区的换乘功能，与高速铁路站联合开发
市级客运枢纽	太行路公交枢纽	位于轨道交通 1 号线、3 号线交界处，快速公交通道旁，为郑东新区内部各区域之间提供换乘，以及承担郑东新区进入全市客流集散、换乘服务，
	郑东新区 CBD 地区公交枢纽	轨道交通 1 号线上，快速公交通道旁，郑东新区市域级换乘枢纽，为全市客流进入郑东新区集散、换乘服务
新区级客运枢纽	龙湖南区公交枢纽	轨道交通 4 与 6 号线交汇处，快速公交通道旁，主要承担龙湖地区与新区其他地区的换乘以及新区与老城区北部换乘
	大学城公交枢纽	位于龙湖外环路与东四环交接界处，主要承担新区东部地区与新区 CBD 以及其他地区的换乘功能，另外也有截流东部远郊组团客流进入中心城区的作用
	经济开发区公交枢纽	位于地铁 2 号线和 4 号线交界处，承担新区南部地区与新区北部以及其他地区的换乘功能，以及郑东新区与老城区南部的换乘功能
	东建材公交枢纽	位于地铁 3 号线和 6 号线交界处，快速公交通道旁，主要承担城市外围区至老城区北部的换乘功能
	航海路七里河公交枢纽	位于地铁 6 号线和航海路交界处，快速公交通道旁，主要承担城市外围区至老城区北部以及西部的换乘功能

7.2 公交场站布局规划

郑东新区公交场站规划主要包括公交首末站、停保场、高级保养、修理场3种。根据公交场站布局原则以结合郑东新区用地条件，本规划对综合规划中的保养场和高级保养修理用地及布局进行了调整。

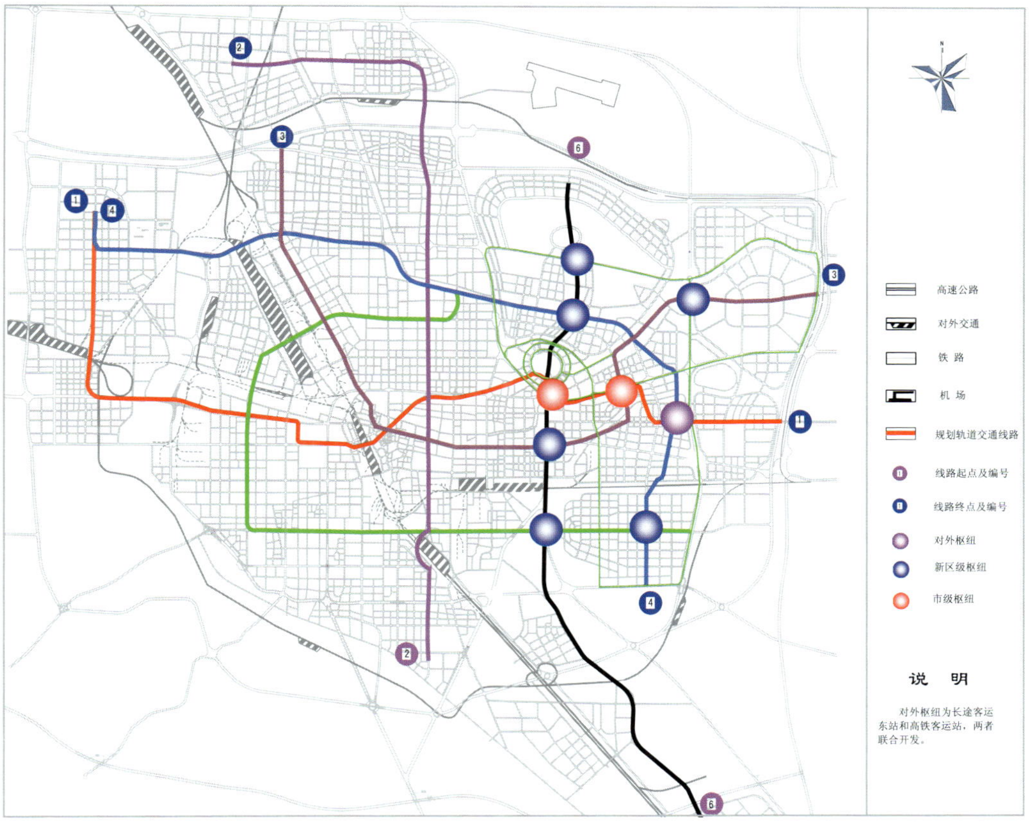

新区客运枢纽布局规划图

郑东新区场站一览表（用地单位：万m^2）

序号	场站名称	位置	近期利用用地	远期规划用地	备注
1	经开区停保场	经开第八大街西，经南五路北	5	7	
2	金水东路停保场	金水东路南，黄山路东	6	7	与金水东路高级保养修理场合建
3	泰山路停保场	泰山北路东，扬子路南	3	3	
4	郑汴路停保场	郑汴路南，恒山路西	6	6	
5	森林公停保场	第一东西横贯道路北，107 国道东	0	3.5	
6	龙湖环路停保场	龙湖环路东，东四环西	0	3.5	
7	大学城停保场	金水东路北，龙子湖横贯三路东	3	3.5	
8	龙子湖纵贯三路停保场	龙子湖纵贯三路西，连霍高速南	0	3.5	
9	金水东路高级保养修理场	金水东路南，黄山路东	3	5	与金水东路停保场合建

7.3 货运场站布局规划

区域货运枢纽如图所示：

新区客运枢纽布局规划图

远期新区货运场站规划表

场站	性质	位置	主要功能	服务区域	用地
铁路集装箱中心站	新建	铁路莆田站南侧	集装运输功能，连接全国各大城市集装箱集散中心港口，专门办理集装箱到发，中转，国际联运	全市区域	900亩(约60hm^2)
公路货运东站	新建	107 辅道东，郑汴路南	仓储，配送，零担，中转，信息中介	郑东新区及东边组团	200亩(约13.3hm^2)
物流中心	新建	航海东路与 107 辅道交叉口东北角	中转，多式联运，运输代理，配载等服务	全市区域	300亩(约20hm^2)
货运中心站	已建	货栈街与 107 国道交汇处西南侧	分担东、北向货流	全市区域	147亩(约9.8hm^2)

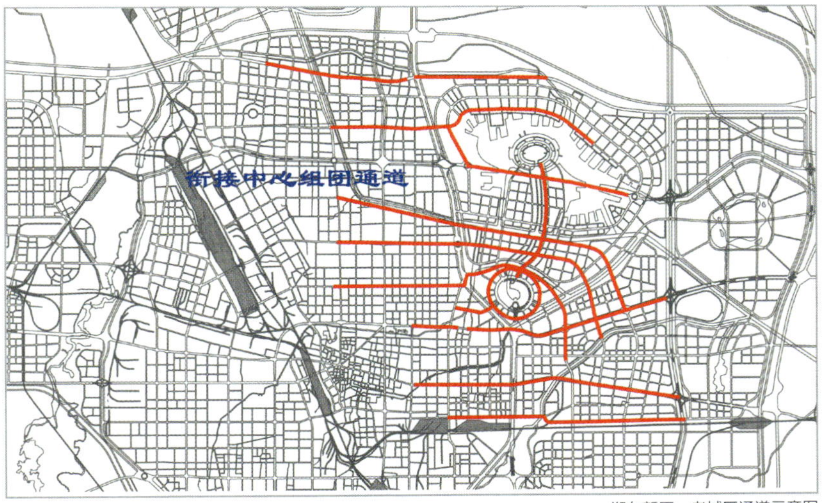

郑东新区－老城区通道示意图

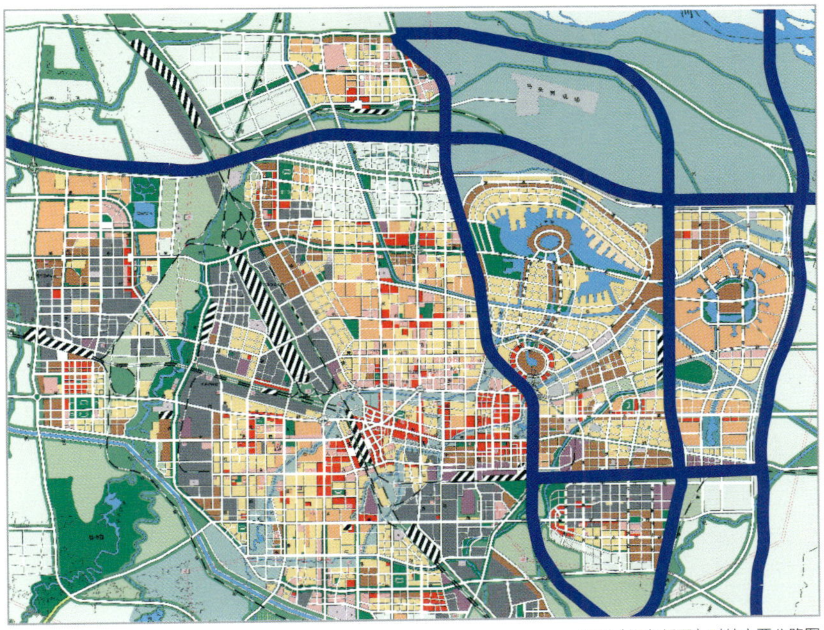
郑州（郑东新区）对外主要公路图

8 新区对外交通发展规划

8.1 对外交通发展规划

8.1.1 郑东新区与老城区

郑东新区对外交通的关键在于郑东新区与老城区之间的联系，即新区－旧城通道问题。郑东新区与郑州老城区之间的交通衔接的关键在于穿越原107国道的通道能否满足两者之间的联系需求。

郑东新区与老城之间规划主要通道见左图。

8.1.2 郑东新区与市外

郑州市对外交通规划是外部以连霍高速、京珠高速作为对外主要公路运输通道，内部构建完整的城市道路系统和轨道系统；依托东环路（老107国道）这一新的重要城市轴线，联系航空港、公路港，完成由原来的京广、陇海铁路的单一结构向多元结构的转化。

8.2 对外交通衔接规划

郑东新区交通衔接组织规划的要求就是：客流、物流、车流能够方便、快速的进出郑东新区。对外交通的衔接主要依靠公路长途客货运站、铁路客货运站和机场等。

在郑东新区内部及附近规划识置客运东北分站、客运东站和客运东南分站等站点。郑东新区规划的公交线路大多经过郑州火车站地区，对外交通客流能从郑东新区与郑州火车站之间方便的流通。另外，规划中的高速客运站就在金水路与新107国道交叉口附近。

郑州货运东站则可经由区内各主干道，聚于珠江路、过货站街到达。

随着机场高速公路的建成，郑东新区内乘客可由东环路、东三环、东四环等上到机场高速，半小时内即可到达新郑机场。

郑州市郑东新区综合交通规划会议纪要

2006年3月16日下午，郑东新区土地规划局在管委会主持召开了《郑东新区综合交通规划》内部审查会。会议邀请了相关专家和部门代表参加了会议。与会专家和代表听取了规划编制单位的方案介绍，审阅了规划成果报告，并形成如下审查意见：

一、《规划》目标明确，内容丰富，技术路线正确，规划指标基本合理，符合郑东新区的发展战略，基本达到任务书的要求。

二、为进一步完善《规划》，专家组提出如下修改意见和建议：

1、在完善现状分析的基础上，进一步更新道路网规划等有关规划资料，对本规划方案做适当的衔接和调整。

2、交通需求预测和客流分配应进一步与新铁路客运站等大型交通设施及用地性质布局、人口分布相结合。

3、进一步论证对外交通、区域交通问题，以及新区和老城区的联系问题。

4、根据新区路网建设情况，充分考虑现状，结合现状情况进行路网的预测、调整；有关道路等级调整问题要结合现状，充分论证可操作性。

5、增加大型交通设施的分析，增加重要路段交叉口分析，如郑东客运站，郑汴快速通道等。

二〇〇六年三月十六日

评审专家名单：

杨友林：河南省城乡规划院所长

王东方：郑东新区管委会土地规划局局长、注册规划师

盛　羽：郑州市市政院副院长

任西锋：郑州市规划院副总工

刘大全：郑东新区管委会土地规划局副局长、注册规划师

李艳春：郑东新区管委会土地规划局副局长、注册规划师

樊　欣：郑州市规划局交通处工程师

岳崇君：郑州市规划院工程师

张　飞：郑州市交巡警支队交通管理科研所工程师

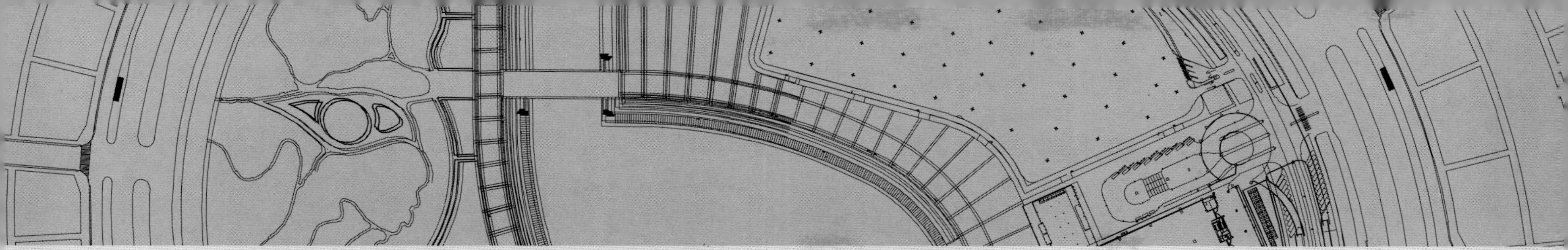

郑州市郑东新区CBD交通管理规划

Transportation Mamagement Planning for CBD Area in Zhengdong New District

5

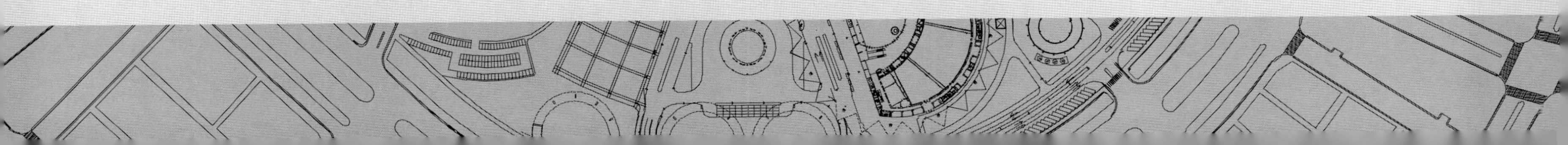

郑州市郑东新区CBD交通管理规划
Transportation Mamagement Planning for CBD Area in Zhengdong New District

项目名称：　郑州市郑东新区CBD交通管理规划
委托单位：　郑州市郑东新区管理委员会土地规划局
　　　　　　郑州市交巡警支队交通科研所
编制单位：　东南大学交通学院

1 规划概述

中央商务区（CBD）是郑东新区的核心区和郑州市的商务中心区，汇集了大量金融、办公、研究、商贸、信息、教育文化、中介服务、住宅等多种城市功能。CBD与周边地区的往来非常紧密，人流、物流和车流的出入非常频繁，所以中央商务区需要畅通、便捷、舒适的交通系统为之服务。

郑东新区CBD交通专项规划是在城市交通设施规划基础上，针对郑东新区CBD规划和建设中交通问题进行的专项规划，该规划为郑东新区乃至整个郑州市的交通管理健康、科学、有序的发展提供了保障，对于进一步提升郑东新区CBD作为郑州市经济实力与城市形象的标志，提高郑州整个城市的个性与魅力，促进郑东新区的建设与发展都具有重要的意义。

1.1 规划范围及期限

本规划范围为郑东新区CBD（中央商务区），规划面积约为4.0km^2。

规划期限近期为2010年、远期为2020年、远景战略为2030年左右。

1.2 规划理念

为CBD发展服务理念：良好的交通系统对促进郑东新区建设有重要的基础作用，对提升郑东新区CBD城市形象，提高郑州整个城市的个性与魅力具有重要意义。

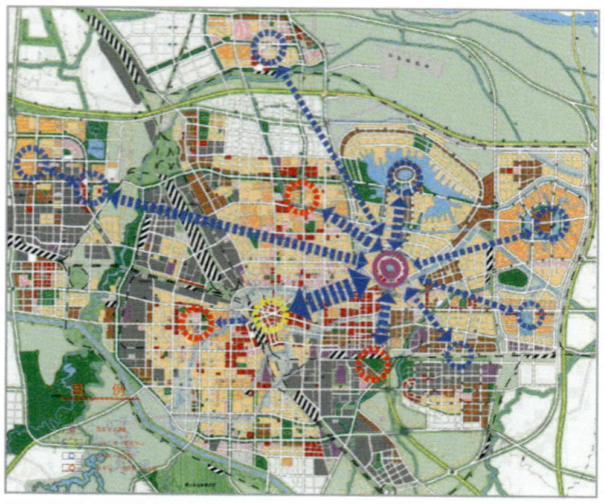
CBD对外交通需求示意图

以人为本理念：优先考虑大多数人，特别是弱势群体的出行问题，如行人交通、自行车交通与残疾人交通等。

有序交通理念：良好的交通秩序不仅是保障交通流高效运行的前提，而且有利于降低交通事故、改善交通环境等。井然有序和畅通高效的CBD交通有利于CBD日后的繁荣和活跃。

安全交通理念：CBD吸引交通流量大，用地紧张，车流混行，交叉口数量较多，易发生交通事故，因此安全管理非常重要。

绿色交通理念：主要指降低污染，保持良好的交通环境（包括大气、噪声、震动和视觉环境）。

永续发展理念：主要指珍惜有限资源，保证人、车、路的协调发展，交通方式以及交通系统与土地资源的协调发展。

公交优先理念：在CBD优先发展公共交通是解决交通拥挤的有效措施，也是降低环境污染、减少能源消耗量有效方式。

2 规划内容

本研究从宏观和微观两个层次对郑东新区CBD的交通规划问题和建设完成的交通管理等问题进行了详尽的规划，主要包括以下内容：

2.1 总体分析

郑东新区CBD交通发展战略研究；郑东新区CBD规划道路网分析；郑东新区CBD交通需求分析；郑东新区CBD交通容量分析；郑东新区CBD停车规划。

2.2 详细规划

郑东新区CBD交通组织衔接规划；郑东新区CBD机动车交通组织规划；郑东新区CBD非机动车交通组织规划；郑东新区CBD行人交通组织规划；郑东新区CBD货运交通组织规划；郑东新区CBD公交系统规划；郑东新区CBD地块交通组织规划；郑东新区CBD重大活动交通组织预案设计；郑东新区CBD交通指挥系统规划。

2.3 交通需求预测

2.3.1 预测内容：CBD交通需求预测包括客运交通需求预测和货运交通需求预测两方面。

2.3.2 预测方法:由于CBD为新开发建设的综合性商务区，区域面积狭小不易进行交通小区划分，因此不宜采用典型四阶段法，故对于CBD客运交通需求预测应根据内外土地利用、就业就学岗位等资料首先进行交通生成预测，然后结合预测的出行方式结构以及各类车辆实载率得出客货运交通生成量，最后将交通生成量分配到路网上。

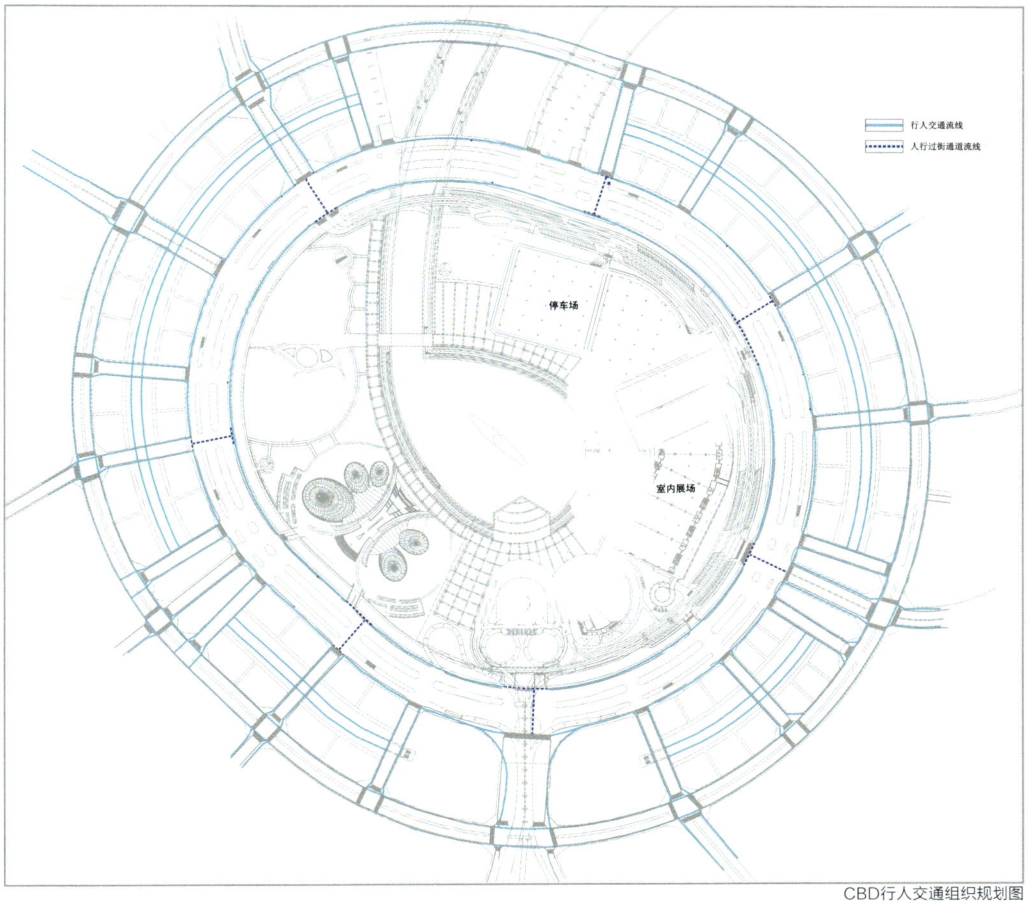

CBD行人交通组织规划图

2.4 CBD行人交通组织规划

行人交通组织规划包括人行道行人交通组织规划和行人过街交通组织规划。

行人过内环主要通过人行地道实现。结合会展中心、艺术中心、中心公园等公共设施的出入口，共设置6处人行通道。考虑远期建设需要，另预留一处；

行人过外环主要通过交叉口处和路段上的人行横道实现。外环绿化带较宽，利用绿化带设置行人过街等待区是确保行人过街安全的重要举措；

行人过径向道路主要通过交叉口处和路段上的人行横道实现。

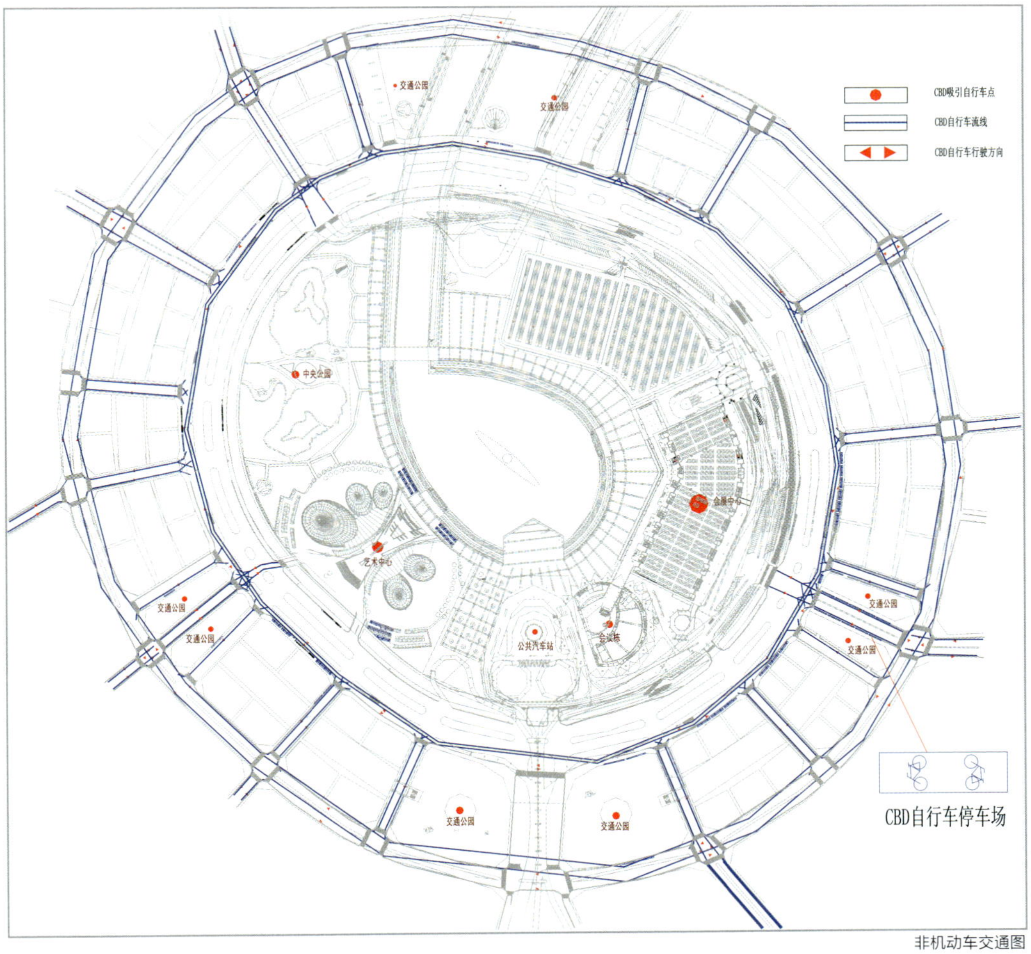

非机动车交通图

2.5 非机动车交通组织规划

非机动车是指自行车、有动力装置的自行车、人力三轮车、残疾人专用车等，本次研究郑东新区CBD非机动车交通组织规划的主要对象是自行车。郑东新区CBD自行车交通可分为两个方面，一是静态交通，主要包括自行车停车方面；二是动态交通，主要包括自行车在道路上的运行，即组织规划，使自行车有序发展。

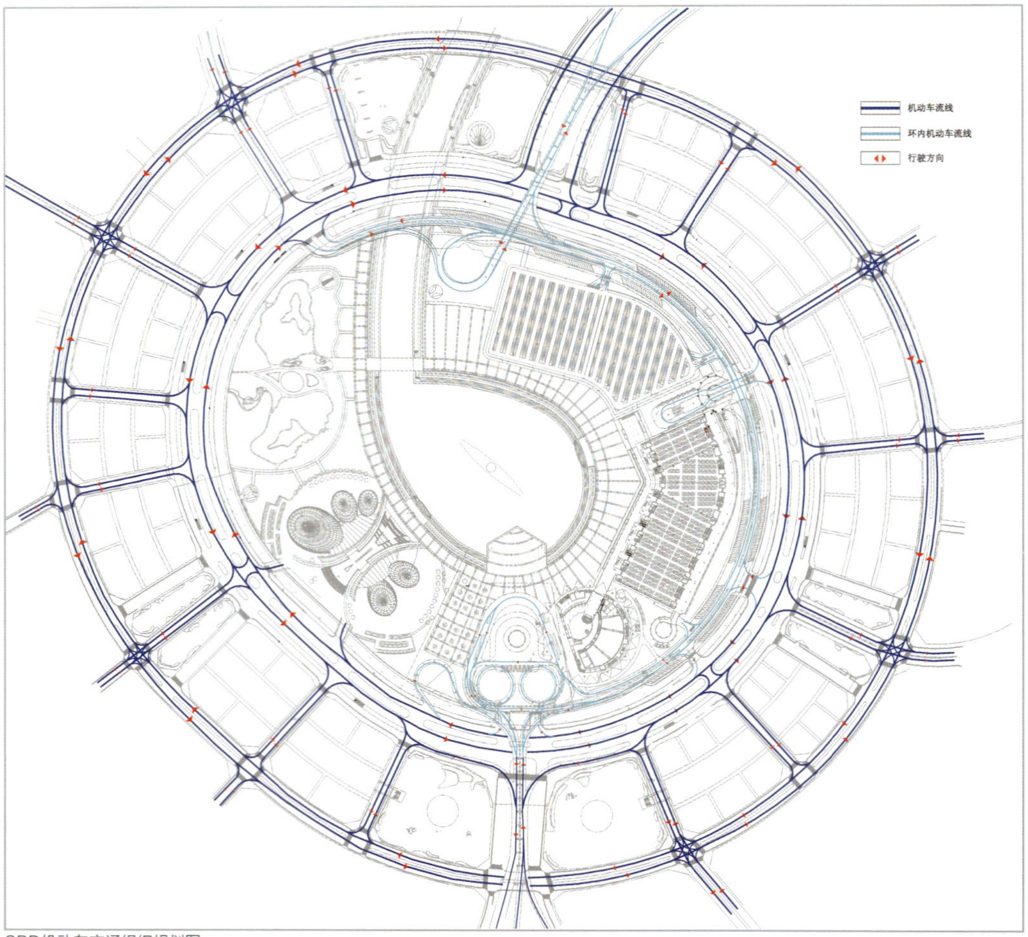

CBD机动车交通组织规划图

2.6 CBD机动车交通组织规划

CBD内机动车的交通组织以连续流为主，辅以必要的脉冲流，内环不设信号灯，外环与次要径向道路相交处禁止车辆左转，与主要径向道路相交处设置信号灯，内环上设置调头车道，方便车辆出行，减少绕行距离。

除举办各种重大活动期间，内环上的全部交叉口与外环上的次要交叉口禁止左转。

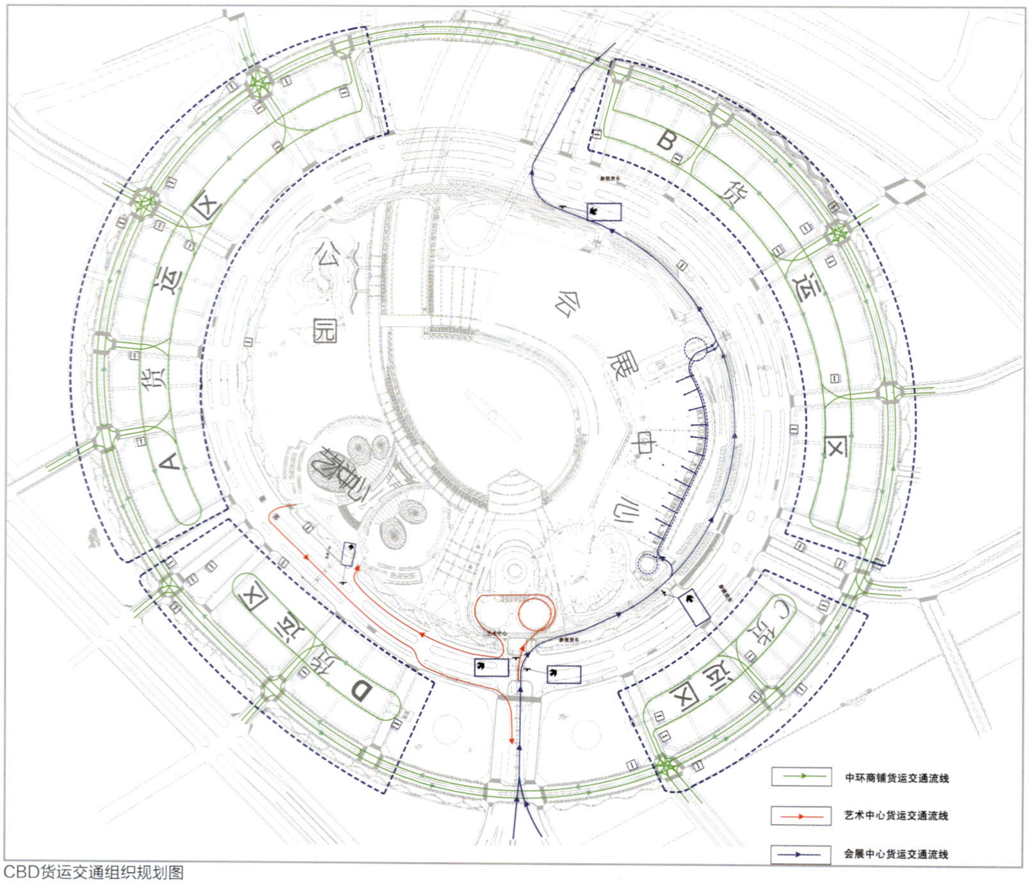

CBD货运交通组织规划图

2.7 CBD货运交通组织规划

郑东新区货物运输主要有三部分组成：为全区各商铺办公服务的货物运输、参加布展活动的货物运输以及少量为艺术中心服务的货物运输。其中参展货物运输是本规划主要考虑的类型。

郑东新区CBD货运交通组织对商铺货物运输实行时间段限制；对参展货车实行客货分离措施，组织单向交通，参展货车全部从高架道路行驶；对艺术中心的货物运输全部从金水立交进出，CBD内环全天禁止货车行驶。

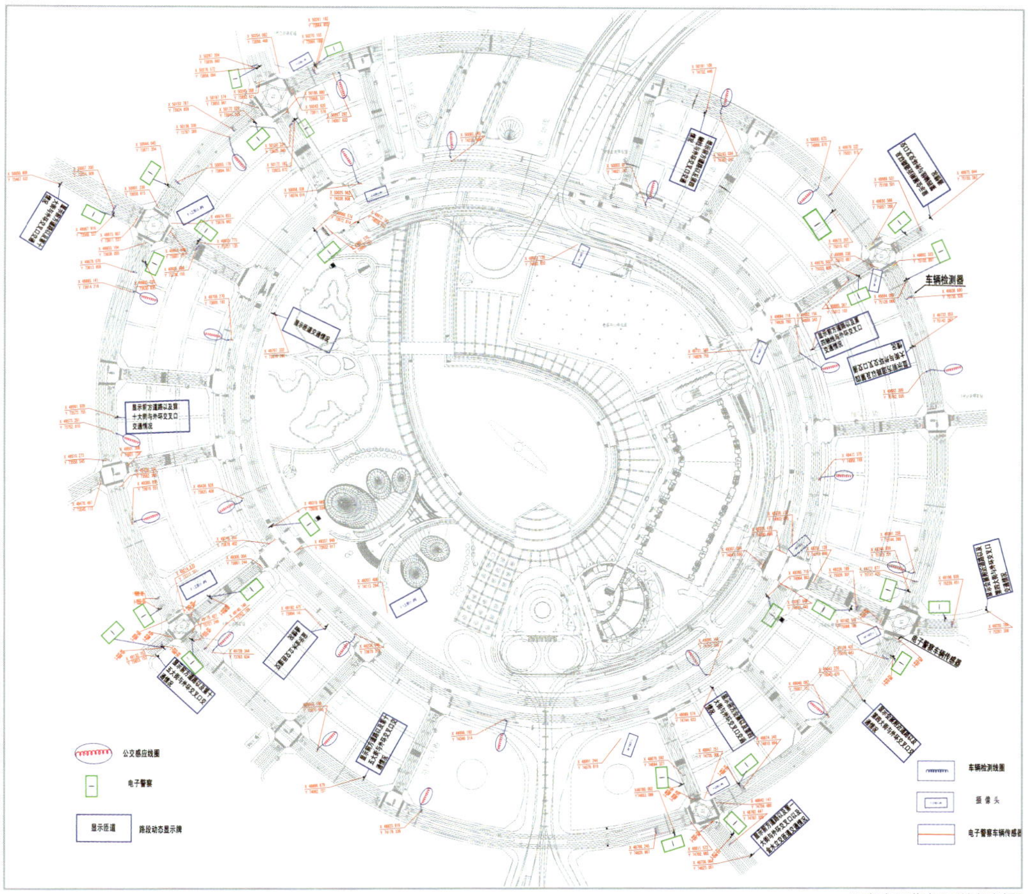

公安交通指挥系统规划图

2.8 公安交通指挥系统规划

公安交通指挥系统应用计算机、电子自动化信息等高新技术，按照系统工程原理，将交通信号控制系统，电视监控系统，交通管理综合信息，通信系统，交通诱导系统等有机地结合为一个整体，充分发挥系统的整体效益，建立具有数据采集，处理能力，决策能力和组织协调，指挥能力的科学的、高效的交通指挥运行机制。

设置方式：

(1) 车辆检测器设置在信号交叉口的各个进口车道,公交专用道设置公交感应线圈。

(2) 所有标志的设置结合道路线形、交通状况、沿线设施等实际情况，在标示处附近安装；

(3) 路侧式标志与道路中线垂直或成一定角度：禁令和指示标志为0～45°，指路和警告标志为0～10°；

(4) 柱式标志内边缘距路面或土路肩边缘不得小于25cm，标志牌下缘距路面的高度为100～250cm；

(5) 线圈的长度为车道长度,垂直车道布设。

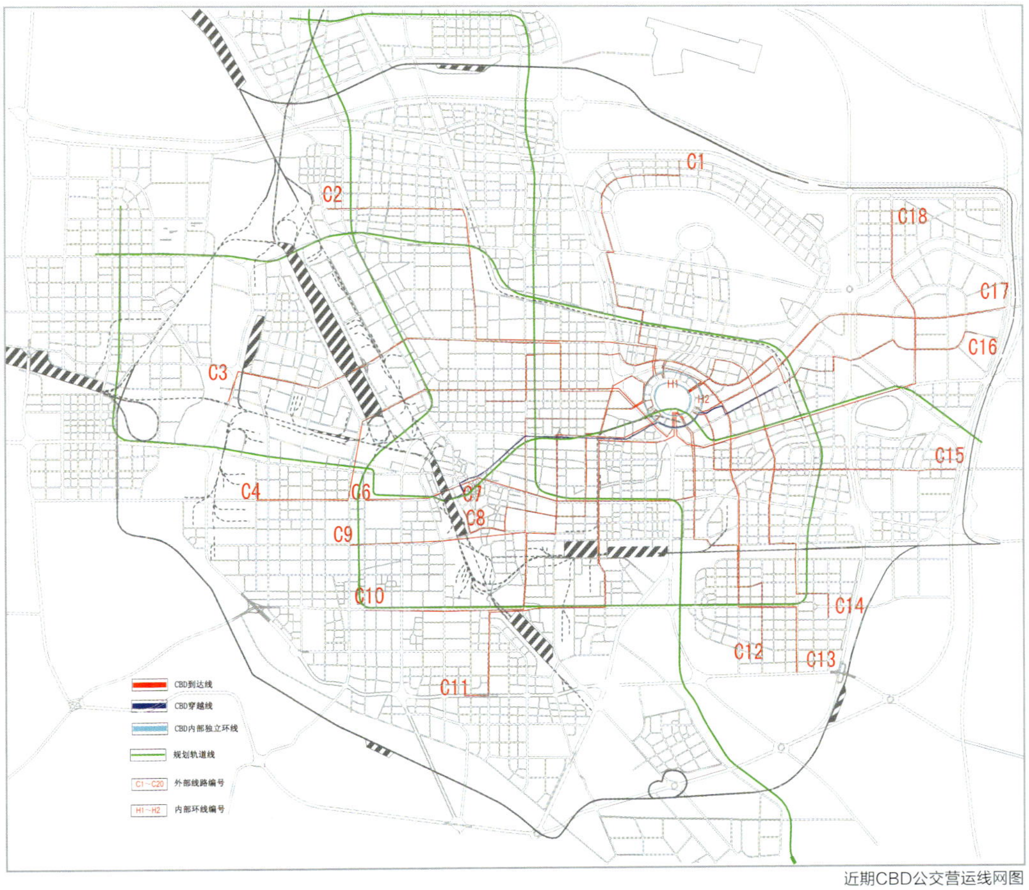

近期CBD公交营运线网图

2.9 近期CBD公交营运线规划

郑东新区CBD地区2010年共规划公交线路20条。其中，规划线路中有内部环线2条，外部送达线17条，穿越CBD的线路1条，CBD穿越线路1条，CBD到达线路17条，CBD内部环线2条。规划的线路主要运行于主次干道上，以保证公交出行的快速。

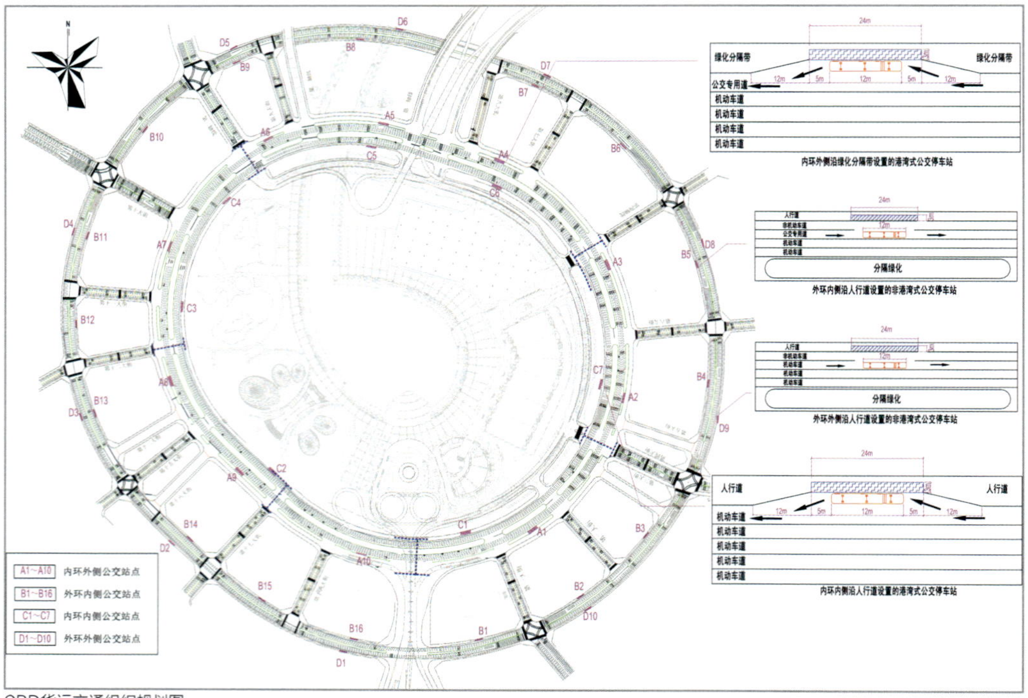

CBD货运交通组织规划图

2.10 CBD公交站点布局规划

公交站点的设置类型及规模应满足公交线网规划的要求，并充分考虑道路性质、沿线两侧用地性质、换乘便利性、临近路段和交叉口交通状况及用地可能条件等约束条件。

为规范郑东新区CBD出租车辆停车行为，在CBD内环内侧、径向道路两侧、以及外环外侧，还规划设置若干出租车停靠站点。

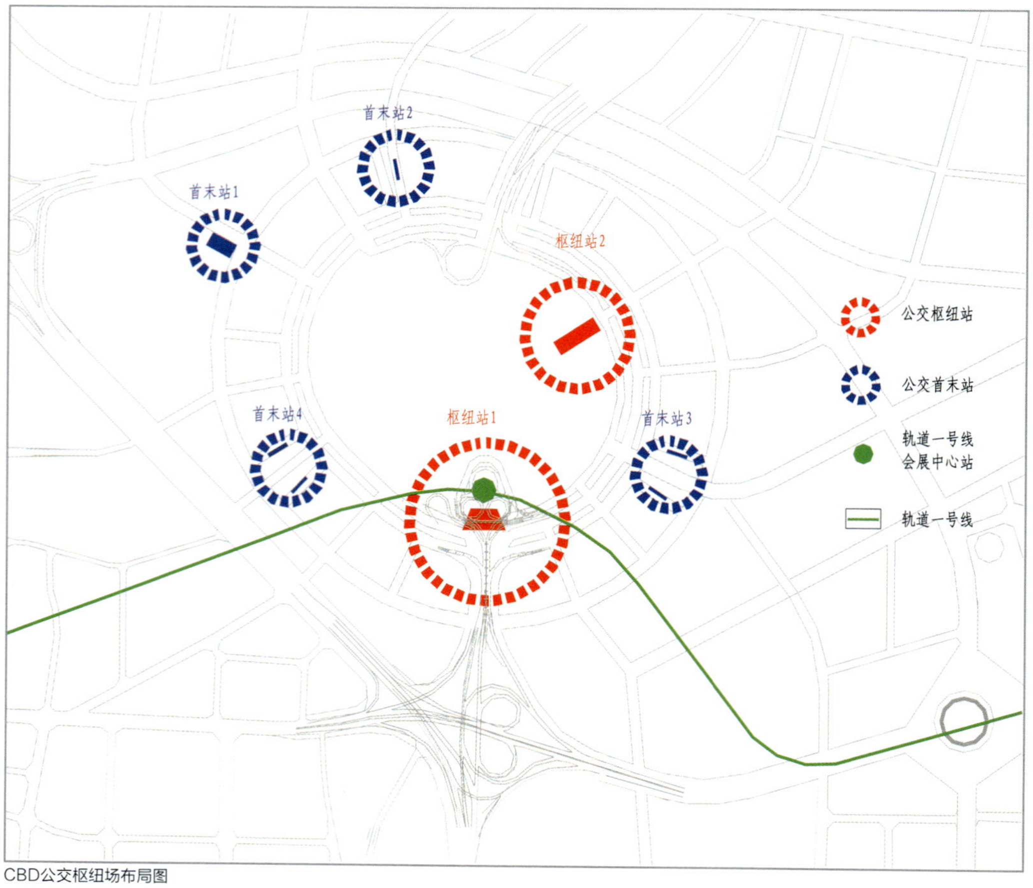

CBD公交枢纽场布局图

2.11 CBD公交枢纽场站布局

城市公共交通场站主要包括公交首末站、枢纽站、综合停车场，其规划应该结合城市规划的合理布局，在计划用地内进行，做到保证公共交通畅通安全、使用方便、经济合理的要求。

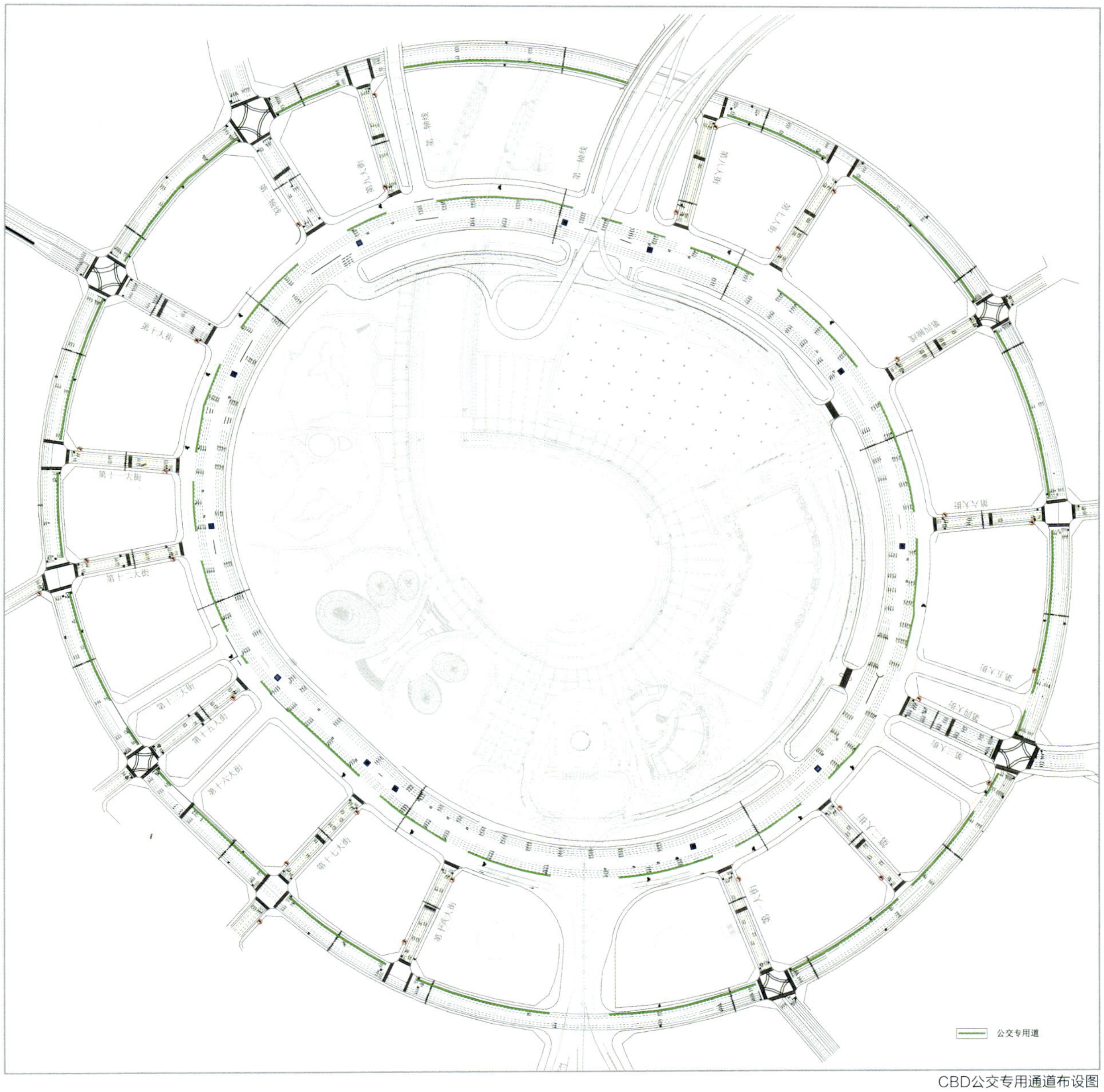

CBD公交专用通道布设图

2.12 CBD公交专用通道布设

内外环之间为商业用地，人流量较大，考虑到CBD地区未来公交优先系统发展的需要，规划布置公交专用道：CBD内环设置沿内环外侧的公交专用道，CBD外环设置沿外环内侧的公交专用道。

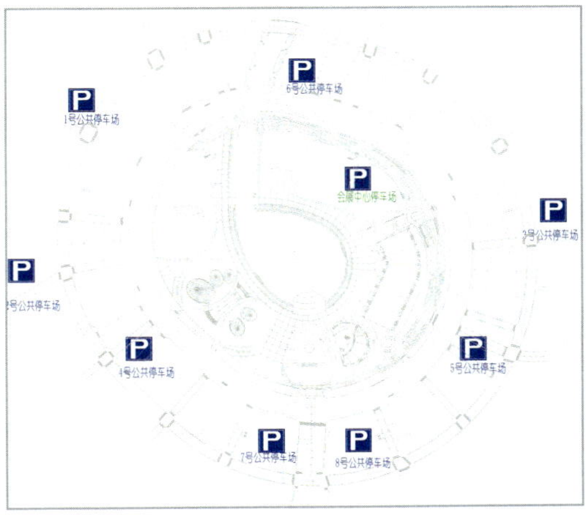

停车场布局规划图

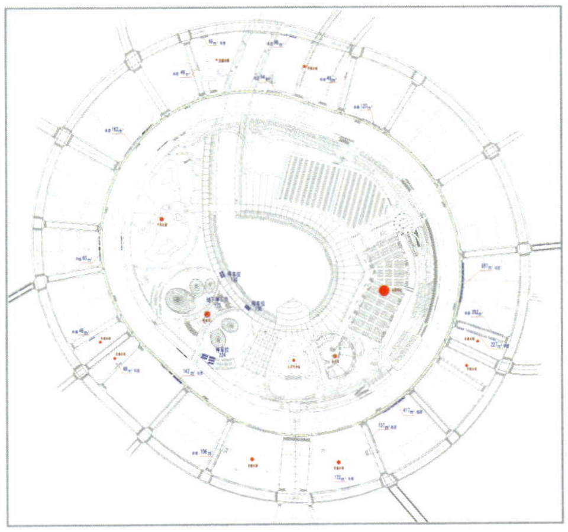

CBD非机动车停车规划图

2.13 CBD停车场布设规划

CBD规划路外公共停车场8处，会展中心配建停车场建议对社会开放。其中，在外环外规划3个地面公共停车场，在一些公园、绿地处规划5个地下公共停车库。

自行车交通也是郑东新区CBD交通系统不可分割的重要组成部分，自行车停车场设置依据其服务对象不同而不同，服务半径一般不大于100m。停车场根据地形和现状，在垂直道路方向设置成单排式或双排式停车场，单排自行车停车场宽度取2m，双排自行车停车场宽度取5m，中间留有一条自行车通道，这些条形自行车停车场每隔20～30m，设立一个出入口，其宽度为3～4m。

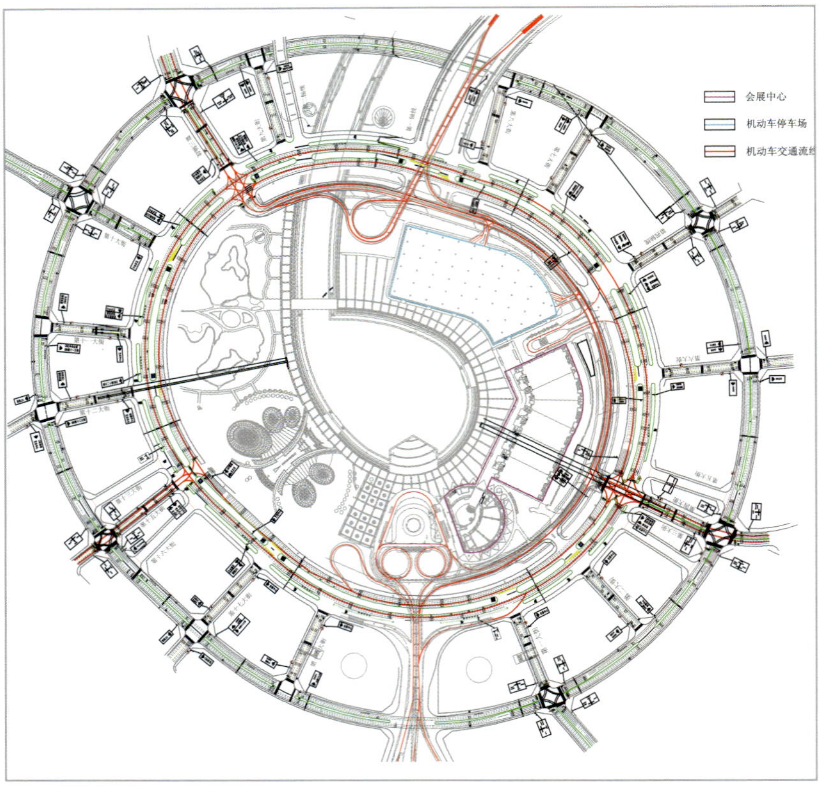

会展中心机动车交通流线图

说明：进出会展中心的机动车主要有以下流向：
① 经过金水路、金水立交、南立交进出会展中心
② 经过黄河路、黄河立交、径向道路进出会展中心
③ 经过第一（第二）城市中心轴线、北立交进出会展中心
④ 经过径向道路从内环路进出会展中心

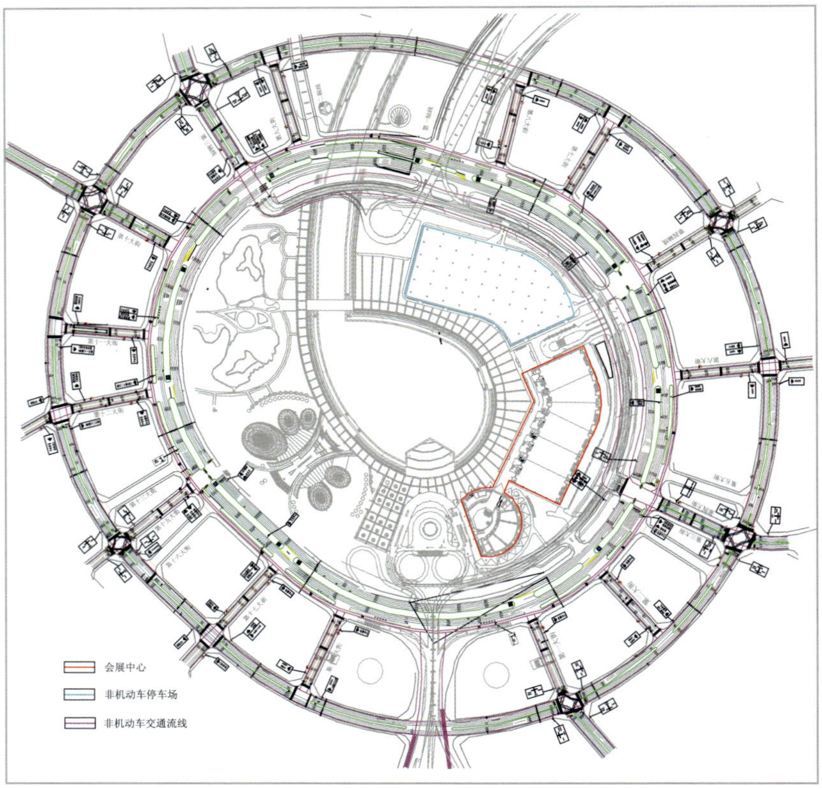

会展中心非机动车交通流线图

说明：在会展中心举办重大活动的时候，考虑大量的非机动车需要进入内环以内，因此在第四大街交内环路和第三轴线交内环路这两个交叉口处，允许自行车进入内环以内。

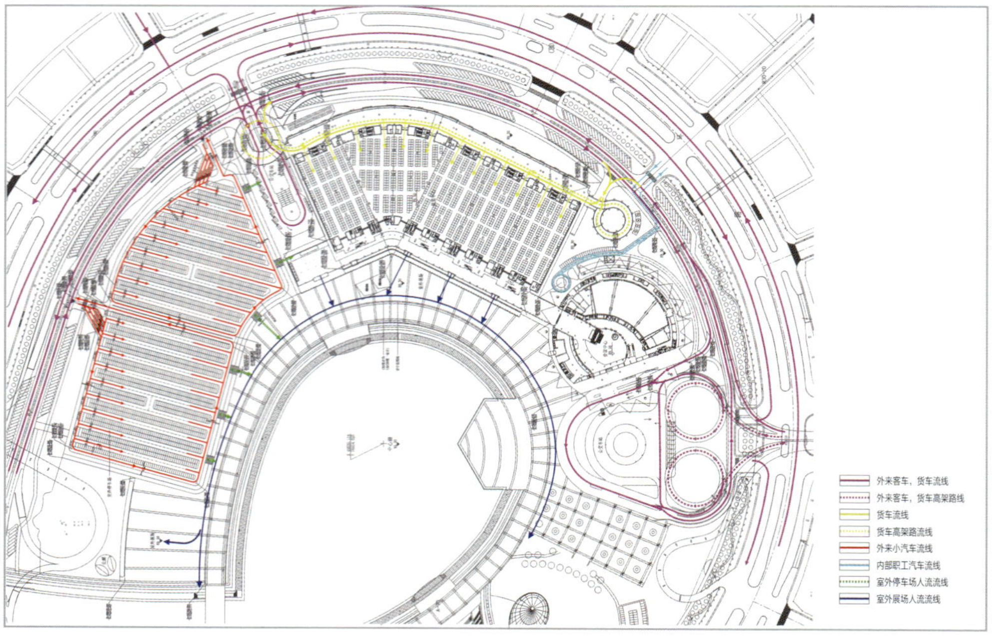

会展中心内部交通流线图

2.14 会展中心交通规划

CBD 会展中心是 CBD 的重要项目，交通组织十分复杂，在重大活动时，规划为其制定了详细的交通预案，包括机动车、非机动车以及行人的交通流线规划。

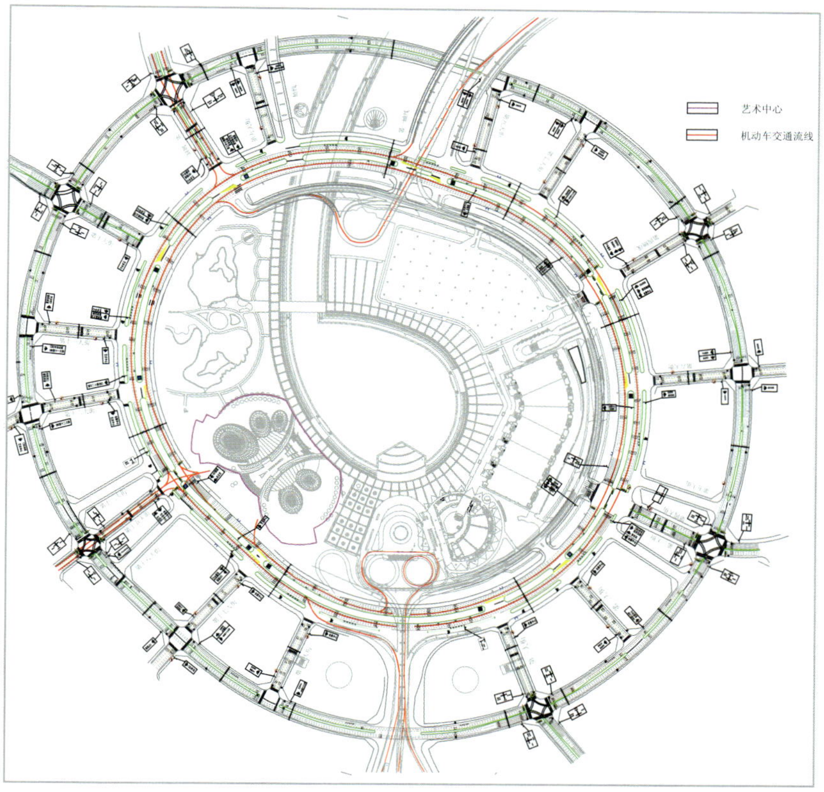

艺术中心机动车交通流线图

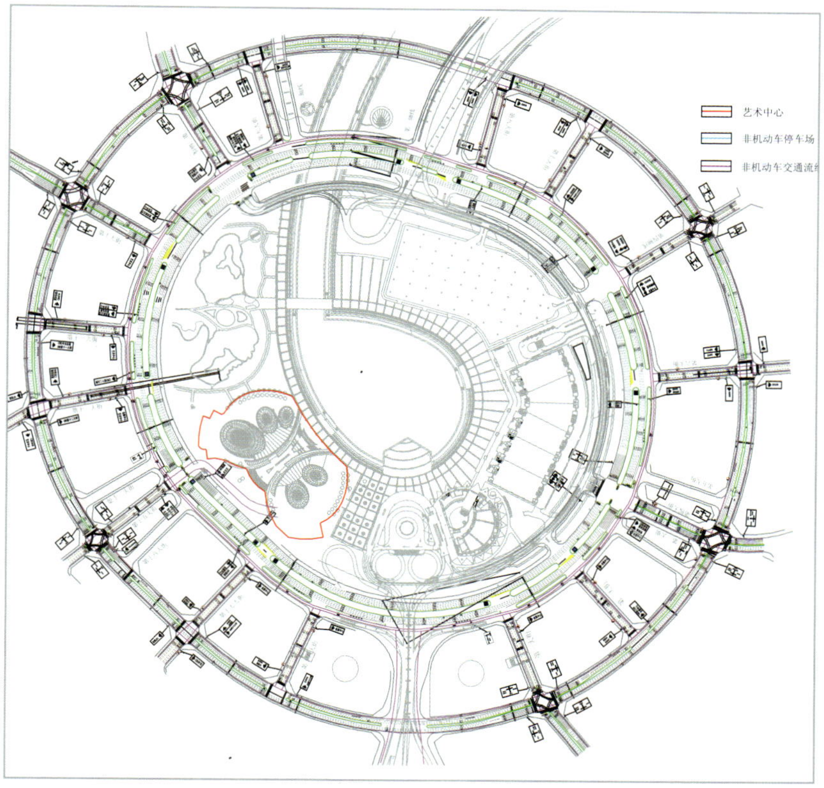

艺术中心非机动车交通流线图

说明：进出会展中心的机动车主要有以下流向：
① 经过金水路、金水立交、南立交进出会展中心
② 经过黄河路、黄河立交、径向道路进出会展中心
③ 经过第一（第二）城市中心轴线、北立交进出会展中心
④ 经过径向道路从内环路进出会展中心

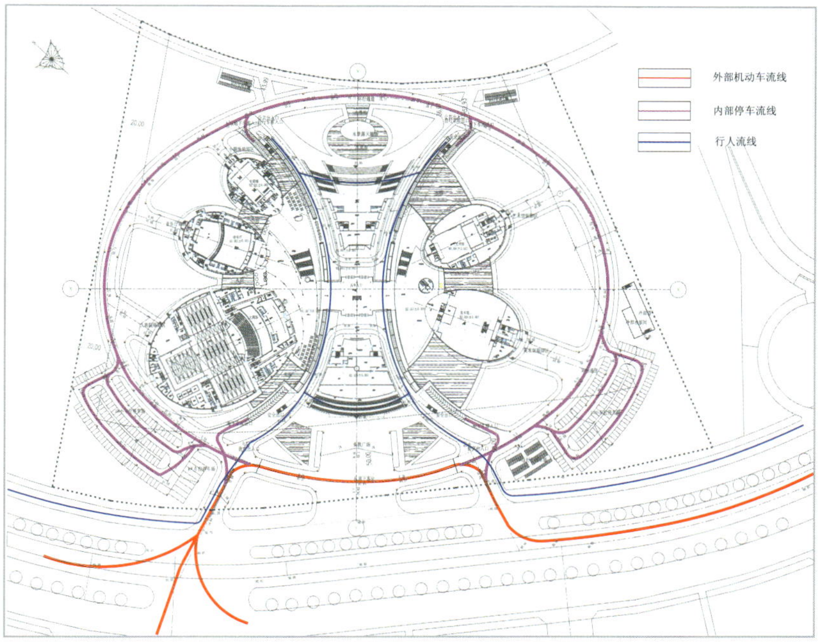

艺术中心内部交通流线图

说明：艺术中心内部交通流线按照人车分离的原则设置，机动车绕建筑外围进出，并且随顺时针单向组织，行人流线在建筑物中部，有宽阔的集散中心。

2.15 艺术中心交通规划

CBD艺术中心是CBD中另外一个重要项目，交通流量较为集中，在重大活动时，规划为其制定了详细的交通预案，包括机动车、非机动车以及行人的交通流线规划。

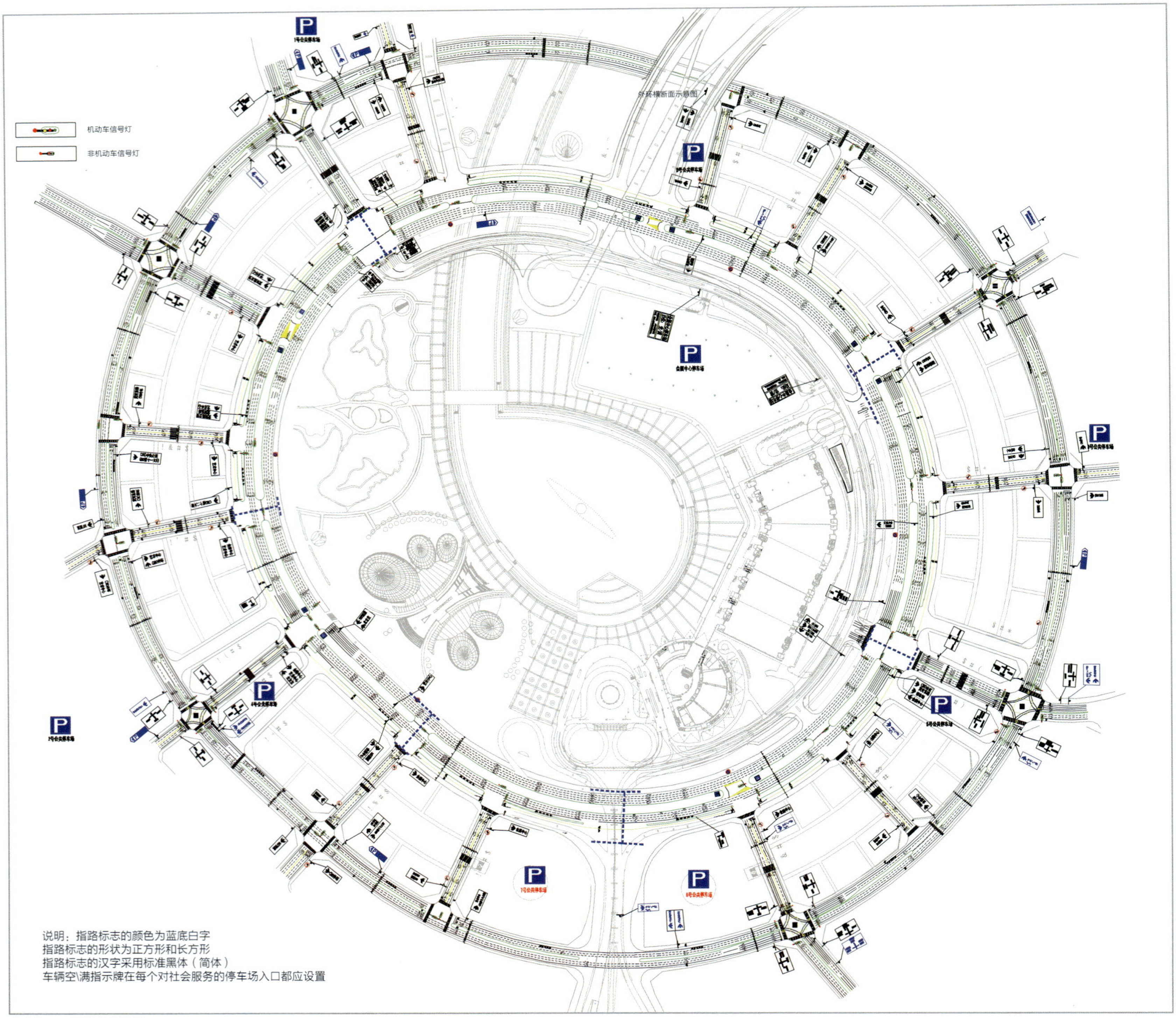

道路交通工程设施规划总图

2.16 道路交通工程设施规划

路段交通工程设施规划主要涉及道路横断面设置、机动车道设计、非机动车道设计、行人过街横道设计、路段进出交通设计以及人行道设计等方面。

郑东新区CBD交叉口交通工程设施规划按空间渠化和时间分配两方面来考虑，规划指导思想是结合CBD两个环形道路特征，尽量少设置灯控路口，靠近中央分隔带侧设为右转车道或调头车道，组织车辆右进右出。

2.17 CBD第四大街与内环路交叉口交通工程设施规划

本规划对CBD范围所有路口的交通组织以及交通设施进行了规划布置，右图是其中一个路口的规划设计图。

说明：

① 所有标志、信号灯的设置应结合道路线形、交通状况、沿线设施等实际情况，在图中所给坐标处，或参照所给的坐标，在附近安装；

② 指路标志的颜色为蓝底白字；

③ 指路标志的形状为正方形和长方形；

④ 指路标志的汉字采用标准黑体（简体）；

⑤ 交叉口前停车场诱导标志和指路标志可根据现场实际情况合并安装在一根标志柱上；

⑥ 路侧式标志与道路中线垂直或成一定角度：禁令和指示标志为0 ~ 45°，指路和警告标志为0 ~ 10°；

⑦ 挂式标志内边缘距路面或土路肩边缘不得小于25cm，标志牌下缘距路面的高度为100 ~ 250cm；

⑧ 空\满指示牌在每个到社会服务区停车场入口按放设置。

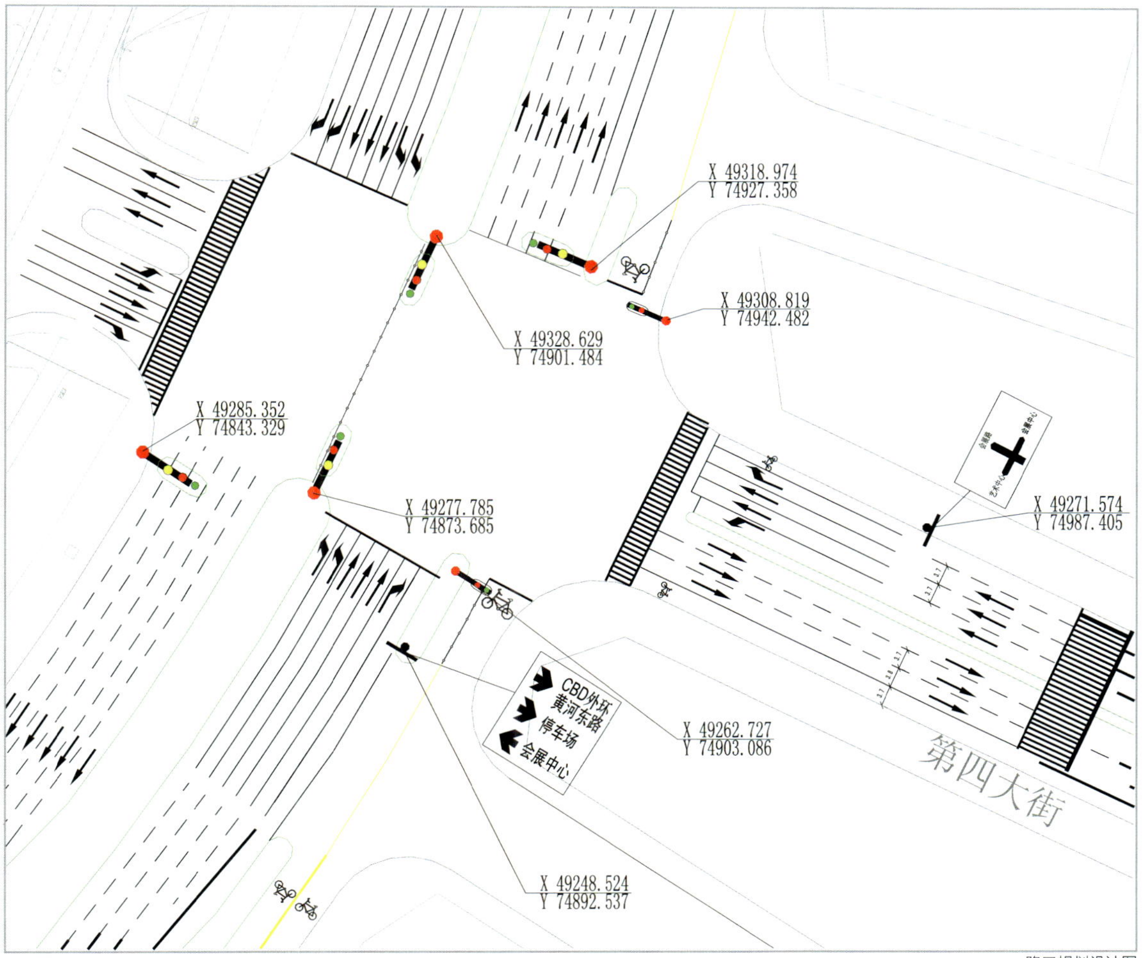

路口规划设计图

2.18 A63、64、65地块交通组织设计

本规划对CBD范围内内外环道路之间所有地块的交通组织方式均进行了规划，右图是其中一个地块交通组织规划及交通设施规划图。

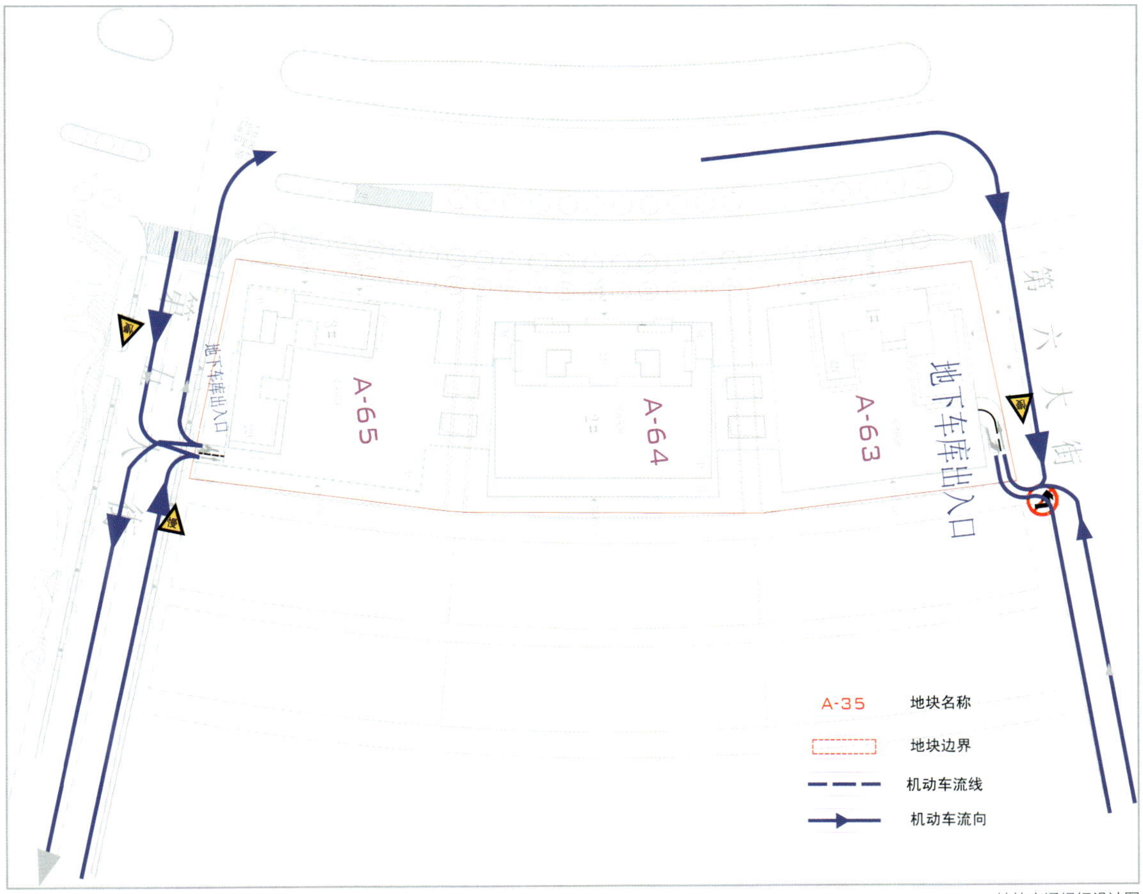

地块交通组织设计图

郑州市郑东新区CBD交通专项规划评审意见

2005年1月12日上午，郑东新区管委会土地规划局在管委会组织召开了“郑州市郑东新区CBD交通专项规划”成果评审会，来自同济大学、中国人民公安大学、西南交通大学和省内的专家共9人组成了评审专家组。在听取规划编制单位东南大学交通学院的规划成果汇报后，专家组进行了认真评审，形成评审意见如下：

一、规划指导思想明确，技术路线正确，依据充分。

二、规划完成了交通需求预测、道路网分析，交通组织规划、交通指挥系统，公交线网规划，停车规划、重大活动交通组织预案等，内容全面，方案合理，能满足CBD近期交通需求。

三、专家组对规划的完善和深化，提出了以下意见和建议：

1、应与郑州市快速轨道交通规划及郑东新区其他专项规划进一步结合，使本规划更趋完善。

2、尽可能将人行过街天桥改为地下通道，设置位置与公交站点、出租车停靠站、停车场等综合考虑。

3、核定公交发展水平等指标，进一步强化公交优先，优化公交换乘系统、公交专用车道和公交首末站的设置。

4、深化非机动车交通组织方案。

5、优化交通指挥系统规划方案和交通信号设计。

6、补充近期建设投资估算相关内容。

四、专家组总体上通过该规划，请规划编制单位根据上述意见对规划成果进一步修改完善。

二〇〇五年一月十二日

评审专家名单：

彭国雄：同济大学交通运输工程学院教授、博导，国家畅通工程小组成员
马　骏：中国人民公安大学交通管理专业教授、博士
霍亚敏：西南交通大学交通运输学院硕士导师
张国胜：省市政工程施工图审查中心主任 高工
宋国奇：郑州市规划局原副总工、高级工程师
王东方：郑东新区土地规划局局长、注册规划师
张　凯：郑州市城市规划局总规划师
任西锋：郑州市规划院副总工、高级工程师、注册规划师
林少蓉：郑东新区CBD指挥部规划设计部部长

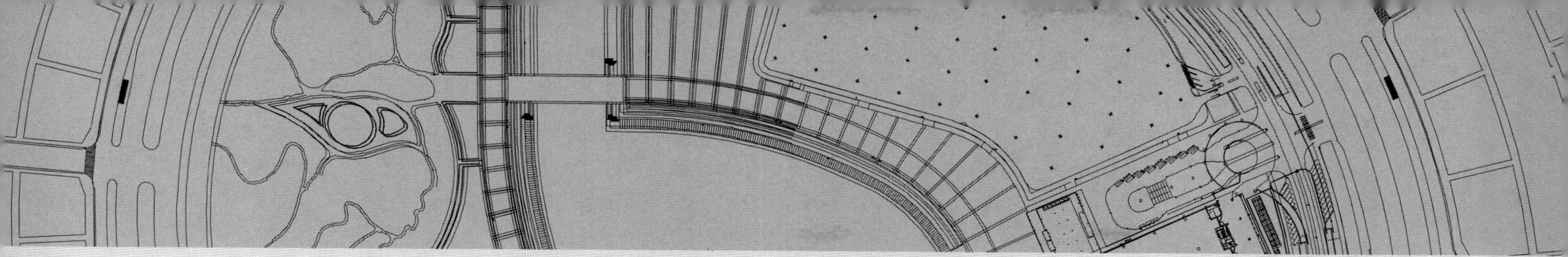

郑州市郑东新区抗震防灾规划

Anti-seismic and Disasters Prevention Planning for Zhengdong New District

6

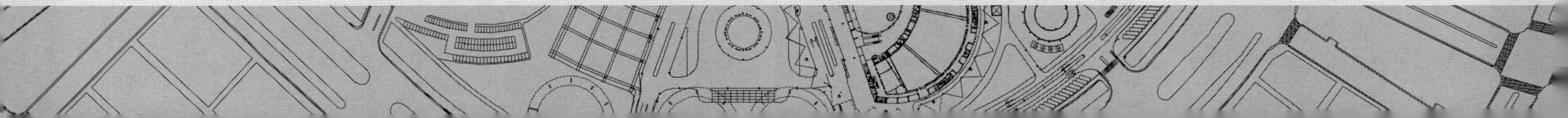

郑州市郑东新区抗震防灾规划
Anti-seismic and Disasters Prevention Planning for Zhengdong New District

项目名称：郑东新区抗震防灾规划

委托单位：郑东新区管理委员会

编制单位：郑州市地震工程勘察事务所

前 言

地震是一种突发性、破坏性很强的自然灾害，党和政府对防震减灾工作一直十分重视，确立了“经济建设与减灾一起抓”的指导思想，中华人民共和国防震减灾法对编制城市的防震减灾规划提出了明确要求，国家也发布了编制城市抗震防灾规划的有关规定。

抗震防灾规划是减轻地震灾害的一项重要对策，在抗震救灾工作中有着重要的指导作用，它的内容主要有三个方面：一是采取科学合理的预防措施；二是加强各类建筑物的抗震能力；三是在地震发生后开展一系列减轻灾害的行动。郑东新区管委会对编制东区抗震防灾规划十分重视，及时安排这项工作，这对指导东区抗震救灾工作、防御和减轻地震灾害、保护东区人民生命财产安全将起到重要作用。

受郑东新区管委会委托，郑州市地震工程勘察事务所承担了郑东新区抗震防灾规划编制工作，在编制过程中，得到了郑东新区土地规划局和有关部门的大力帮助与热情指导。

1 郑东新区抗震防灾规划纲要

1.1 郑东新区概况

郑东新区建设是河南省委、省政府和郑州市委、市政府着眼于当前世界和国内经济社会发展的大环境，结合全省和郑州市的实际情况，为把郑州市建设成全国性区域中心城市、全面实现小康社会宏伟目标而作出的一项重大正确决策，对实现中原崛起、增强郑州市的辐射力、带动力具有重要意义。

郑东新区位于嵩山东北前丘陵和东部黄河冲积平原的过渡地带上，西隔107国道与郑州市区相邻，规划面积115km^2，规划总人口120万人，区内各种基础设施有的自成体系，有的与现郑州市区紧密相联。郑州市地处中原腹地，是全国交通、通讯枢纽，京广、陇海铁路在此交汇，西气东输、南水北调等重大工程从此通过，京珠高速、商洛高速从东区两边通过，区内通讯、供水、燃气等各种设施管道纵横交错。做好郑东新区防震减灾工作具有全局性。

1.1.1 指导思想：东区各项工程建设应按东区地震小区划成果及相应技术规范进行抗震设防，保证抗

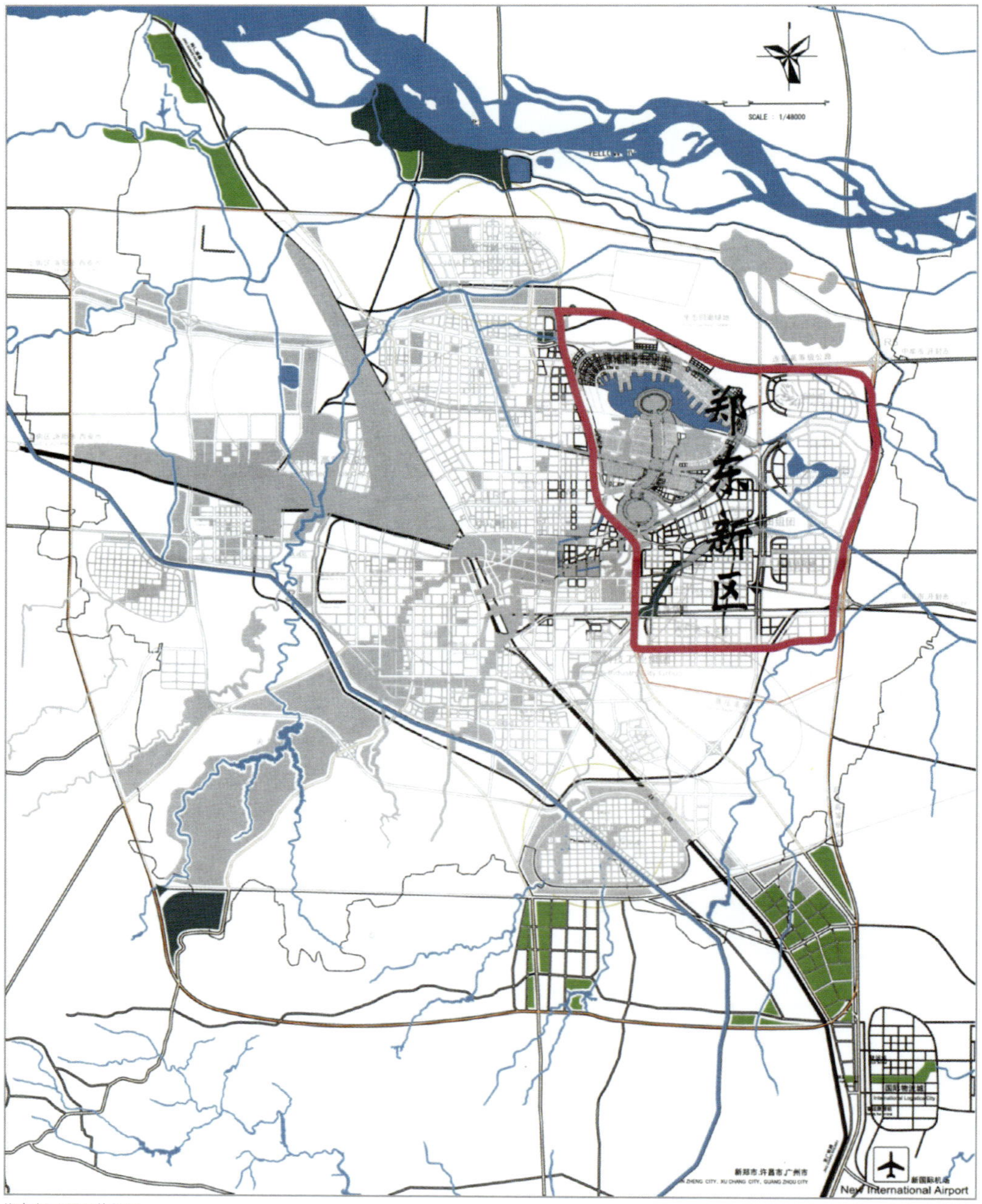

郑东新区平面位置图

震能力，保证地震时人民生命财产安全、抢险救灾有序开展、经济建设顺利进行，最大限度地减轻地震灾害。

1.1.2 基本目标：在遭遇50年超越概率10%的地震影响时，人民生产生活能基本上保持正常，城市生命线系统和重要工程不遭受严重破坏，社会秩序能很快趋于稳定；在遭遇50年超越概率3%的地震影响时，保持东区各项城市功能不瘫痪，避免造成大量人员伤亡和较大的经济损失，保持基本的生活条件，并为抢险救灾创造较好环境。

1.1.3 行业、单位详细规划：有关国计民生的行业单位，应在本规划的指导下，补充完善本行业单位的抗震防灾规划，本规划与原郑州市抗震防灾规划相衔接。

1.1.4 实施：本规划纳入东区总体规划，由东区相关部门具体组织实施，并列入目标管理。

1.1.5 编制依据：

（1）《中华人民共和国防震减灾法》、郑东新区总体规划、各专业详细规划。

（2） 中国地震局地质研究所、郑州市地震工程勘察事务所共同完成的《郑东新区地震小区划》。

（3） 建筑抗震设计规范(GB 50011-2001)

（4） 城市抗震防灾规划编制工作有关规定。

（5）1990年编制的《郑州市城市抗震防灾规划》。

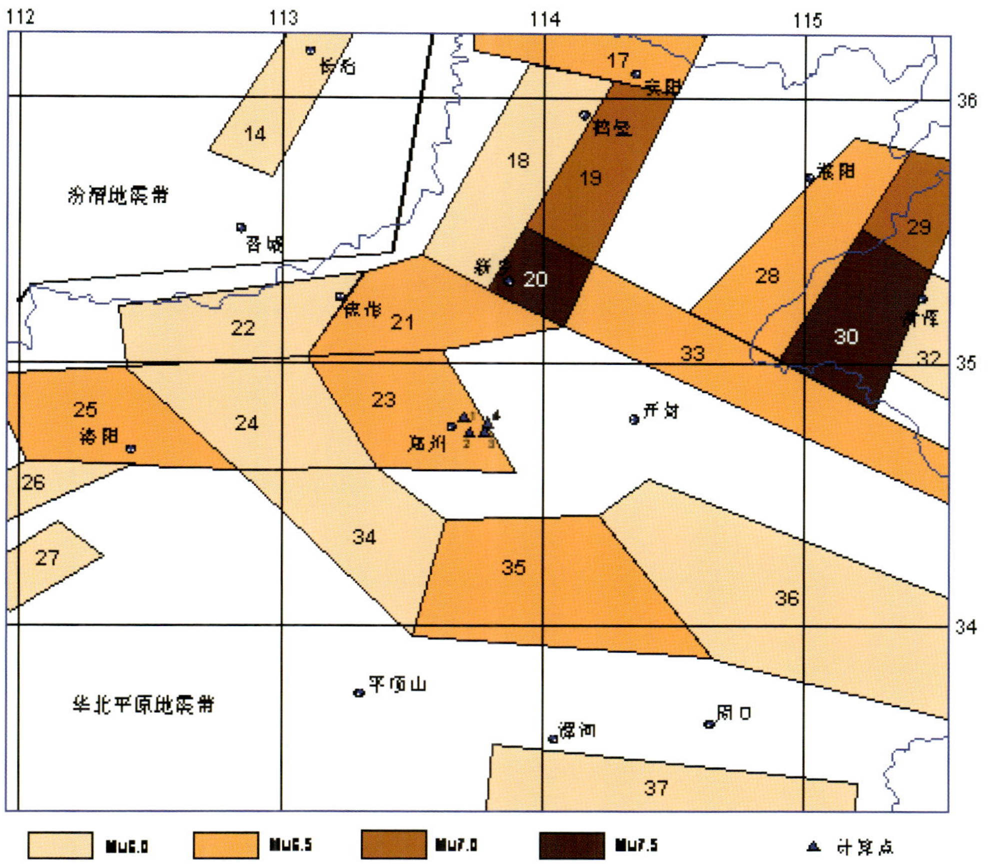

工作区范围内（160km）潜在震源区分布图

2 地震小区划

在郑州市地震局的主持下，郑州市地震工程勘察事务所和中国地震局地质研究所共同承担完成的郑东新区（起步区、龙湖、大学园区）地震小区划工作成果已经中国地震烈度委员会评审，中国地震局批准，按照有关法律法规规定，该成果应作为郑东新区规划和一般工程建设的抗震设防标准，其他重大建设工程应在此基础上进行专门的地震安全性评价工作，按照评价结果进行抗震设防。

近场区及郑东新区附近地震活动性：

（1） 历史地震影响

（2） 场区及其附近断层位置和活动性

（3） 在震源区的划分

3 震害预测

震害预测是对所预报的地震可能造成的灾害和损失进行预测，为制定防震减灾对策提供科学依据。震害预测的主要内容有：现有房屋的震害预测、构筑物和工程设施的震害预测、生命线工程的震害预测、次生灾害的震害预测等，由于东区全部是新建和拟建工程，因此本规划不开展震害预测工作。

郑州市东经济技术开发区与郑东新区起建时间、过去管理体制不同，尚未进行地震小区划工作，今后需专题开展该区地震小区划及震害预测工作，并在此基础上编制抗震防灾规划。

4 土地利用规划

4.1场地划分

4.1.1 有利地段(区)

该区的工程地质条件较好，属冲一洪堆积物工程地质区（Ⅱ）的地面有风积沙丘分布的工程地质亚区，其特征是土体颜色呈褐黄-浅黄-灰黄色，岩性以细砂为主，粉土次之，属中压缩性土。

4.1.2 相对有利地段(区)

此区域为波状倾斜平原，自西向东北、东南两方向倾斜，坡降为4.9‰~2.7‰。工程地质条件相对较好，属黄土和泥沙洪集区。一般为高~中承载力，低~中压缩性土。

4.1.3 不利地段(区)

断层情况：东区及其附近5km内断层有6条，呈北西向和近东西向分布，其中有3条在郑东新区内及边缘通过，他们分别是花园口断层、须水断层和上街断层，东区与各断层距离：

（1） 花园口断层在新区东北角处通过。

（2） 须水断层从郑东新区西南角处通过。

（3） 上街断层从场地中部通过。

4.2 土地利用的要求

4.2.1 震害表明人口和房屋越密集、地震损失越大，建议按照有关标准，考虑人口密度问题。

4.2.2 起步区和龙湖北区主要是以商业、居住、娱乐等为一体的综合区，面积相对广阔，根据东区的规划方案，本区内环必须以80m的高层建筑为主体建筑，这样提高了居住密度，在东区规划中要考虑避震疏散道路和场地。

4.2.3 规划中要考虑污染严重、具有易燃、易爆等易产生次生灾害的工程与人们生活居住环境的关系。

4.2.4 要控制人口机械增长，合理调节人口密度。

4.2.5 郑东新区的重点要害工程的建设和生命线工程的建设应注意场地的沙土液化等因素，采取相应的抗震、抗液化措施。

5 避震疏散规划

5.1 避震疏散场地和道路

震时疏散本着就近、安全、方便的原则，应满足如下条件：

（1）疏散服务半径不大于1.0km。

（2）周围无火源、爆炸、毒气及其他次生灾害源，有面积不小于1000m^{2}的空地。

（3）避开高大建筑物和烟囱、水塔、高压输电线路等。

（4）附近有水源和交通方便，地势高不积水，无崩塌滑坡的威胁。

根据上述条件和郑动新区规划资料选择了公共绿地、学校操场等作为避震场所，各区按就近原则进行分配。

5.2 避震场地的规划

郑东新区可作为避难的场地主要是绿地，共有5714947m^2，共60块场地（目前有资料可统计的只有起步区新城中心区16块，594200m^2、龙湖南区31块，905700 m^2、龙子湖区13块，1267841 m^2、拓展区26块，2947206 m^2。）按人均面积3m^{2}计算，可疏散190万人。

避震场地规划表

序 号	分 区	场 地 数	面积 m^2	可避难人数（万人）	规划人口（万人）	备注
1	新城中心区	16	594200	19.61	4.5	
2	龙湖城心区				3.86	
3	龙湖中区				8.76	
4	龙湖南区	31	905700	30.38	12.46	
5	龙湖西区				4.66	
6	龙湖东区				5.9	
7	龙湖北区				36.01	
8	龙子湖区	13	1267841	42.5	35.0	
9	拓展区	26	2947206	96.5	23.0	

6 生命线工程防灾规划

6.1 生命线工程系统抗震防灾规划的原则

城市交通（包括铁路、公路、电讯、航运）、供水、供电、粮食、医疗、消防等生命线工程，当遭遇到破坏性地震时，将会给社会生产、人民生活带来严重的影响。因此，应做好生命线工程的抗震防灾规划，提出抗震对策，并付诸实施。

6.2 区内交通系统

郑东新区道路交通是平时和地震时维持城市人民生活、生产的生命线，它的抗震能力大小与震害轻重关系极大。结合"郑东新区"路网规划，区内道路分为4个等级层次：

6.2.1 市快速路：快速路总长52km，路网密度0.39km/km^2。

6.2.2 城市主干路：主干路总长179km，路网密度1.36km/km^2。

6.2.3 城市次干路：区内规划的次干路总长170km，路网密度1.29km/km^2。

6.2.4 城市支路：区内规划的支路总长375km，路网密度2.84km/km^2。

6.2.5 另外，区内现有道路立交5座，在建立交1座，另规划道路立交26座。

6.3 电讯系统

6.3.1 区内电讯现状及规划

区内现有两座电信支局，一座位于祭城镇内，另一座位于经济技术开发区内。区内还规划有电讯网络服务站16座，总用地面积为8hm^2，其中龙湖地区6座，龙湖北区6座，龙子湖地区有4座。

6.3.2 灾应急通信措施：

（1）制定城市通信应急措施，是提高城市通信自救能力的重要保证。

（2）配备抢修通信物资，合理布局、分片贮存。

（3）组建抢修队伍：这支队伍应训练有素，技术业务熟练，配备必要的通信器材和交通工具。根据先干线后支线，先重点后一般的原则制定抢修规划，定期进行防灾演习，以提高防灾能力。

6.4 供电系统

6.4.1 电力系统概况

规划区内现有两座110kV变电站：经济开发区内的螺湖变电站和祭城镇扬子变电站（原祭城变升压改造），主变规模均为2×4万kVA；规划区北另有一座35kV的贺庄变电站，主变规模为2×1.6万kVA，主要为马头岗军用机场供电。

6.4.2 供电规划

规划在京珠高速公路以东新建 500kV 郑东变电站（主变规模 3×75万kVA），建成后将成为郑东新区的主要电源。它的建设将实现 500kV 电网的环网供电，大大提高郑州 500kV 高压电网的供电能力和可靠性。同时在京珠高速公路以东规划建设一座热电厂，将为郑东新区电源提供有利支持。规划区内建设9座220kV变电站，总用地面积7.2hm^2。每座变电站主变规模 3×18万 kVA，用地面积约 0.8hm^2。

6.4.3 电力系统抗震能力及措施

"郑东新区"电网现已经初步形成，东区供电局应成立相应的抗震救灾机构，组织抢险队伍，储备部分易耗损件，对新建工程要求必须按国家规定设防，对不符合抗震要求的变电站及输电塔架按照要轻重缓急及重要性，分批分期进行加固或改造。

6.5 供水系统

6.5.1 区内供水现状

郑州市现为多水源供水，主要依靠黄河水，其次是地下水，现有水厂5座，分别为柿园水厂、自店水厂、石佛水厂、东周水厂、井水厂。

6.5.2 用水量预测

依照国家规范和郑州城市总体规划，综合分析郑东新区用水特点，结合郑东新区所处地理位置的实际情况，拟采用分类用水指标和综合用水指标相结合的预测方法，进行用水量预测。

（1）起步区：

综合生活用水量：根据《城市给水工程规划规范》GB 50282-98郑东新区人均综合生活用水量指标为230~400L/人·d，采用262L/人·d（平均日），日变化系数取1.2，最高日为315L/ 人·d，规划预测综合生活用水量为13.86 万t/d。

市政设施、道路、绿地等用水量预测 8.1 万t。

区内最高日用水量按以上用水量预测，总用水量为 21.96 万t/d。

（2）龙湖北区及龙子湖地区：

综合生活用水量预测：根据《城市给水工程规划规范》GB 50282-98郑东新区人均综合生活用水量指标为230-400L/人·d，采用262L/人·d（平均日），日变化系数取1.2，最高日为315L/ 人·d，规划预测综合生活用水量为27.15万t/d，其中龙湖北区人口51.2万人，综合生活用水量为16.13 万t/d，龙子湖地区人口35万人，综合生活用水量为11 万t/d。

总用水量预测：

两区均以居住和公共设施为主，其他用地如对外交通、仓储，特殊用地很少，因此总用水量计算含两部分，由综合生活用水和管网漏失及未预计水量组成，管网漏失及未预计水量按综合生活用水的9%计算。消防用水包括在未预见水量里。

6.5.3 区内供水系统抗震措施建立健全平震结合的抗震抢险领导指挥机构，负责平时对供水管线、泵房、水池等建筑物的鉴定加固，震时抢险救灾，保证生活用水和尽快恢复生产用水。

6.6 卫生系统

郑东新区规划的医院应满足抗震设防要求，根据《中华人民共和国防震减灾法》的有关规定，市级及其以上医院病房、药房、血库及重要医疗设备和手术室用房还必须进行地震安全性评价工作，根据地震安全性评价工作报告进行抗震设计工作。

6.7 消防系统

为减轻地震火灾，必须建立抗震救灾抢险机构，市区厂级消防抢救队伍应配备必要的消防设备。结合抗震要求，在供水管网上增设柔性接头的同时，增设消防栓，并分期分批列入工程改造计划，组织实施。

新设的消防站应严格按照《建筑抗震设计规范》（GB 50011-2001）和东区地震小区划成果进行抗震设计。

7 防止地震次生灾害规划

城市遭遇地震（尤其是强震）袭击时，建筑、设施和设备的倒塌或严重破坏常会导致火灾、爆炸、有毒物质的泄漏、污染等次生灾害的发生。以往震害实例表明，次生灾害造成的损失甚至超过地震造成的直接损失。

7.1 预防次生灾害措施：

7.1.1 凡新建工程，严格按照有关规范标准进行设计施工与验收。

7.1.2 编制各岗位在非常状况下出现各种险情的处置方案和抢修方案，落实抢险需用工具设备、材料、配件，实行昼夜值班，以应付突发险情。

7.1.3 动员社会各界力量，利用电台、电视、报纸、宣传、挂图等各种形式做好安全用气，防火防爆的宣传工作。

8 抗震加固规划

抗震加固是在对建设物进行震害预测或抗震性能鉴定的基础上，对不符合抗震要求的已建建筑物进行抗震加固，东区均是新建的，因此该规划不考虑该项工作。

9 震前应急准备与震后抢险救灾规划

9.1 基本原则

9.1.1 行政管理以区域为主体进行组织。

9.1.2 城市生命线系统由行业统一指挥，包括铁路、交通、供电、电信、医疗、粮食、供水、供气等，东区抗震防灾指挥部负责协调。

9.1.3 根据震害实际分类，实施应急抢险方案。

9.1.4 立足于本单位、办事处自救，独立作战。

9.2 地震应急抢险的组织体系

9.2.1 东区应建立地震应急抢险的三级指挥机构：

郑东新区抗震救灾指挥部：为实施抗震防灾规划，做到常备不懈，以适应地震的突然发生。指挥部平时统筹协调解决城市重大的防震、防空、防灾问题。

9.2.2 各镇以镇长为首，组成防空防震委员会。震时为镇抗震救灾指挥部，内设机构可同区相仿，指挥地点设在各镇政府。

9.2.3 办事处抗震救灾指挥部。

9.2.4 千人以上的企业和主要的科研事业单位，除接受所在办事处的抗震防灾统一要求外，还应组成抗震防灾组织，制定出各自具体的应急措施，震后抢险救灾规划。

9.3 地震应急方案

采用三种方案，即七度以下地震，七度地震，八度地震的应急方案。

9.4 救援基数及物质准备

9.4.1 救援基数及物质准备估计

9.4.2 抢险特殊设备

9.4.3 外援物质聚散地安排

9.5 抢险救灾

9.5.1 抗震救灾指挥部

9.5.2 各部门主要工作

9.5.3 抢险救灾

9.6 余震监测与震害调查

9.6.1 余震监测

9.6.2 震害调查

预先绘制大型分区、分格网图,制定灾情标志,以便收集和分析灾情。

9.7 震后恢复重建

9.7.1 亡、伤、孤寡、孤儿的安置

死亡人员的家属抚恤由原死亡人员单位、民政部门负责。地震致残人员应妥善安排,由致残人员单位和民政部门负责。

9.7.2 恢复建设

发生六度地震对有损坏的房屋由各单位自行修复,发生七度地震灾害要严重一些，由国家补贴与本单位自筹经费对损坏的房屋修复。对损坏严重者经组织鉴定后给予拆除重建,经费由国家、省、市、单位统筹。发生八度地震时,修复则大部分应有国家投资,要统一考虑城市规划。

10 抗震防灾专业人员培训、宣传和防灾训练规划

10.1 抗震专业人员教育与培训

根据郑东新区的建设规模、涉及范围以及地震地质状况，教育与培训工作的重点应放在以下几个方面：

10.1.1 培养一批由土地利用到工程建设，从城市建设源头把关的抗震防灾专业技术人员。

10.1.2 培养一批适应地震灾害调查专业人员。

10.2 抗震防灾知识宣传

根据新区的特点和宣传对象的不同，在宣传内容、形式上应有所侧重，概括起来，包括以下几个方面：

10.2.1 地震基本常识。

10.2.2 房屋抗震的基本知识

10.2.3 房屋抗震加固的基本知识

10.2.4 防灾避震基本知识

7 郑州市郑东新区(起步区)地震小区划

Seismic Microzonation in Zhengdong New District (Start-up area)

郑州市郑东新区(起步区)地震小区划
Seismic Microzonation in Zhengdong New District (Start–up area)

项目名称：郑州市郑东新区地震小区划
委托单位：郑州市地震局
完成单位：中国地震局地质研究所
郑州市地震工程勘察事务所

1 概述

2002 年 3 月 5 日受郑州市地震局委托，中国地震局地质研究所和郑州市地震工程勘察事务所共同承担了郑州市郑东新区（起步区）地震小区规划工作。

郑东新区（起步区）位于郑州市 107 国道以东，拟建东四环以西，陇海铁路以北面积 $33km^2$。地形比较平坦，属黄河冲、洪泛滥平原区。

1.1 地震资料概况

根据工程场地地震危险性评价要求，并考虑到工程场地周围地区强震活动的实际情况，区域地震活动资料选取范围为 33.25°~36.45°N，111.95°~115.55°E。工作区大部分位于河南省，另有位于山西省、河北省及山东省一部分。

在本次工作中用于进行地震活动性分析的资料包括两部分。第一部分是 MS ≥ 4.7 级的历史地震目录。这部分资料主要取自中国地震局组织有关专家编制完成的《中国历史强震目录》（公元前 23 世纪至 1911 年）和《中国近代地震目录》（公元 1912 年至 1990 年），1990 年至 2002 年的部分从中国地震局地球物理研究所汇编的《中国地震台临时报告》中续补。

第二部分为现代地震目录。这部分资料取自国家地震局分析预报中心汇编的《中国地震详目》。

1.2 地震区、带划分的原则和依据

1.2.1 划分原则

区域地震活动特征和差异是地震区、带划分最重要的原则。地震活动特征和差异主要表现在时、空分布特点上。具体表现在地震强度分布、频度分布、b 值分布、震源深度发布、应变积累一释放过程等。另一条重要原则是反映地震孕育、发生的构造环境，包括活动构造和地壳深部结构、地球物理场特征以及构造应力场等。

1.2.2 地震区、带划分的依据

地震区带划分是将地震活动性特点不同的区域划分开来，以便于进行区域发震构造条件的研究及区域地震活动性参数的统计。由于地震活动是受构造条件控制的，因此，在进行地震区、带划分时，不仅要考虑地震活动水平的差异，也要考虑区域构造特征及地球物理场的变化。地震区、带划分的依据是：

（1）地震的空间分布及活动特征；

（2）新构造、现代构造运动的特征；

（3）大地构造单元划分及区域构造特征；

（4）地壳结构和地球物理场特征。

2 区域地震地质环境

区域指以郑州市郑东新区地震小区划范围为中心，半径为 150km。对郑东新区而言，其位置分布于平原区内，由于第四第覆盖给认识区域地震地质环境带来了一定的困难，但前人在第四系研究和物探钻探方面有较好的工作基础，为此创造了分析地震构造的有利条件。本章以大地构造、地球物理场、新构造运动、断列活动、现代地壳形变和现代构造应力场等方面的研究为基础，综合讨论区域内地震发生的地质环境。

2.1 区域新构造特征及其与地震活动的关系

2.1.1 新构造运动概述

区域新构造运动以大面积升降作用为主，并伴有老断裂的新活动，表现为沿断裂的差异运动，在断裂控制下，形成了不同规模的隆起和凹陷。此外，水平运动也有显示。

大面积抬升作用表现为西部山区地貌形态上的多级夷平面与河流阶地的发育，东部平原地带的下沉和相应的巨厚的新生代堆积物的形成。在总体下沉基础下由于断裂作用又形成不同沉降幅度的凸起与凹陷。伴随断裂活动还有玄武岩浆的喷发，如沿太行山东麓，北起鹤壁的鹿楼南至前营、黑山、杨小屯至浮山、大赉店、庙沟、北四井等地，均有玄武岩分布，构成一北东向的橄榄玄武岩带（赵景珍等，1991）

2.2 新构造单元的划分

区域内涉及 4 个一级新构造单元：山西隆起 (I)、北华北坳陷 (II)、豫西隆起 (III)、南华北坳陷 (IV)。根据其间新构造活动的差异又可细分出 12 个二级构造单元。

2.3 区域主要断裂活动概述

区域内第四纪断裂的分面见 1/100 万区域地震构造图。该图以郑东新区（起步区）中心为圆点，以 150km 为半径所覆盖的地区。该范围内涉及的断裂很多，按地震安全性评价的规范要求，晚更新世及其以后活动的断裂才视为发震断裂，为此我们如数地将这类断裂编入图中，并在报告中作重点论述。根据前人的资料（赵景珍等，1989；河南省地震局，1989），区域内第四纪断裂主要有三组：北北东向、北西向和近东西向，它们显示了本区活动断裂的总体面貌，它们是与本区地震相关的断裂构造。

3 地震危险性分析

3.1 地震危险性分析方法概述

目前在我国地震危险性分析通常采用中国地震烈度区划图（1990）所使用的，并在新的中国地震动参数区划图（2000）中沿用的方法，即考虑地震活动时空非均匀性的概率分析方法，该方法有两个主要假定：第一，地震的时间过程和震级频度关系等统计特征在统计区（地震带）范围内成立，地震时间过程符合分段的泊松过程；第二，地震活动空间分布的非均匀性，可以震级为条件概率的空间概率密度函数表示，该函数同时隐含了地震活动在时间域上的非均匀性。其基本技术思路和计算方法概述如下：

3.1.1 以地震带为统计单元，分析地震活动的时是非均匀性，确定未来百年地震发生的概率模型和地震危险性空间相对分布概率模型。对每个统计单元采用分段的泊松过程模型。令 N 表示统计单元未来 t 年内发生次数的随机变量，根据泊松过程的基本假定，发生 n 次 4 级以上地震的概率为：

$$P(N=n)=\frac{(v_4 t)^n}{n!}e^{-v_4 t} \qquad (3-1)$$

其中 v_4 为 4 级以上地震的年平均发生率。该值通过对地震带未来百年地震活动趋势预测结果得到，反映了地震带地震活动水平的时间非均匀性。

统计单元内地震震级概率密谋函数为截断的指数函数：

$$f_M(m)=\frac{exp(-\beta(m-m_0))}{1-exp(-\beta(m_{uz}-m_0))} \qquad (3-2)$$

其中，m_0 为震级下限，m_{uz} 为地震带震级上限，β=2.3b，b 即为在统计单元内震级频度关系中的 b 值，它反映大小地震间的比例关系。当震级小于震级下限和大于震级上限时，概率密度值为零。

3.1.2 在地震带(统计单元)内部划分潜在震源区。潜在震源区内地震危险性是均匀分布的。潜在震源区由几何边界、震级上限和分震级档的地震空间分布函数 $f_{i,mj}$ 来描述。

3.1.3 利用全概率求和原理计算在统计单元内发生一次地震时，场点给定地震动值（a）的超越概率。基本计算公式为：

$$P(A>a)=\iiiint P(A\geqslant a|E)f(x,y|m)f_M(m)f_{|x,y}(\theta)dxdydmd\theta$$

其中 P(A ≥ a|E) 为震级为 m、震中位置为(x,y)、地震动椭圆衰减长轴方向与正东方向夹角为 θ 时，场点给定地震动值（a）被超过的概率，该函数由地震动衰减关系确定；

$f(x,y|m)$ 为给定震级的空间分布函数，该函数可由考虑震级分档情况和潜在震源区的面积得到；$f|x,y(\theta)$ 为等震线长轴取向概率密度函数，用 δ 函数表示。在同一潜在震源区内等震线长轴取向概率密度函数相同，不同的潜在震源区该函数可以不同。

3.1.4 利用地震发生次数的分段泊松模型，可以计算得到某个统计单元 k 对场点的超越概率：

$$P_{tk}(A\geqslant a)=1-e^{-v_4tp(A\geqslant a)} \quad (3-4)$$

3.1.5 若有 K 个统计单元对场点有影响，则场点总的超越概率为：

$$P_1(A\geqslant a)=1-\prod_{K\infty1}^{K}[1-P_{1K}(A\geqslant a)] \quad (3-5)$$

3.2 潜在震源区划分

潜在震源区系指未来有可能发生破坏性地震的区域。潜在震源区划分在本质上是确定发震构造的潜在地震分布范围与强度，因此，潜在震源区的划分应以地震构造为纲，首先根据各地震带内地震发生的条件识别出潜在震源区，然后划分出它的边界和确定其震级上限。潜在震源区划分的准确性与合理性取决于发震构造条件的研究水平和资料的完备程度，其中地震和地质资料是判定潜在震源区的重要依据，地球物理场特征也可作为划分潜在震源区的参考依据。

4 场地工程地震条件

本章的目标是查明郑州市郑东新区（起步区）场地的工程地震条件。

主要工作内容和实施的技术路线为：

4.1 对场地地形、地貌、工程地质及水文地质条件进行现场调查，收集现场以往已有工程地质工作资料，分析确定所属地貌及工程地质单元。

4.2 针对每个工程地质单元布置钻孔，钻孔深度可终孔满足场地地震反应所需的深度处，这里最深达 200m 为控制性孔，代表孔 100m，普通孔 80m。

4.3 对每个钻孔进行分层或加密剪功波速测试。

4.4 对有代表性地层取常规土工试验样品和动三轴试验样品。

4.5 对地下水位以下的砂层进行标准贯入试验。

4.6 对场地各地层进行岩性、物理状态描述。

4.7 室内进行剪切模量与剪切应变关系、阻尼比与剪切应变关系试验；土工常规试验；颗粒分析等；

4.8 对场地内可能存在的地震地质灾害地段进行专门性详查。

郑州市郑东新区起步区，位于 107 国道以东，陇海铁路以北，东风渠以南，拟建东四环以西，包括八里庙、祭城、庙张、金庄、马庄、十里铺、东周村、小店村、二十里铺和圃田等几个自然乡村，大致成方形，面积约 33km²，其方形四角的经纬度分别为：东北角 N34°46'21"、E113°47'21"；东南角 N34°44'12"、E113°46' 43"；西北角 N34°47'30"，E113°42'01"；西南角 N34°44'03"，E113°43'11.5"。

场地地形面积比较平坦，一般地形标高 82~86m，属于黄河冲积、湖沼积、冲洪积泛滥平原地貌单元。

5 场地土层地震反应分析及设计地震动参数

影响地震动的主要因素包括：震源机制、地震波传播路径和场地条件。

以基岩加速度为反应谱、加速度峰值和速度峰值为目标，用数值模拟的方法合成地震动时程，作为场地土层地震动力反应分析的地震双输入值。

地震动合成方法的主要思路为：

5.1 用反应谱与功率谱的近似转换关系，将目标反应谱转换成相应的功率谱，转换关系为：

$$S(\omega)=\frac{\varepsilon}{\pi\omega}S_a^2(\omega)/\{-Ln[-\frac{\pi}{\omega T}Ln(1-r)]\} \quad (5-1)$$

其中：$S(\omega)$：功率谱；

ε：阻尼比；

$Sa(\omega)$：目标反应谱；

T：持续时间；

γ：超过目标反应谱值的概率。

5.2 用三角级数叠加法，生成零均值的平稳高斯过程。

$$X(1)=\sum_{1=0}^{n}A_i cos(\omega_i t+\phi_i) \quad (5-2)$$

其中：$A_i=[4S(\omega_i)\Delta\omega]^{0.3}$，初相位 ϕ_i 为 [0−2π] 均匀分布的随机变量。

5.3 将平稳时程乘以非平稳强度包线，得到非平稳的加速度时程。

$$a(t)=\psi(t)\cdot X(t) \quad (5-3)$$

非平稳包线函数为如下形式：

其中：t1：峰值的上升段；

t2−t1：峰值的平稳段；

T：持续时间；

c：峰值的衰减系数。

$$\Psi(t)=\begin{cases}(\frac{t}{t_2})^2 & 0<t\leqslant t_1\\ 1 & t_1<t\leqslant t_2\\ e^{-c(t-t_2)} & t_2<t\leqslant T\end{cases}$$

由于式（5−1）表示的反应谱与功率谱的关系是近似关系，所以按初始时程 a(t) 计算出来的反应谱一般只近似于目标谱，符合的程度也是概率平均的。为了提高拟合精度，还需要进行迭代调整。通用的方法是按下式调整式中的傅氏幅值谱。

$$A^{i+1}(\omega_K)=\frac{S_a^T(\omega_j)}{S_a(\omega_j)}A^i(\omega_K) \quad N_{1j}<k\leqslant N_{2j} \quad (5-4)$$

式中 $A^i(\omega_k)$ 和 $A^i+1(\omega_k)$ 分别为第 i 和 i+1 次迭代的结果，$S_a^T(\omega_j)$ 和 $S_a(\omega_j)$ 为第 j 个控制点的目标谱和计算反应谱。采用上述方式对幅值谱调整仅局限在控制频率 ω_j 附近的 N_{1j}—N_{2j} 个傅里叶分量。通常 ω_{1j} 和 ω_{2j} 按下述方法 3 选取：

频段 ω_{1j}—ω_{2j} 被称为的主控频段。对于目标谱控制点 ω_j，迭代运算时只改变主控频段的幅值谱，这是因为在整个频段中，由于共振原理主控频段频率分量的改变对 ω_j 反应谱的变化最为敏感，另一方面调整幅值谱时，应尽量将幅值谱变化的影响局限在特定的控制频率 ω_j 附近，以避免在拟合 ω_j 频率处目标反应谱时对其邻近控制频率处的反应谱带来过大的影响，对幅值谱进行多次迭代修正，即可使其反应谱向目标谱逼近。在对幅值谱进行迭代修正的同时，还对相位谱进行迭代修正。

$$\omega_{1j}=\frac{1}{2}(\omega_{j-1}+\omega_j) \qquad \omega_{2j}=\frac{1}{2}(\omega_j+\omega_{j+1}) \quad (5-5)$$

6 场地地震地质灾害评价

场地土层（饱和砂土及粉土）液化判别可分两步进行，先初判，后详判。初判是根据震害经验统计阈值和影响液化的地质因素分析判别，凡经初判为不液化和不考虑液化影响的场地，则可以不进行液化可能性的详判。详判是在初判可能液化条件下，以试验和计算为主的判别。

场地地震基本烈度为Ⅶ度，根据GB 50011−2001《建筑抗震设计规范》中第4.2.3条规定，宜进行场地土地震液化判别。

根据 GB 50011−2001《建筑抗震设计规范》中第 4.3.3 条初判条件，针对场地 33 个钻孔资料、土工试验资料，其他孔内第四纪全新世饱和第 2 层粉土和第 3 层粉土、粉砂、细砂在地震烈度为 7 度或 8 度时为可液化层；工程地质 II 区为非液化区，其他工程地质区除部分地段外为可液化区。

7 地震小区划

地震小区划的目的：提供郑东新区（起步区）建筑物抗震设计、抗震减灾、土地利用、场地选择规划等必要的参数和基础资料。

地震小区划的内容：

（1）地表加速度峰与反应谱特征参数小区划；

（2）地震地质灾害小区划。

地震小区划的技术思路：以工程地震条件为基础，以地震反应分析和地震地质灾害为重点，以适应于场地规划、土地利用、抗震减灾、抗震设计等应用为宗旨。

地震小区划的主要依据：场地工程地震条件、地震反应分析及其地震地质灾害评价结果。

8 结论与建议

8.1 结论

8.1.1 郑东新区（起步区）所在区域位于华北地震区的华北平原地震带和汾渭地震带；

8.1.2 从公元前 23 世纪到公元 2001 年 12 月，区域内记到 MS ≥ 4.7 级地震 33 次，其中 5.0~5.9 级 16 次，6.0~6.9 级 8 次，最大为 1937 年山东荷泽 7 级地震；

8.1.3 历史地震和现代仪器记录的地震分布均呈北东向或北西向带状分布，现代小震活动较为频繁，并在荷泽、林县各有一个小震密集区，东南部为地震稀疏区；

8.1.4 震源深度 93% 以上在 25km 深度以内，属地壳上层的浅源构造地震；

8.1.5 郑东新区（起步区）历史上曾多次遭受过中强地震的影响，最大影响烈度达 VI 度。

8.2 建议

8.2.1 地震动小区划后，整个场地分成三个区，其中位于西南部的工程地质 II 区和场地中部的工程地质 III2 区其加速度峰值差 10% 左右；工程地质 II 区和场地西北部的 III1 区其加速度差 7% 左右；反应谱特征周期的差别，II 区与 III2 区差 0.15s 左右，II 区与 III1 区为 0.05s 左右，III1 区与 III2 区差 0.1s 左右。根据 GB 17741-1999《工程场地地震安全性评价技术规范》，前者可以不分区，后者需分区。因此，本报告进行了地震动参数分区。

8.2.2 场地内一般的工业及民用建筑可以分别按建筑抗震设防分类和相应设防标准，选用本报告提供的 50 年超越概率 63%、10%、2% 的三级设防标准的抗震设计地震动参数。

8.2.3 特殊重要的建筑物结构需专门研究其设防标准及设计地震动时程和参数（如特大型桥、超高层楼、电视塔、贮油罐、贮气罐、生命线工程等）。

8.2.4 上街断裂在场地东南部通过。虽然断裂为早、中更新世活动断裂，属于非发震断裂，不会直接引起强地面运动或错动对建筑的影响，但场地上更新统地层底界埋深 30~44m 左右。

8.2.5 本项目各项计算成果都是以现有场地条件为基础的，场地工程施工前详勘若情况发生变化，需进行复核或重新计算。

8.2.6 场地土地震液化评价是在现有资料基础上进行的，受钻孔密谋限制，分区界线较粗以后宜以详勘资料为依据审核确定。

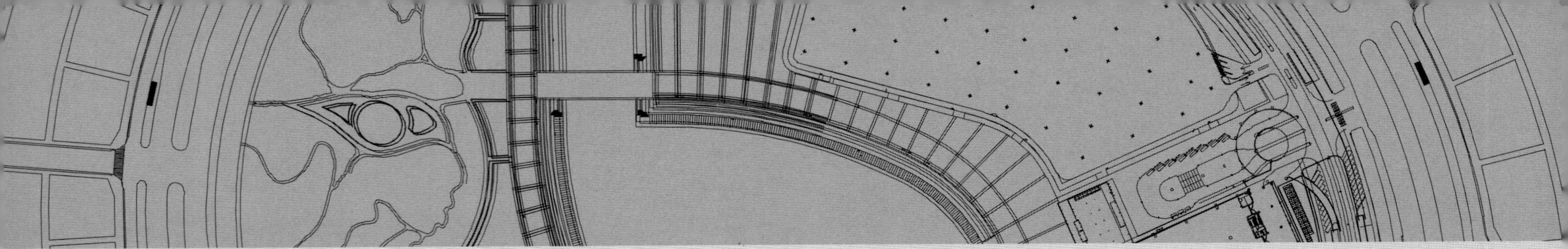

8 郑州市郑东新区环卫设施专项规划

Special Planning of Environmental Sanitation Facilities for Zhengdong New District

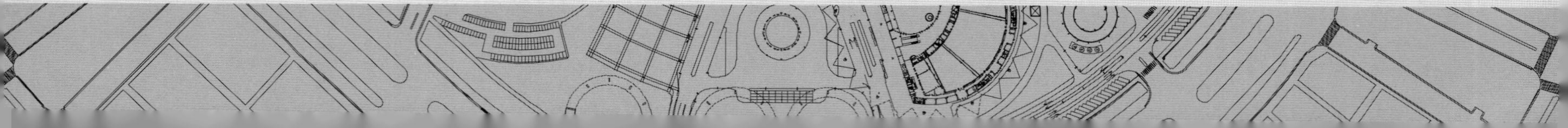

郑州市郑东新区环卫设施专项规划
Special Planning of Environmental Sanitation Facilities for Zhengdong New District

项目名称:郑州市郑东新区环卫设施专项规划

委托单位: 郑州市郑东新区管理委员会

编制单位:郑州市规划勘测设计研究院

郑州市环境卫生科学研究院

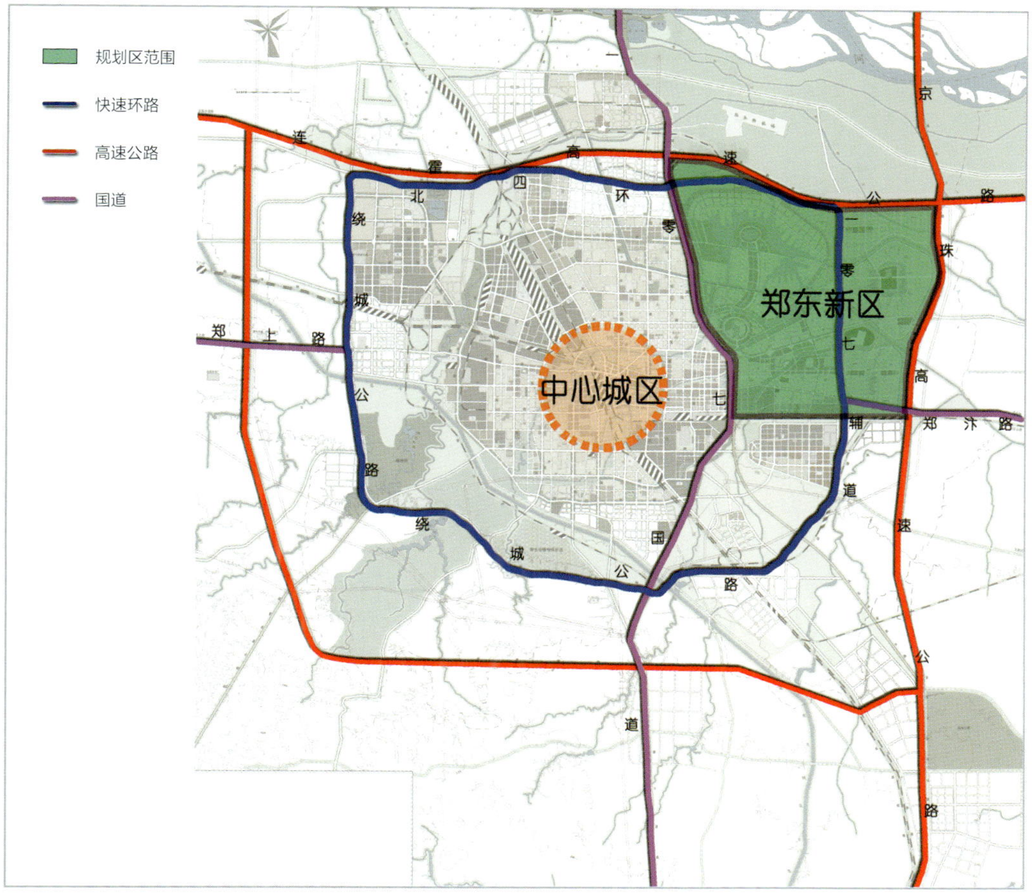

区位示意图

1 规划范围与指导思想

1.1 规划区范围及年限

规划区范围为：北至连霍高速公路，南至陇海铁路，西起 107 国道，东至京珠速公路，总面积约 115km^2。划区服务人口 109.96 万人。

本规划的规划期限为：2004~2020 年。

1.2 规划指导思想

1.2.1 遵循可持续发展的思想，明确环卫工作发展目标，以加强环卫设施建设和管理为规划的着力点，促进环卫事业健康发展。

1.2.2 突出郑东新区特点和地域特色的思想，依靠科技进步，因地制宜，采用先进适用工艺技术，全面提高城市垃圾收集、运输、处理及处置的科技水平和管理水平。

1.2.3 体现环境效益与社会、经济效益相结合的思想，提高资源化利用程度，推进垃圾减量化。

1.2.4 实现环卫事业的产业化思想，探索适应市场经济要求的运营管理模式，将环卫工作提高到一个新水平。

1.2.5 贯彻全面规划、合理布局、综合利用、化害为利、保护环境、清洁城市的思想。

2 规划原则与目标

2.1 规划原则

2.1.1 与国家、行业及地方现行有关法规和标准相一致的原则。严格执行国家的有关法律、法规、环卫发展技术政策和各项环卫技术标准，将环卫工作纳入法制化、规范化轨道。

2.1.2 与城市总体规划及其它相关规划相协调的原则。特别注意与城市道路、城市环境保护、城市绿化、城市污水处理等专业规划的协调。重大环境卫生设施应与郑州市环卫设施建设结合一体化设置，做到区域共享。

2.1.3 统一规划、分步实施、远近结合、适度超前的原则。环卫工程设施以近期为主，用地应充分考虑远期需要。

2.1.4 实行垃圾收集与处理的分类化、无害化、减量化和资源化原则。实施对垃圾粪便从收集、运输、综合处理到处置的全过程规划和管理。

2.1.5 推进环卫事业产业化的原则。鼓励垃圾处理设施建设投资多元化、运营市场化和设备标准化。

2.1.6 依靠科技进步原则。垃圾处理技术的发展必须依靠科技进步，尽量考虑应用新工艺、新技术、选用新设备和新材料，提高垃圾处理技术装备水平。

2.1.7 强化环卫设施的合并建设原则，实现规划的可实施性、可操作性。

2.2 规划目标

2.2.1 总体目标

（1）近期初步建立与整体社会经济和城市建设相适应的环卫管理和环卫作业服务机制，即逐步形成依法管理的机制、依靠科技进步的机制、市场化运作的机制和全社会参与的机制；城区内垃圾粪便能及时清运、处理及处置;环卫工作基本上达到全国先进水平。

（2）远期建立系统完善的郑州市环境卫生行业管理体系，规范的环境卫生作业服务体系，有序的环境卫生社会化管理法规体系；环境卫生整体指标达到全国先进水平。

2.2.2 相关目标

（1）建立郑东新区生活垃圾分类收集及处理系统。垃圾处置近期利用郑州市已有的垃圾处置场所，提高处理能力和水平。远期结合郑州市环卫设施规划统一选址建设垃圾焚烧处理厂。

（2）建立生活垃圾从源头到末端的全过程控制管理体系，特别是加强生活垃圾的源头减量化和分类收集管理，全面推广生活垃圾袋装化和分类收集，近期分类收集达到 50%，远期达 100%。

（3）根据市区发展，道路机械化清扫率近期达 60%，清扫率达 100%，远期机械化清扫率达 100%。

3 垃圾产生预测与处理

3.1 垃圾构成、分布及产量预测

3.1.1 垃圾构成及分布预测

郑东新区内垃圾主要分为：生活垃圾、建筑垃圾、医疗垃圾、水上垃圾 4 类，见表郑东新区生活垃圾组成。

（1）生活垃圾：根据对郑东新区人口活动密度分析，生活垃圾主要分布于居住区、公共设施服务中心区及高校区的生活区内；少部分分布于科研、物流等产业区内；其他分布于道路广场。

（2）医疗垃圾：分布于各个医疗卫生部门，产出量比较少但危害大，必须单独收集统一处理。

（3）建筑垃圾：由于郑东新区为新建城市区，规

划期内建筑垃圾的产出主要为村庄的拆迁改造，和建设工地的建筑废料，这些垃圾除部分回收回填外，其他部分应填埋处理。

3.1.2 规划期末生活垃圾产量预测

城市生活垃圾是指城市区域内产生的生活垃圾。按产生源的不同，城市生活垃圾可分为居民生活垃圾、清扫垃圾、商业垃圾、企事业单位垃圾和交通运输垃圾。

郑东新区规划总人口 109.96 万人，规划期末生活垃圾日产量为 1234t，规划期末生活垃圾日转运量为 1430t。

3.1.3 生活垃圾性状变化预测

目前郑东新区处于发展阶段，据调查其生活垃圾的成份及理化性状如表郑东新区生活垃圾特性值所示：

由于直接进入废品回收系统的可回收物品未进入城市垃圾清运处理系统，不会对城市垃圾处理设施的配置造成影响。因此，本规划的城市垃圾成份是指进入城市垃圾清运处理系统的垃圾成份。

由垃圾成分预测结果，采用相关性进行分析，预测垃圾其他特性值为：容重小于 300kg/m^3，低热值高于 5000kJ/kg。2020 年以后，垃圾容重继续降低，垃圾热值继续增高。

3.2 道路清扫保洁面积预测

规划期末郑东新区的道路清扫保洁面积为 1505 万 m^2。

3.3 水域保洁面积预测

规划期末郑东新区的水域保洁面积为 1487 万 m^2。

4 环卫作业规划及管理

环卫作业规划的总目标：控制城市垃圾污染、推行垃圾分类收集，实现垃圾无害化、减量化和资源化。

4.1 城市垃圾的全面控制

城市垃圾全面控制理论以 "3C" 原则为基本原则，即：清洁生产（Clean）、循环利用（Cycle）和污染控制（Control）。按照清洁生产、循环利用和污染控制的城市垃圾全面控制理论，城市垃圾治理贯穿在社会物质流动的全过程，城市垃圾的综合治理可在以下 4 个环节中实现：

（1）在生产过程中推广清洁生产工艺，提高原材料和能源的利用率，减少废弃物的产生。

（2）加强生产过程中系统内部（包括企业内和企业间）对所产生废弃物的循环利用，减少废弃物的外排。

（3）加强系统外部对废弃物的综合利用，提高废弃物的资源化水平，把城市垃圾转化为资源或能源。

（4）重视城市垃圾的最终处置和监督控制，将城市垃圾对环境的不良影响降低到最低程度。

郑东新区生活垃圾组成

构成	分类	种类	最终处置场所
生活垃圾	可回收利用垃圾	纸、玻璃、织品、金属、塑料橡胶等	垃圾资源回收场所
	不可回收垃圾	厨余垃圾、砖、陶、煤渣、灰土	生活垃圾卫生填埋场或焚烧厂
	有害垃圾	电管、电池、电子元件、废旧家电等	危险废物集中处置中心
水上垃圾			生活垃圾卫生填埋场
医疗垃圾			医疗废物集中处置中心
建筑垃圾	可回收垃圾	工程废料	垃圾资源回收场所
	不可回收	工程渣土	就地回填解决
			建筑垃圾、工程渣土填埋场

郑东新区生活垃圾特性值

有机物（%）			无机物（%）			可回收物（%）					
动物	植物	其他	灰土	砖瓦、陶瓷	其他	纸类	塑料、橡胶	纺织物	玻璃	金属	其他
5.09	38.8	9.24	36.8	0.6	0.18	3.43	2.72	0.75	0.71	1.22	0.46
53.13			37.58			9.29					

4.2 郑东新区的垃圾分类方案

垃圾分类及处置方案见表郑东新区垃圾源头分类及处置方案

4.3 垃圾的收运模式

4.3.1 生活垃圾的收运模式（收集点—转运站—处置场）

在公共场所和城市居民区必须设置分类垃圾箱、分类垃圾收集点。通过分类垃圾收运车将各垃圾箱、垃圾点的垃圾运送至就近垃圾转运站，再通过中型垃圾清运车转运至大型垃圾转运站，期间可回收利用的垃圾被分拣出来送至废品收购站，不可回收垃圾运至垃圾卫生填埋场，有毒有害垃圾送至危险物处理厂。

4.3.2 水上垃圾的收运模式（收集点—转运站—处置场）

垃圾收运车将水上垃圾收集点的垃圾运送至就近垃圾转运站，然后由大型垃圾运输车将垃圾运至垃圾处理厂集中处理。

4.3.3 建筑垃圾的收运模式（收集点—处置场）

由生产者自身进行转运处理，由环卫环保部门对其进行监督；或委托环卫部门转运处理。

4.3.4 医疗垃圾的收运模式（收集点—处置场）必须单独收集、单独运输、由环卫部门统一安全处理。

4.4 城市垃圾处理作业规划及管理

4.4.1 国内外城市生活垃圾处理方法概述

目前，国内外广泛采用的城市生活垃圾处理方法主要有卫生填埋、堆肥和焚烧，这三种处理方法的适用条件和效果各具特点。三种处理方法的比较详见常用生活垃圾处理方法比较表。

4.4.2 郑东新区垃圾处理方案选择

（1）垃圾处理方案选择原则

郑东新区生活垃圾处理方案的选择原则是：技术成熟，设备可靠，投入产出比最佳，能适应郑东新区的垃圾特性，满足环境保护要求。在选择过程中应着重考虑下列因素的影响：

郑东新区生活垃圾物理和化学组成及变化趋势；

郑东新区的经济实力和投资能力；

郑东新区的城市建设和社会发展对环境的要求；

各种垃圾处理方式的特点；

投入产出比；

技术与设备的可靠性和适应性；

对资源再利用的潜力和程度。

（2）郑东新区垃圾处理方案确定

根据郑东新区生活垃圾的组成特性及变化趋势，结合郑东新区的发展实际，近期垃圾处理以卫生填埋为主。郑州市降雨量小，南郊沟坑资源丰富，且有建设填埋场的有利条件；同时，填埋处理又具有适应性和灵活性强等特点，投资和运行成本较低、灵活性强。远期郑东新区生活垃圾可选择焚烧处理。

郑东新区垃圾源头分类及处置方案

构成	分类	种类	最终处置场所
生活垃圾	可回收利用垃圾	纸、玻璃、织品、金属、塑料橡胶等	垃圾资源回收场所
	不可回收垃圾	厨余垃圾、砖、陶、煤渣、灰土	生活垃圾卫生填埋场或焚烧厂
	有害垃圾	电管、电池、电子元件、废旧家电等	危险废物集中处置中心
水上垃圾			生活垃圾卫生填埋场
医疗垃圾			医疗废物集中处置中心
建筑垃圾	可回收垃圾	工程废料	垃圾资源回收场所
	不可回收	工程渣土	就地回填解决
			建筑垃圾、工程渣土填埋场

常用生活垃圾处理方法比较表

方法	优点	缺点
卫生填埋	1. 处理量大，运行费用低 2. 工艺相对较简单 3. 是其它处理方法的残渣的最终消纳场 4. 大型填埋场产生的沼气有一定利用价值	1. 场址受地理、地质和水文地质条件限制较多 2. 场地使用年限受垃圾量的影响大
高温堆肥	1. 投资适中，使用年限较长 2. 无害化程度高 3. 产品有农用价值	1. 只能处理垃圾中的可堆腐有机物，且对这部分含量有一定要求 2. 运行费用较高 3. 产品销售易受限制
焚烧	1. 减量化、无害化程度很高 2. 可综合利用热能 3. 使用期限长，运输费用较低	1. 投资高，运行费用也较高 2. 工艺、设备复杂，要求垃圾达到一定热值 3. 管理水平要求高

大中型环卫车辆配置表：

车辆及机具种类	数量	备注
小型垃圾转运车	42	车吨位按 5t 计
中型垃圾压缩车	35	车吨位按 8t 计
道路清扫车	142	
洒水车	7	车吨位按 8t 计
吸粪车	6	车吨位按 5t 计
铲雪车	6	
其他环卫车辆	3	

4.5 环卫机具、车辆配置与管理

规划期末需要配备各类大中型环境卫生车辆共 241 辆，机动垃圾收集小车 960 辆，水上垃圾收运船 5 艘。

垃圾转运站配备自动化压缩、装运等设备，实现装运的机械化。

车辆与设备应经常维护、清洗；环卫车辆应统一管理，作业时应保持清洁。

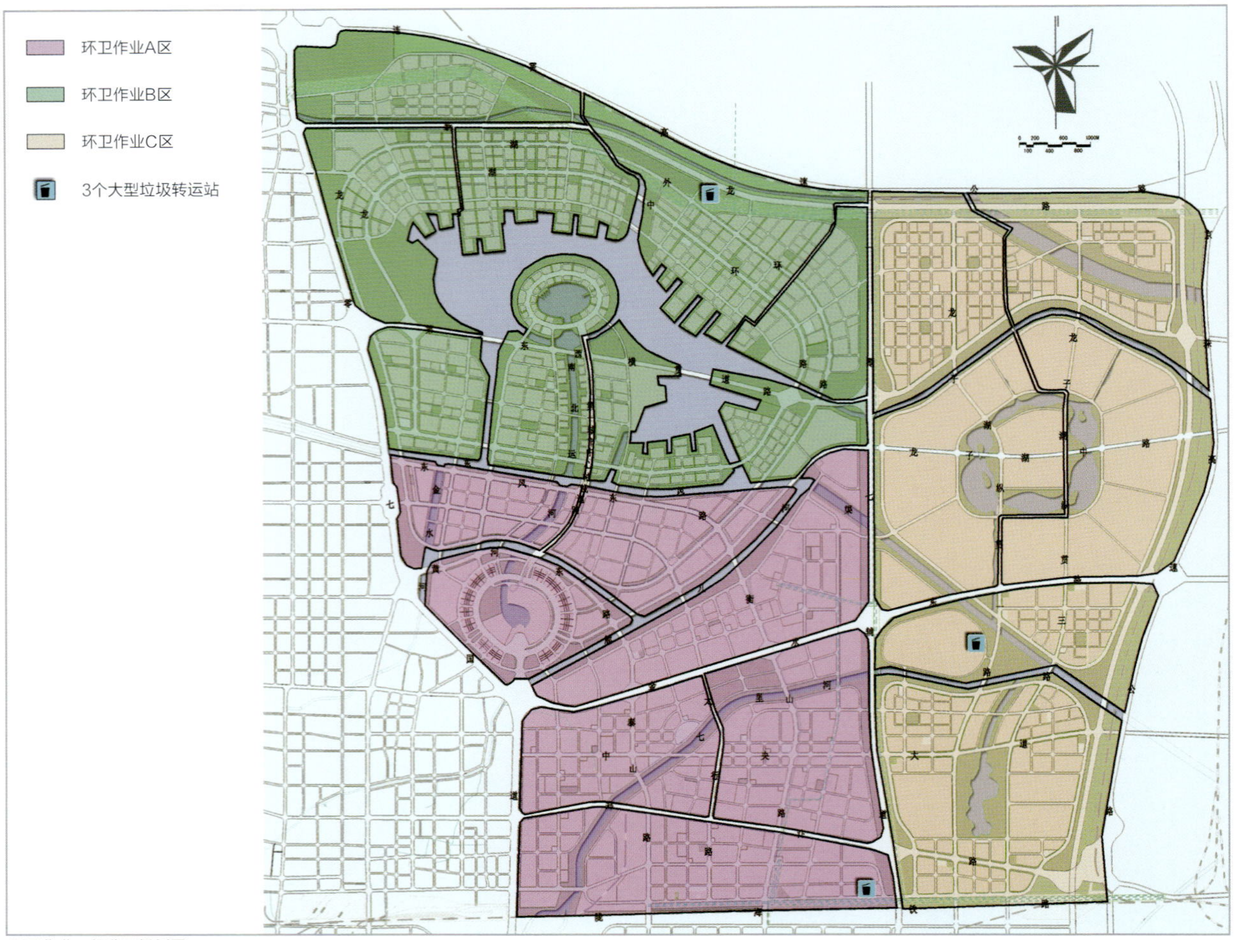

环卫作业一级分区规划图

环卫作业二级分区规划图

4.6 环卫作业分区与管理

4.6.1 划区原则

有利于环卫作业与管理；有利于提高工作效率与节约成本；有利于分期实施。

4.6.2 划区依据

以各级垃圾转运站的服务区域作为依据划分环卫作业区。

4.6.3 规划目标

通过合理的环卫设施服务区划建立一套分区明确、服务区域优化、层次分明的环卫服务体系。

4.6.4 环卫作业片区划分与管理

按照大型垃圾转运站的服务区域把郑东新区分为3个一级环卫作业区，各区配备环卫停车场、环卫车辆清洗站、环卫工人综合休息场所。

按照小型垃圾转运站的服务区域把郑东新区分为21个二级环卫作业区，各区配备基层环卫工人休息场所。

本规划将郑东新区水系划分成5个水上环卫作业区，各区配建一处水上环卫工作场所。

环卫水上作业分区规划图

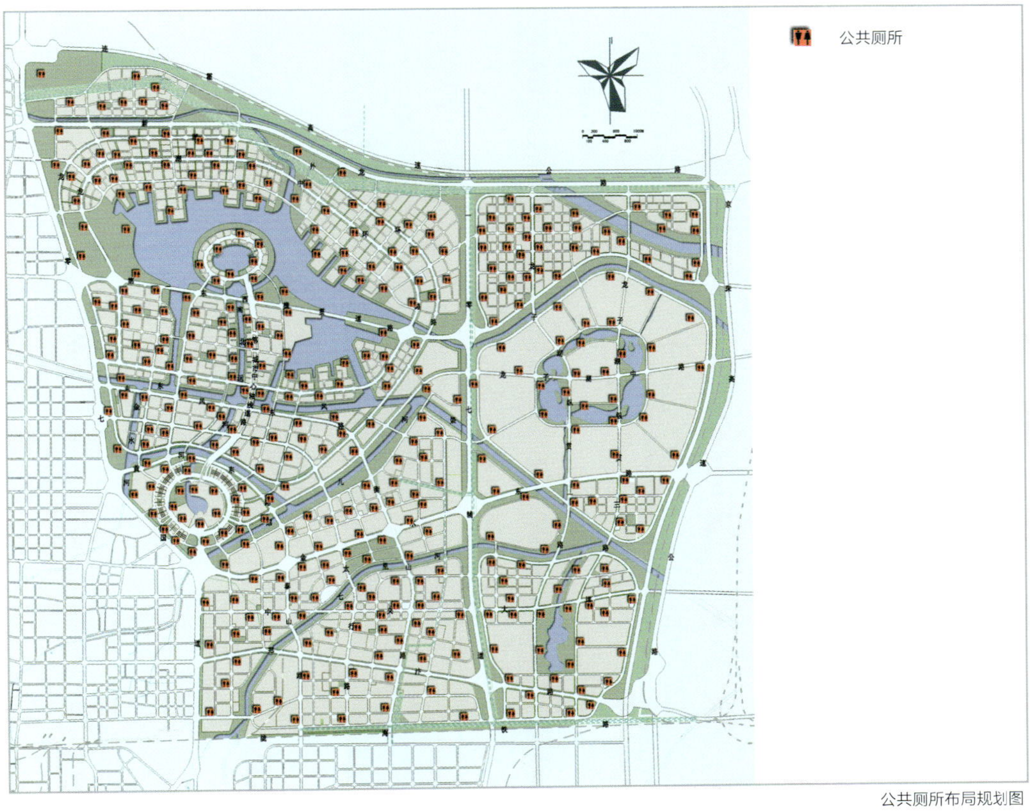

公共厕所布局规划图

4.7 环卫作业管理

4.7.1 建立健全的环卫法规管理体系，使环卫的社会管理工作有法可依，行业内部管理工作规范化、制度化及标准化。

4.7.2 制定完善全区生活垃圾处理处置管理、城市渣土管理、河道垃圾管理、环卫收费管理、环卫设施运行管理、环卫作业承包招标、经济奖惩等一系列法规条例，制定实施法规的办法与细则。

4.7.3 加强环卫普法宣教、加大执法力度。

4.7.4 在近期应建立 ISO9000 质量管理体系。

5 环卫公共设施规划布局

环境卫生公共设施包括：公共厕所、生活垃圾收集点、废物箱。

5.1 公共厕所

5.1.1 公共厕所设置总量

郑东新区规划用地面积 115km^2，规划期末人口规模达 109.96 万人，公厕设置按 1 座 /3 千人的标准计算，规划期末需要公厕总量为 367 座。公厕平均设置密度达到 4 座 /km^2 建设用地。

5.1.2 公共厕所的分类级别及设置

公厕分类标准按照《城市公共厕所规划和设计标准》CJJ14-87 分为三类。根据郑东新区高起点建设要求，区内以一二类公厕为主，不设三类及三类标准以下公厕，公厕的粪便污水全部排入城市污水管道见表 6。

通过研究黑川总规中对郑东新区的景观设想，以及对各个片区控规确立的用地性质和开发强度的分析，我们将郑东新区划分为三级景观区。一级景观区包括：对城市景观要求最高的区域和重要的景观大道，二级景观区是指对城市景观有较高要求的区域和区内重要干道和商业性街道。三级景观区属于功能片区的内部对景观要求次之的区域和道路。

商业区、重要公共设施、重要交通客运设施、公共绿地及其他环境要求较高或行人交通量大的道路沿线公共厕所按照一类标准；公交站点、集贸市场、新辟道路和小区按环境要求设置一、二类公厕或新型移动公厕。

城市在举办大型会展、集会等活动的特殊时期，允许增设新型移动环保公厕。

5.2 生活垃圾收集点

5.2.1 生活垃圾收集点应满足日常生活和日常工作中产生的生活垃圾的分类收集要求，生活垃圾分类收集方式应与分类处理方式相适应。

5.2.2 居民使用的生活垃圾容器，以及袋装垃圾收集堆放点的位置应固定，既要方便居民使用、不影响城市卫生和景观环境，又要便于分类投放和分类清运。

收集点应放置有明确分类标志的垃圾容器或设置分类垃圾容器间。市场、交通客运枢纽及其他产生生活垃圾量较大的设施附近应单独设置生活垃圾收集点。

5.2.3 生活垃圾收集点的服务半径一般不应超过70m。在规划建造新住宅区时，多层住宅一般每4幢设置一个垃圾容器间，安置活动垃圾箱（桶）；多层高层大型民用建筑每一幢设置1个垃圾容器间。每座垃圾容器间用地控制在 $6m^2$。

5.2.4 生活垃圾容器间按照可回收利用垃圾、不可回收垃圾、有害垃圾分类设置3种垃圾容器，垃圾容器应为活动式，便于清运，还应能够密闭并具有便于识别的标志。垃圾容器间应设置通向污水管道的排水设施。

5.2.5 收集点的垃圾容器或垃圾容器间的容量应满足其服务范围内各类生活垃圾高峰日排出量及清运周期的要求。

5.2.6 医疗垃圾等固体危险废弃物必须单独收集、单独运输、单独处理，不得混入生活垃圾收集。其垃圾容器要密闭并具有便于识别的警示标识，满足国家相关标准。

5.3 废物箱

5.3.1 设置原则

（1）废物箱的设置应满足行人生活垃圾的分类收集要求，行人生活垃圾分类收集方式应与分类处理方式相适应。

（2）在道路两侧以及各类交通客运设施、公共设施、广场、社会停车场等的出入口附近应设置废物箱。

（3）废物箱应满足同时收集可回收利用垃圾、不可回收垃圾两类垃圾的功能；有害垃圾不在此过程收集。

（4）废物箱应美观、卫生、耐用，并能防雨、阻燃。

（5）设置在道路两侧的废物箱，其间距按道路功能划分：

商业、金融业街道：50~100m 规划取50m

主干路、次干路：100~200m 规划取100m

有辅道的快速路：100~200m 规划取200m

支路：200~400m 规划取200m

有人行道的快速路：200~400m 规划取400m

5.3.2 设置数量

规划期末需要设置10424个废物箱。

6 环卫工程设施规划布局

环境卫生工程设施的选址应满足城市环境保护和城市景观要求，并应减少其运行时产生的废气、废水、废渣等污染物对城市的影响；生活垃圾处理、处置设施及二次转运站宜位于城市规划建成区夏季最小频率风向的上风侧及城市水系的下游，并符合城市建设项

郑东新区各功能区公厕汇总

分区	总数	类型	等级	数量
CBD（中央商务区）	25	独立式（19个）	一类	19个
			二类	
		附属式（6个）	一类	6个
			二类	
商住物流区	77	独立式（31个）	一类	13个
			二类	18个
		附属式（46个）	一类	25个
			二类	21个
龙子湖高校区	73	独立式（37个）	一类	20个
			二类	17个
		附属式（36个）	一类	24个
			二类	12个
龙湖北区	130	独立式（70个）	一类	40个
			二类	33个
		附属式（57个）	一类	35个
			二类	22个
龙湖南区	28	独立式（13个）	一类	6个
			二类	7个
		附属式（15个）	一类	9个
			二类	6个
科技园区	34	独立式（25个）	一类	7个
			二类	18个
		附属式（9个）	一类	5个
			二类	4个

郑东新区生活垃圾转运站设置标准

类型	转运量（t/d）	用地面积（m^2）	与相邻建筑间距（m）	绿化隔离带宽（m）	功能
大型	450~500	8000~10000	≥30	≥30	转运
小型	70~90	800~1500	≥8	≥3	收运

目环境影响评价的要求。对环境卫生工程设施运行中产生的污染应进行处理并达到有关环境保护标准的要求。

6.1 生活垃圾转运站

6.1.1 垃圾中转站设置原则与数量

根据垃圾处理厂在规划区外且运输距离较远且运输量较大，应在规划区外围设置大中型转运站作为二次转运站，在规划区内部区域设置小型转运站。

按照高标准的规划要求，垃圾收集采用小型机动车、垃圾转运采用大中型机动车。根据小型机动车收运服务半径宜为2~4km，确定小型垃圾中转站的服务半径为3km。

郑东新区垃圾日转运量为1430t根据垃圾处理厂在规划区外且运输距离较远且运输量较大的实际情况，设置了2个级别的垃圾转运站。在规划区内部区域设置小型转运站21座，规划区外围设置大型转运站3座作为二次转运站。

6.1.2. 生活垃圾转运站选址

生活垃圾转运站的选址应满足城市环境保护和城市景观要求及有利于环卫作业原则；生活垃圾转运站应靠近道路，但出入口距道路交叉口停车线不得小于80m；宜靠近服务区域中心或生活垃圾产量多且交通运输方便的地方，一般在居住区或工业、市政用地中设置；不宜设在公共设施集中区域和靠近人流、车流集中地区。

6.1.3 转运站用地控规

规划对24个垃圾转运站进行了控规层面的研究，提出了用地的控制指标。并对与垃圾转运站合并建设的环卫基层机构、环卫专用停车场进行了用地指标的控制。

规划按环卫一级作业区分为A、B、C三个区。A区包括大型垃圾转运站1座、小型垃圾转运站7座；B区包括大型垃圾转运站1座、小型垃圾转运站8座；C区包括大型垃圾转运站1座、小型垃圾转运站6座。

控规图则中包括控制指标和引导性指标两项内容。

本规划中有关地块用地性质、容积率、建筑高度、建筑退让、绿地率、配套公共服务设施和基础设施为强制性内容，必须按规划严格执行；确需调整必须按有关程序上报原规划审批机关审批。其中容积率、建筑高度、建筑密度为上限控制指标，绿地率、建筑退让为下限控制指标。

本导则在建筑风格以及建筑与周边环境设计等方面为各地块的建设提供部分建议，旨在促进区域建筑与环境的协调统一。

6.1.4 垃圾转运路线规划

（1）运输路线选择原则

交通便捷的原则，选择对城市交通干扰小、运输距离近的路线。

有利于环境保护的原则，应避开城市景观路及对

垃圾转运站布局规划图

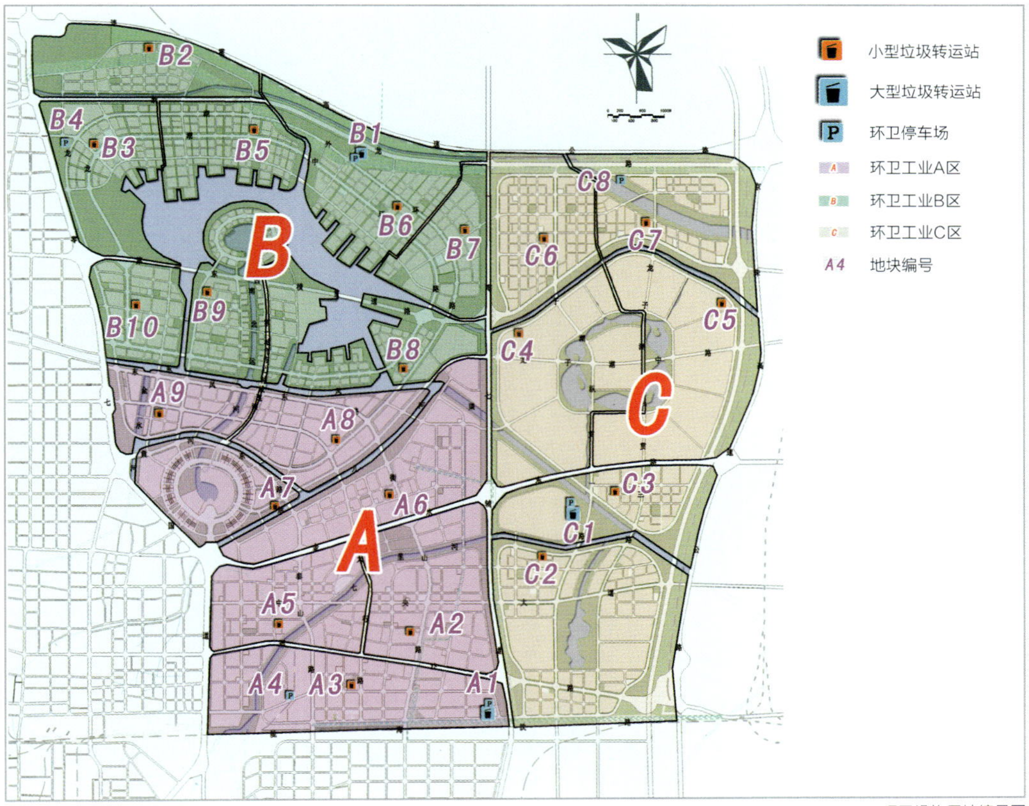

环卫设施用地编号图

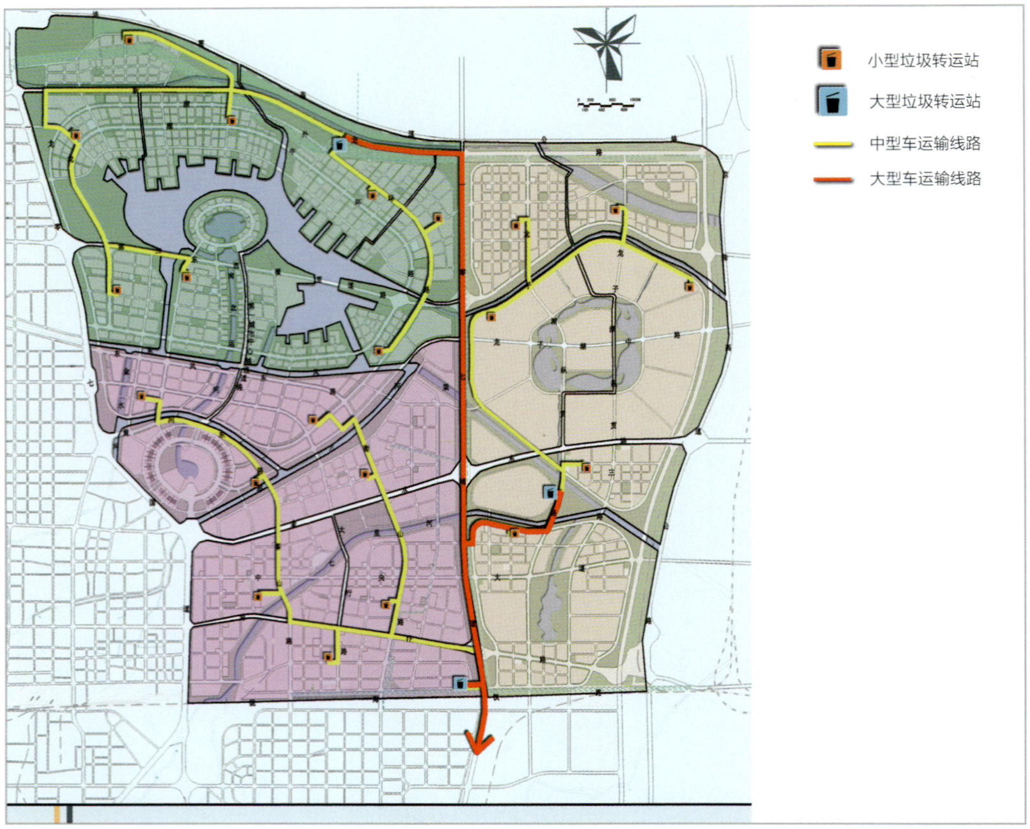

垃圾转运线路规划图

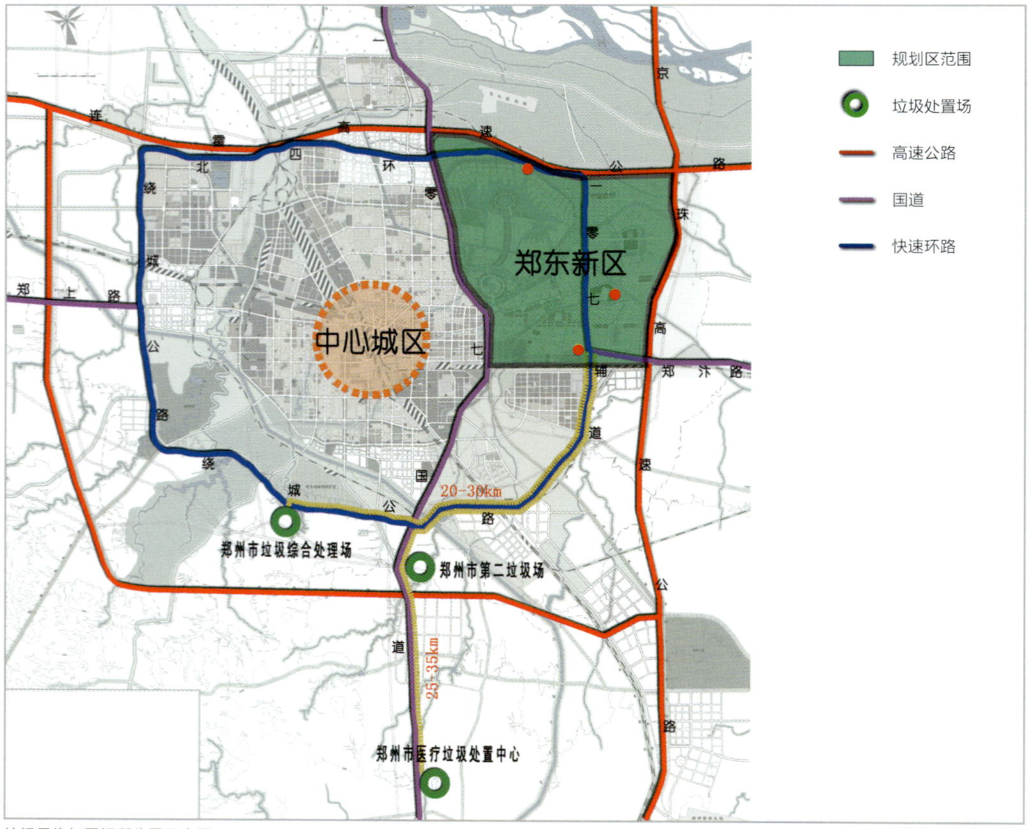

垃圾最终处置场所位置示意图

城市景观要求比较高的区域。

综合部署的原则，运输路线集中布置，将对城市生产生活的影响降低到最小程度。

（2）城区内生活垃圾的转运路线选择树枝状线路，主要通过人流较少的次干道和支路转运；垃圾的运出路线则由便捷的城市外围快速干道直接运出城外。

（3）其他垃圾的运输通道应统一使用该规划路线。

6.2 郑东新区大型环卫工程设施规划建设

垃圾处置厂址的选择具有较高的社会敏感性，必须在环境、社会、经济上充分可行。应综合考虑处置设施的服务半径、运输距离、交通、土地利用状况、工程地质、水文地质、气象条件、基础设施状况、公众意见等因素，在综合比选基础上合理确定项目选址。

在郑东新区规划区内无法满足大型环卫设施的选址要求，按照重大环境卫生设施应与郑州市环卫设施建设结合一体化设置的原则，近期郑东新区的垃圾处置场所可选择郑州市第二垃圾处理厂和垃圾综合处理厂、郑州市医疗垃圾处置中心；远期郑东新区大型环卫设施应与郑州市大型环卫设施建设相结合，统一规划部署。

郑州市第二垃圾场位于郑州南郊的管城区十八里河镇小刘村，郑州市目前使用的主要垃圾处理场，吸纳金水、管城、二七等3个区的建筑垃圾和生活垃圾，日进场垃圾1800t，占郑州市垃圾总量的3/4左右。

正在建设的郑州市垃圾综合处理厂位于二七区侯寨乡张李垌村附近，占地约91hm^2，是河南省今年重点建设项目之一。根据中国城市建设研究院提供的设计方案，这个距市中心14km的垃圾综合处理厂将采取"以卫生填埋为主，高温堆肥为辅"的工艺处理垃圾。结合城市人口逐年增长及生活垃圾产量不断增加等因素，新建的垃圾综合处理厂设计使用年限为23年，生活垃圾处理规模为每日2300t。厂区内设堆肥处理场、卫生填埋场和垃圾渗滤液处理设施。卫生填埋场和垃圾渗滤液处理设施等一期工程将在今年年底竣工并投入使用，全部工程将于2005年12月竣工。

医疗垃圾集中处置中心在新郑市郭店镇，设计日处理医疗废物30t，已经建成投入使用。

7 其他环卫设施规划布局

7.1 车辆清洗站

7.1.1 进城车辆清洗站

郑东新区的北侧、东侧为郑州市的进城侧，在郑东新区规划区北侧、东侧边缘共设置进城车辆清洗站11处，其选址位于进城道路入口处的进城方向右侧，可结合加油（加气）站设置，用地指标小型冲洗站为1000 m^2/处，大型冲洗站为3000 m^2/处。

7.1.2 区内车辆清洗站

在郑东新区城市规划建成区内设置车辆清洗站，其选址应避开交通拥挤路段和交叉口，可与城市其他环卫设施、停车场、加油（气）站合并设置，服务半径为0.9~1.2km（人口密度和车流量较大的生活区及道路可取下限，其他区域取上限）。规划共设置小型区内车辆清洗站30处，每处用地面积不小于1000 m^2。

7.1.3 车辆清洗站建设要求

车辆清洗站的选址应靠近道路，但出入口距道路交叉口停车线不得小于80m。清洗站内应设置自动清洗装置，洗涤水经沉淀、除油处理后循环利用，废水就近排入城市污水管网。有条件的地区应利用中水。

7.2 环境卫生车辆停车场

规划期末需配备环境卫生车辆220辆，设置环境卫生车辆专用停车场，将有利于对环卫车辆进行统一科学管理。环境卫生车辆停车场用地指标按环卫作业车辆150m^2/辆选取，规划期末需要环境卫生车辆停车场共33000m^2。

规划在每个环卫作业一级区设置2处环卫停车场，共需设置环境卫生车辆停车场6处，每处不小于5500m^2。其中一处停车场和本区的大型垃圾转运站合并建设。

环卫停车场内设置汽车维修保养站，环卫职工综合休息场所。由于停车场占地面积大，规划对其用地进行了控规层面的研究。

7.3 环境卫生车辆通道

7.3.1 通向环境卫生设施的通道应满足环境卫生车辆进出通行和作业的需要；机动车通道宽度不得小于4m，净高不得小于4.5m，非机动车通道宽度不得小于2.5m，净高不得小于3.5m。

7.3.2 机动车回车场地不得小于12×12m，非机动车回车场地不得小于4×4m，机动车单车道尽端式道路不应长于30m。

7.4 洒水车供水器

洒水车和冲洗马路专用车辆的给水，由设置在街道两旁的供水器供水。规划期末郑东新区需设置洒水车供水器120处。其中6处结合环卫车辆停车场设置。

规划在城市次干路和支路上利用市政给水管网设置洒水车供水器对环卫洒水冲洗车供水，设置间距在次干路上1km左右、在支路上1.5km左右；

供水器供水水质应满足《城市污水再生利用城市杂用水水质》（GB/TE 1890-2002）。中水管网敷设的区域利用中水作为供水器的水源。

供水器使用应防止损坏，并保持完好状态，出现故障要及时修复。

8 环卫队伍建设

8.1 环卫管理机构与机制

8.1.1 环卫管理机构

建立健全的环境卫生统一管理机构，强化行业管理职能。设置片区环卫清洁服务总公司、环卫洒水车队、水上垃圾管理公司、公厕管理队和垃圾处理厂，负责全区环境卫生工作的计划、组织、协调、督促与检查，保质保量完成辖区内环卫生产作业和社会化服务工作。为方便工作和管理，片区环卫清洁服务总公司下设清扫保洁分公司、清运公司。

8.1.2 经营服务性管理体制

长期以来，环卫行业始终作为事业单位靠政府拨款，城市环境卫生工作一直由政府统包、一家独揽，职工内部缺乏竞争。政企不分，企事不分。随着我国市场经济体制的逐步完善和发展，各行各业都面临着改革大潮的冲击。城市环卫行业作为社会公益事业的重要组成部分，也同样面临着市场的冲击和改革的压力。改革其运行机制，走产业化道路势在必行。

所谓环卫产业化，是指环卫运行机制应当按照市场经济的要求，在政府政策指导下，从单纯的行政事业管理实现政企分开、企事分开，在保证社会效益的前提下，不断拓宽服务领域，实行产业化经营，社会效益明显改变、经济效益明显提高，使环境卫生质量与人民生活水平的提高相适应，与城市现代化进程相适应。

环卫行业只有走上产业化发展、市场化运行、企业化经营、社会化服务的良性循环轨道，才是环卫发展的必由之路。广大环卫职工在实际工作中，也已经切实认识到只有适应市场要求，引入竞争机制，才能使环卫行业自身得到更好的发展。

环卫作业引入竞争机制，逐步建立作业经营服务性管理体制，实现环卫管理与作业服务工作分离的政事（企）分开管理体制。

（1）完善“事企分离”管理和运行。管理体制改革为两部分：一是管理机构，主要执行政府环卫管理职能，进行宏观管理和规划指导等工作，同时主要管理垃圾粪便的处理、环卫基础设施的建设等业务；二是企业性质专业化公司经营作业单位，具体实施道路清扫、垃圾清运等业务，同时实行环卫有偿服务，独立核算，自负盈亏。郑东新区按龙湖北区；龙湖南区、新城中心区（CBD）、拓展区；龙子湖南北区、龙子湖大学园区3个片区设立3个清洁服务总公司，总公司根据各自实际设立若干分公司。

（2）鼓励具有一定资质的集体或个人开办环卫清洁服务公司，在竞争中不断提高服务质量和效率。

8.2 环卫工作场所的设置

8.2.1 环境卫生清扫、保洁工人作息场所

环境卫生清扫、保洁工人作息场所是供进行露天流动作业的环卫清扫、保洁人员休息、更衣、沐浴和停放小型车辆工具的场所。

规划设置环卫作息场所116个。依据环卫设施合并建设的大原则，环卫工人作息场所要结合其他环卫设施合并建设。其中综合作息场所6个，结合环卫停车场和大型垃圾转运站设置；基层作息场所26处，21处结合小型垃圾转运站设置，5处结合水上环卫工作场所设置；小型作息场所84处，结合公共厕所设置。

8.2.2 水上环境卫生工作场所

水上环境卫生工作场所按生产、管理需要规划设置5处，每处应有趸船、浮桥等，使用岸线每处为50m。遵循环卫设施、工作场所合并建设的原则，水上环境卫生工作场所和水上环卫管理基层机构、基层环卫作息场所合并建设。用地内设公共厕所一座。

郑东新区环境卫生清扫、保洁工人作息场所设置指标

分类	数量（个）	建筑面积（m^2）	空地面积（m^2）	备注
综合作息场所	6	350	30	结合大型垃圾转运站和环卫停车场设置
基层作息场所	26	200	20	结合小型垃圾转运站和水上环卫工作场所设置
小型作息场所	84	6		结合公厕设置
总计	116			

9 环卫系统 VI 设计

9.1 环卫卫生行业标志

标志是环卫识别系统的基本视觉元素，是环卫行业视觉形象的核心。

环卫行业标志可单独使用于环境卫生管理机构（建筑物）、环境卫生设施、环境卫生机械与设备、环卫车辆、环卫工作服及其他具有环境卫生行业特征的场合。

9.2 环境卫生设施图形标志

环卫设施的图形标志运用鲜明、简洁的形象化的艺术语言，丰富了环卫视觉识别系统，增强了各类环卫设施的可识别性。

环境卫生设施图形标志运用需参照《环境卫生设施与设备图形符号、设施标志》（CJT13 – 1999）中的规定执行。

9.3 环卫系统指示牌

环卫系统指示牌具有指引环卫设施方位、说明环卫设施功能的作用。指示牌内容应包含：环卫设施的图形标志，简洁的文字说明，必要的方向指示箭头。指示牌的设计要统一尺寸、统一风格，须采用环卫标准色和标准字体。

10 环卫应急系统建设

10.1 城市应急系统

应急系统是城市管理系统的重要组成部分，是政府应对紧急情况的特殊办公方式。高效的紧急救助服务系统承担着保持社会稳定和城市协调运转的重要责任，对于保护公民的生命财产安全、方便人民生活都有重要意义。建立高效统一的城市应急联动指挥系统是一个城市步入现代化管理的必然选择。一个城市的规模越大，现代化程度越高，它所需要的应急指挥系统就应该愈加灵敏和高效。

10.2 环卫应急系统建设

提高环卫系统的硬件水平，大力推广高科技在环卫系统的运用。建议在每个环卫作业车辆上安装车载 GPS 卫星定位系统，环境卫生服务中心的 GPS 监控中心，通过 GPS 卫星定位系统可以随时掌握作业车辆的情况进行及时调度，减少车辆的重复作业。另外，遇到紧急情况还可以提高快速处理能力。

环卫部门需要制定一系列切实可行的环卫应急预案，以应对城市突发性的公共卫生事件。本规划针对郑州市的地域特征，对以下三项典型的环卫作业提出一些应对措施。

11 近期规划建设

11.1 近期规划年限及建设规模

本规划近期规划年限：2004 年 ~2010 年。

近期郑东新区用地规模：60km^2；城市人口规模：58.3 万人。

11.2 近期环卫作业量预测

近期生活垃圾日产量：654t

近期生活垃圾日转运量：758t；

近期道路清扫保洁面积：785 万 m^2；

近期水域保洁面积：449 万 m^2。

11.3 近期主要建设项目

近期环卫职队伍数达 2450 人，其他各项环卫设施建设详见下表：

12 规划实施

12.1 纳入城市发展总体规划

环卫规划作为城市建设专项规划，应纳入城市发展总体规划和社会经济发展统筹规划之中，政府重视，层层落实。郑东新区环境卫生专业规划的实施应与各区的开发建设同步进行，并与其他有关专业规划的设施协同发展。

12.2 加强环境卫生管理

完善环境卫生管理机构建设与加快“事企分离”体制转换。

加强环境卫生专业队伍建设。

完善环卫政策与健全标准化管理。

加速环境卫生法规建设，进一步发挥环卫协会的作用。

积极开展环境卫生宣传教育。

促进环境卫生技术进步和建立环卫管理信息系统。

12.3 保障环卫设施用地

任何机关、团体、个人不应以任何理由和借口占用、挪用环卫设施用地。对于特殊情况，使用环卫设施用地应同时征得规划部门和环卫部门的许可，并应及时补还用地面积。

12.4 人才保证

引进环卫管理人才，提高管理水平，建立健全高效的环卫管理机构；充实高素质环卫工人队伍，进行上岗培训，提高环卫作业技能，规范环卫作业流程。

郑东新区近期建设项目一览表

项　目			近期完成数量
环卫公共设施	公共厕所	1 类	112 座
		2 类	72 座
	废物箱		5700 个
环卫工程设施	小型转运站		10 座
	大型转运站		2 座
	垃圾资源回收场所		1 座
其他环卫设施	进城车辆清洗站		5 个
	区内车辆清洗站		16 个
	环境卫生车辆停车场		3 个
	洒水车供水器		61 个
环卫工作场所	基层环卫机构		17 个
	水上环卫工作场所		4 个
	环卫作息点		46 个
环卫车辆	小型垃圾转运车		22 辆
	中型垃圾压缩车		17 辆
	道路清扫车		71 辆
	洒水车		3 辆
	吸粪车		3 辆
	铲雪车		3 辆
	其他环卫车辆		3 辆
	机动收集小车		480 辆
	水上垃圾收运船		5 只

郑州市郑东新区环卫设施专项规划专家审查意见

2004年11月26日，郑东新区管委会在郑东新区主持召开了“郑州市郑东新区环卫设施专项规划评审会”。专家组对郑州市规划勘测设计研究院和郑州市环境卫生科学研究所共同编制完成的规划文本、说明书及图件进行了认真审查，形成审查意见如下：

一、专项规划的编制内容较全面，图册部分达到了控制性专项规划的深度要求，规划成果整体符合国家有关技术规范的编制要求。

二、专项规划提出的编制依据充分，编制指导思想明确，编制原则具体，编制期限及范围合理，编制总体目标切实可行。

三、专项规划符合郑东新区的环卫设施发展需求，对近期及远期分别提出了较为具体的规划指标和内容。

四、专项规划的环卫设施规划布局基本符合郑东新区城市概念性总体规划；专项规划结合郑东新区行政区划和环卫作业片区分别提出了环境卫生大型设施的数量、布局、规模、服务范围等内容，确定了适宜的用地控制计划。

五、专项规划提出了总体投资估算，规划了分阶段投资安排，从若干方面提出了规划实施的建议和措施。

六、建议修改如下：

1、进一步补充郑东新区环卫现状的分析评价，为规划编制的准确性和科学合理性进一步提供支撑和保证；

2、增加专门章节说明专项规划与郑州市环卫专项规划的关系及郑州市大型环卫设施的衔接；

3、针对提出的垃圾源头分类收集的规划理念，应规划分阶段实施措施和收运处理利用的配套措施；

4、建议补充具有地域性特征的规划内容和环卫设施应急体系，关于大型转运站规划数量建议设置一座为宜，并对不同规模转运站的配套车辆数量和类型加以细化，对粪便收运处理系统设施规划的必要性与否作出说明，另外对在生态带中规划的环卫设施宜慎重考虑；

5、规划图纸中设施图例应与国家规范的规定相一致。

二〇〇四年十一月二十六日

评审专家名单：

陈朱雷：华东科技大学教授
冯其林：武汉环境卫生设计研究院院长
齐长青：天津环境卫生工程设计研究院高工
王晓梅：郑州市市政局环卫处处长
宋建华：郑州市规划局处长
谢光宏：河南省建设厅高工
尚学军：河南省规划院市政设计研究所副所长
陈守功：郑州市市政设计研究院高工
王东方：郑东新区土地规划局局长、注册规划师

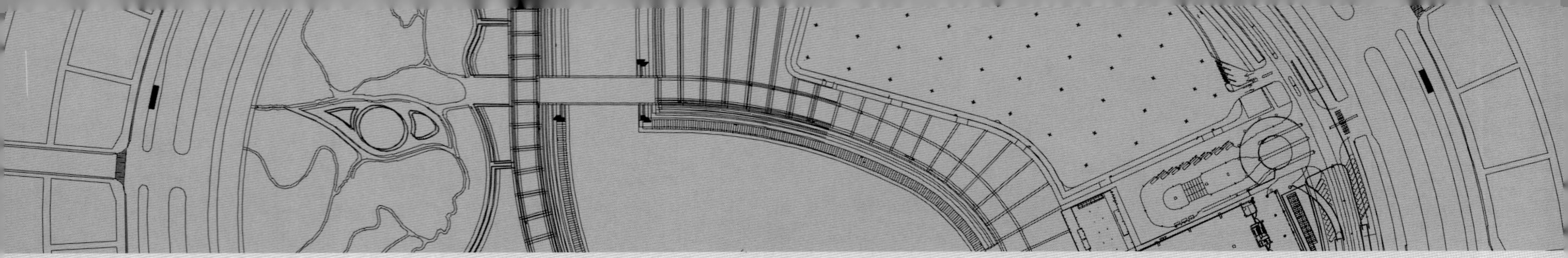

9 郑州市郑东新区城市旅游发展规划

Planning of Tourism Development for the Urban Area of Zhengdong New District

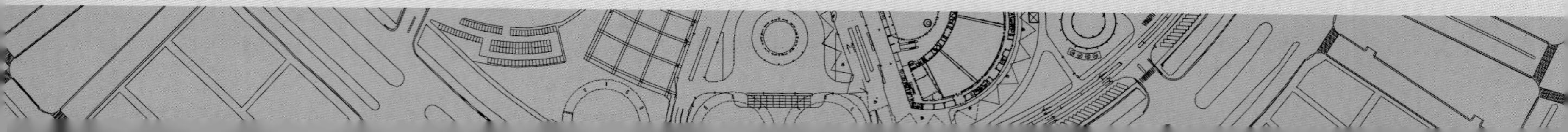

郑州市郑东新区城市旅游发展规划

Planning of Tourism Development for the Urban Area of Zhengdong New District

项目名称：郑州市郑东新区城市旅游发展规划

委托单位：郑州市郑东新区管理委员会土地规划局

郑州市旅游局

编制单位：中国城市规划设计院

郑东新区管委会

郑州市旅游局

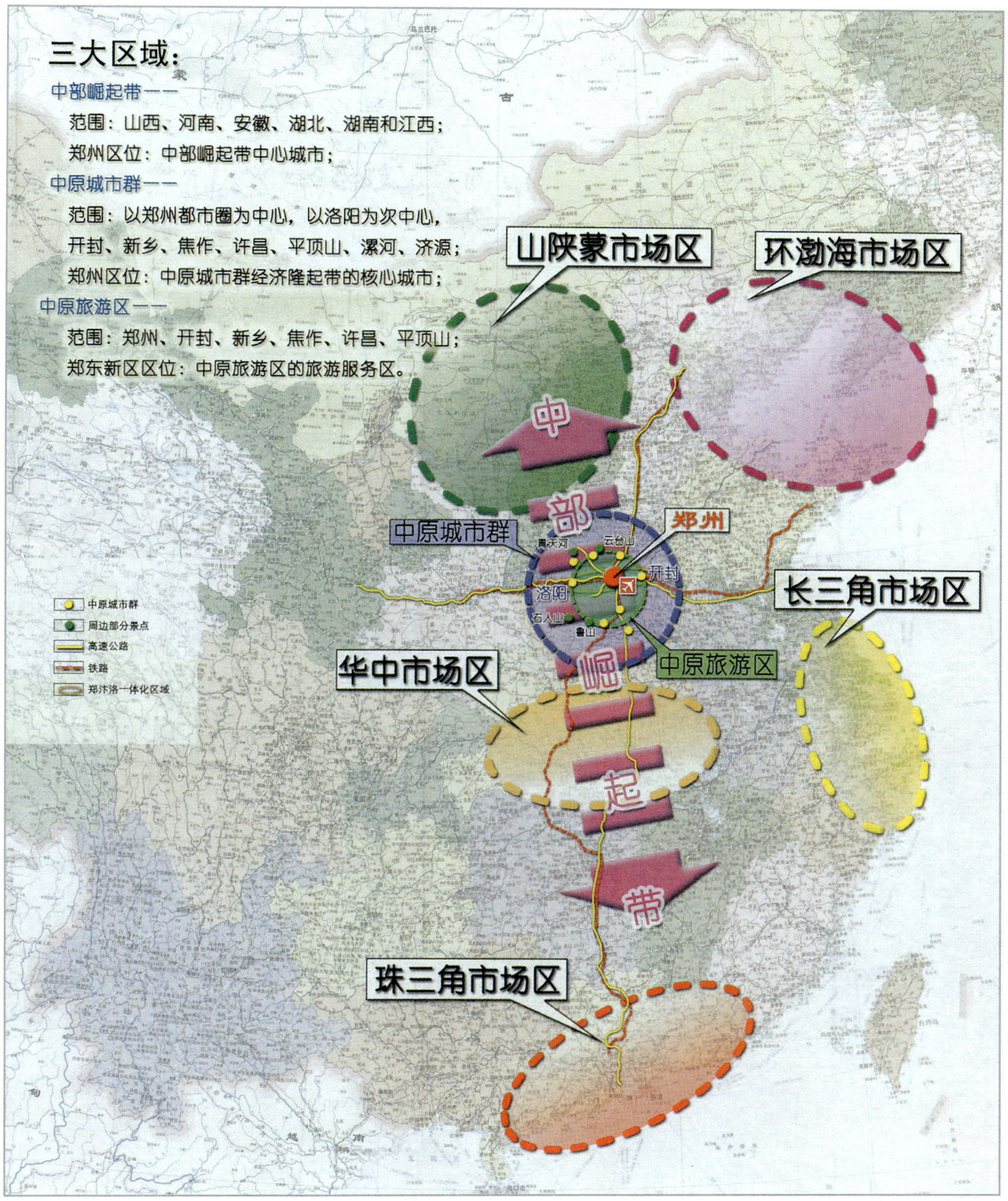

郑东新区区位分析图

1 规划背景

郑州市郑东新区位于郑州市东部，其北部、东部分别以连霍高速、京珠高速为界，南至陇海铁路，西以老107国道（中州大道）为界与郑州市老城区为邻。2001年，国家批准郑州市设立郑东新区，自此拉开了郑东新区城市发展的帷幕。从某种意义上讲，郑东新区的城市发展建设就是中国新城建设的缩影和镜子。

20世纪末，中国旅游业的产业地位得到提高。国家旅游局提出了在2020年把我国建设成世界旅游强国的目标，并将旅游业列为国民经济新的增长点和第三产业中的先导产业，政策上对其也给予了倾斜，旅游业的产业地位得到了加强，郑东新区旅游业的发展有着良好的大背景。与此同时，中部崛起战略的实施和中原城市群的建设也给有着突出战略、经济、旅游区位优势的省会郑州城市旅游带来了无限的发展机遇。而郑东新区作为郑州市旅游目的地中现代都市旅游的形象区和窗口区及河南省旅游发展总体格局的全局性发展核心，自然也就给其旅游业带来了巨大的发展空间。

在此背景之下，中国城市规划设计研究院，受郑州市郑东新区管理委员会委托，于2005年12月开始着手编制《郑州市郑东新区城市旅游发展规划》。

2 规划述评

2.1 郑东新区旅游业发展现状

郑东新区旅游业发展尚处于初级阶段，主要表现在：旅游景点开发力度不足，除CBD水幕电影外，其他景点在郑州市没有造成重要影响；近年来郑东新区的游客量与旅游收入的增长速度较快，但旅游业经济效益仍然较低；已经建设了几家星级宾馆，但旅游餐饮、娱乐项目缺乏，旅游产业体系尚未形成。

2.2 规划的核心问题

作为新郑州的形象区和窗口区及现代都市旅游的主要承担区，如何正确认识郑东新区的旅游资源；如何将利用难度较大的旅游资源进行整合、包装以形成具有一定区域竞争力的旅游产品；如何将旅游发展与城市规划建设有机结合；如何走出郑州古城文化的厚重、博大和浩瀚的固有形象，在现代新郑州形象区的塑造中凸显郑东新区的地位和作用；如何充分认识旅游业在郑东新区社会经济发展中的地位和作用；如何充分认识郑东新区旅游业发展的优势、劣势、机遇与威胁；如何认识郑东新区的区位优势等是本规划主要思索和解决的问题。

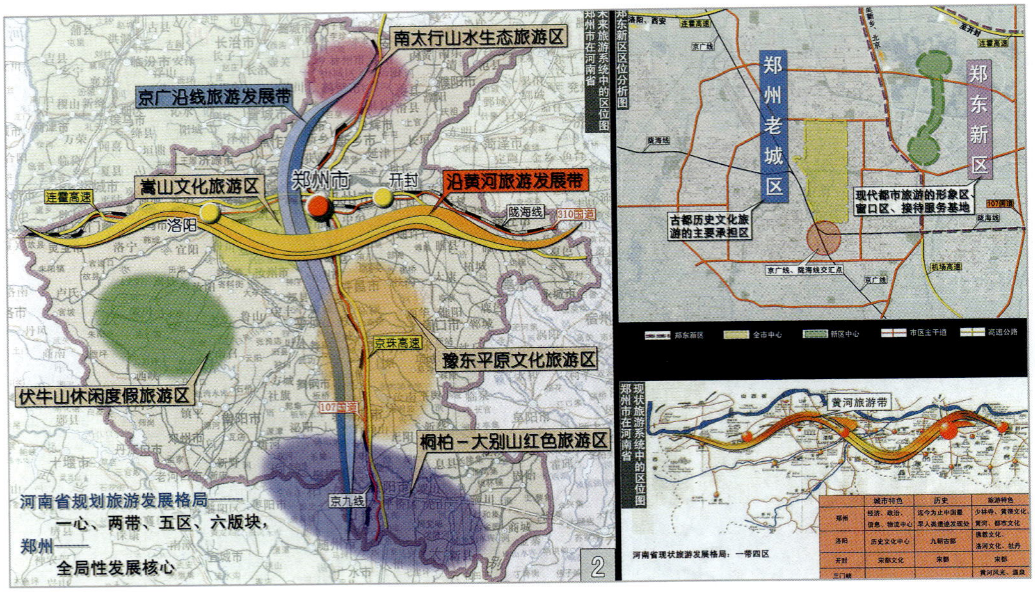

旅游区位和交通区位分析图

3 规划导则

3.1 规划重点

分析旅游对郑东新区城市品牌的形成和形象提升所产生的积极作用；提出旅游发展与郑东新区新型产业群的结合；确定郑东新区旅游发展的总体思路和战略目标；明晰郑东新区旅游发展方向与重点；构筑郑东新区的旅游功能体系与区域服务中心地位；形成独特的旅游管理体制与经营体制等。

3.2 规划目的

通过发展旅游业提升城市品牌和形象，以此引动特色产业落户，为新区产业形成和城市发展提供增长引擎；强化城市旅游功能，打造特色城市旅游区。

3.3 规划原则

强化特色原则——客观地认识郑东新区旅游环境的性质和特点，挖掘有潜力的特色旅游资源，尤其是新城规划的旅游利用，并进行重点开发，形成个性化的旅游产品；

综合协调原则——旅游规划与其他规划相协调，旅游资源分属的各类行政权属之间进行很好的协调；

共赢原则——将新区旅游资源开发利用、旅游要素配套建设与城市规划建设和产业发展紧密结合，实现城市建设、产业发展与旅游开发的共赢；

市场导向原则——通过对旅游客源市场发展动态的调查分析研究，不断推出符合市场需要、具有较好经济效益的旅游产品；

区域协同原则——加强郑东新区和老城区之间、郑汴洛之间，以及新区与中原旅游区核心区的其他旅游地之间的协调，大力实施区域联动与协作战略，将郑东新区旅游业发展纳入到区域网络体系中。

3.4 规划指导思想

以新城规划建设为依据，通过发展都市旅游，培育郑东新区的新产业群和引导新城建设；以培育都市旅游、商务会展旅游为切入点，策划创意具有鲜明特色和很高市场美誉度的郑东新区旅游品牌和特色旅游产品；通过旅游发展规划与城市规划设计的紧密结合，创造继承郑州地方特色文化、具有现代都市旅游功能、兼备商务与游憩服务的郑州旅游新板块。

3.5 规划特点

旅游规划与城市规划的高度结合；适应郑州城市总体规划变化，体现郑州市政府的战略意图；实现“旅游业与产业集群互动发展，旅游功能与城市功能互动发展”的目标。

4 规划提要

4.1 旅游资源特征分析

郑东新区旅游资源赋存环境颇有特色，人文、历史遗存相对丰富，自然环境与人文环境相互交融，在郑东新区北侧的黄河景观和新区内的国际会展中心和大河村遗址等堪称世界级的旅游资源。

旅游资源总量较小，虽然个别资源质量上乘，但类型单一；区内以新城建设为主要内容的现代人文旅游资源集聚度较大，同类型旅游资源分布较集中。现代城市建设类人文建设类旅游资源占较大优势。新城景观、商务会展是郑东新区最主要的旅游资源构成类型。

从资源类型来看，郑东新区自然和人文资源并重，水资源、水环境、水景观等水要素和CBD中央商务区、会展宾馆、商务会议、会展等现代都市要素特色鲜明；会展、商贸、会议、节庆等无形资源在郑东旅游资源吸引要素中占较大优势；新区保存较好的环境条件使得中原地区的商贸文化、黄河文化、武术文化、民俗文化等可移动的特色旅游资源可以萃取并很好地融入新区的自然景观；资源互补性强。

4.2 旅游市场分析

郑州市入境旅游发展较为缓慢，国际旅游收入在全国省会中处于中游位置。东南亚、日本等与中国文化有渊源关系的国家和地区是河南省和郑州市的主要海外客源地，旅游者则以团队游客居多。

国内旅游市场发展态势整体较好，2001~2005年期间，郑州的国内旅游市场保持高速的增长，年平均增长率高达20%以上，2005年旅游人数和旅游收入总量分别为1771万人次和173亿元；客源地主要分布在山东（10.7%）、河北（10.5%）、湖北（8.5%）、江苏（8.3%）等周边省份；年龄段分布中国内游客以中青年为主，游客的文化程度以高中和大专为主，游客的职业排在前三位的分别是企事业管理/技术人员、专业/技术人员、企事业普通员工；游客以观光游览和商务旅游为主要目的，自助游和由单位组织是游客的主要出游方式，过夜旅游较多，住宿、出行、餐饮、购物方面的开支所占比重较大。

作为郑州市核心旅游区之一的郑东新区，其客源市场特征将与郑州市有着一定的相似性。其重点客源市场主要由时距3小时车程的中原城市群核心客源市场、以郑州为旅游目的地的部分外地游客及以中原旅游核心区为旅游目的地的分流客源市场三部分组成。

4.3 旅游发展目标与战略

4.3.1性质定位

以现代都市旅游和商务会展为主导方向的综合性旅游区，郑州旅游目的地中现代都市旅游的形象区和窗口区、接待服务基地，中原旅游区域的组织和集散中心。

4.3.2 旅游发展方向

重点开发都市观光和会展旅游产品；大力开发现实都市休闲娱乐和商务旅游产品，积极培育特色文化旅游产品，使郑东新区成为郑州市的现代娱乐中心；通过新区旅游功能的强化和旅游要素的吸引物化，增强郑东新区的旅游吸引力，逐步形成中原旅游区域的组织和集散中心；通过旅游要素的配套建设，尤其是旅游商务与信息化建设，将郑东新区建设成为中原旅游产业的支持中心。

4.3.3 发展重点

项目重点——大河村文化生态旅游区、龙湖城市游憩公园、不夜郑东—现代休闲娱乐中心、龙子湖高校休闲娱乐区、中原旅游集散中心、商务会议休闲酒店群；

时序重点——近期旅游发展重点是“现代都市观光和都市休闲”产品系列，中远期重点发展“都市娱乐、文化生态和商务会展”旅游产品系列；

产品重点——以都市观光、都市休闲、都市娱乐

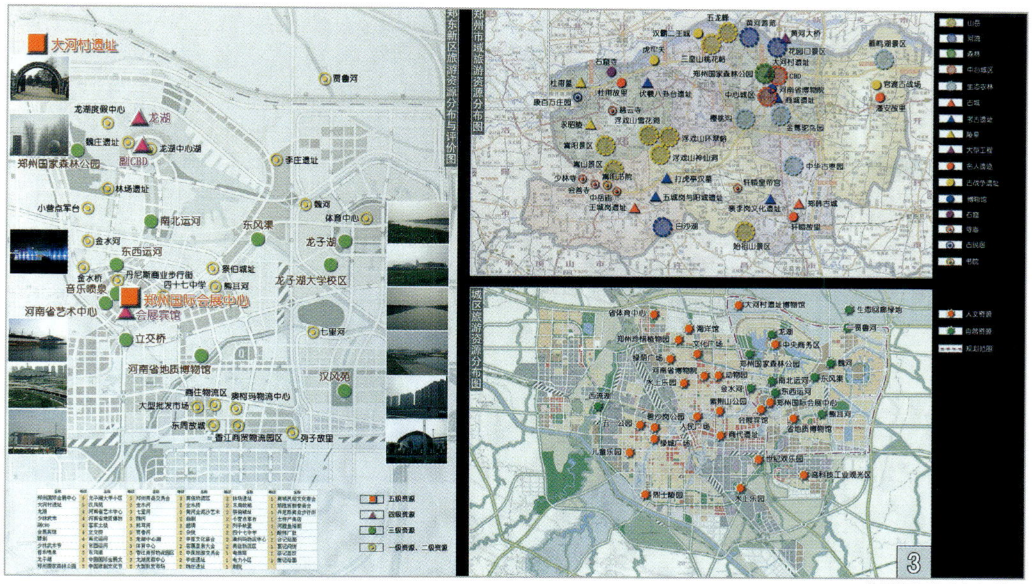

旅游资源分布与评价图

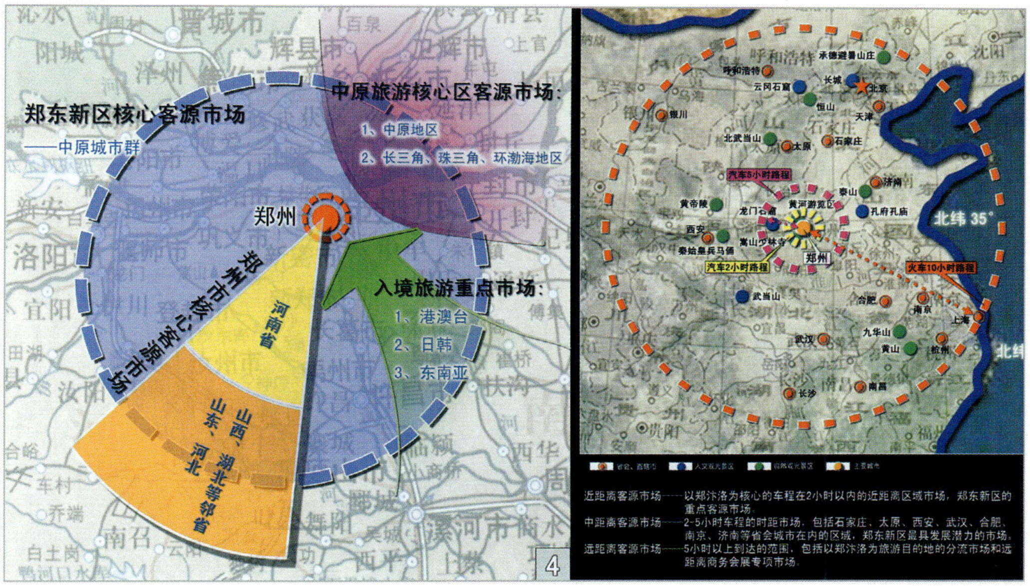

旅游市场分析图

为重点的现代都市旅游产品系列，以商务旅游、会展旅游为重点的商务会展旅游产品系列。

4.3.4 总体目标

将郑东新区建设成为以都市旅游、商务会展为主的高效益旅游目的地，规划期末培育旅游业成为郑东新区的支柱产业之一和创新产业的引动产业，郑东新区成为新郑州旅游的形象区和窗口区，中原旅游目的地的集散和组织中心。

4.3.5 发展战略

“旅游撬动型柔道”战略：开发新区的旅游资源，形成产业聚集优势，打造郑州旅游名片，以实现完善城市功能、提升城市形象、优化城市环境、推动城市建设和经济发展的要求，以旅游发展撬动城市整体发展。

“锲入式形象甄别”战略：将郑东新区的旅游锲入郑州旅游整体发展战略中，成为郑州旅游的重要组成部分。同时开发特色旅游产品，塑造独特鲜明形象，占领郑州及其周边地区旅游市场需求趋势的制高点。

战略对策：借势郑州——借郑州区位优势，将新区建设成为中原地区的旅游集散与组织中心以及旅游产业支持中心。借郑州城市建设之势，打造环境优美、内容丰富、现代时尚的新区旅游吸引物体系。借郑州旅游发展之势，使新区成为传承地方优秀文化和展示中原文化复兴的窗口；差异发展——从旅游发展、旅游形象、水环境和水景观的三方面打造，形成与郑州市差异化的开发方向；与城市建设共赢——解决旅游规划与城市规划、城市景观、城市功能开发一体化问题，将城市规划建设与旅游资源开发、旅游城市风貌建设和旅游要素配套建设紧密结合。

4.4 发展规划

4.4.1旅游产品开发

（1）指导思想

借助郑州市原有旅游产品在国内外市场的影响力，在此基础上注入郑东新区浓厚的现代休闲时尚特色，在原有旅游产品基础上打造升级旅游产品或实现原有旅游产品的更新换代。

（2）开发目标

以优势特色产品培育为核心，大力开发都市旅游和商务会展旅游产品；以潜在特色产品培育为辅助，开发生态休闲和历史文化旅游产品，与城市旅游产品共同构建新区多层面、多视角、稳固的产品结构。

（3）旅游产品开发策划

主导旅游产品：都市旅游——以龙湖、龙子湖、CBD为主要开发地域，整合新区都市观光、休闲、购物、娱乐、商务、会展、科技、文化、体育等现代都市旅游要素，以形象、活动设施、景观与环境、服务打造新区都市旅游品牌，塑造时尚靓丽的新城形象。重点发展都市观光、都市娱乐、都市休闲系列类旅游产品；商务会展旅游——以CBD为核心，重点开发商务会展旅游。提升完善现有商务会展旅游配套硬件设施，引进和培养专业化的会展、商务旅游人才，鼓励发展以会展旅游、商务旅游为中心的专业化服务公司，提供优质、多样化、个性化和人性化的服务。

辅助旅游产品：文化旅游产品——以大河村遗址以及新区内8处主要文物古迹、世界客属文化中心、河南省艺术中心为主要开发地域，开发文化旅游产品。以中华民族文化复兴为主线脉络，将商贸文化、武术文化、民俗文化等可移动的中原文化旅游资源，通过环境氛围的营造、文化活动的开展和特色要素的开发，融入到现代休闲娱乐产品的开发中，实现中原文化和现代时尚文化的有机融合；生态旅游——以龙湖、龙子湖、运河等水系，郑州国家森林公园，以及新区北部绿地为重点。加强旅游资源保护和生态环境建设力度，重点开发保健型、休闲型、观光型三类生态旅游产品；科教修学旅游——以龙子湖科教园区为重点，将科技、教育资源与旅游资源进行整合；节事旅游——以国际少林武术文化节、中原商品交易会、河南黄河狂欢节、郑州休闲文化节为重点，开发能反映新区资源、环境特色的特色节庆和精品节庆活动。

4.4.2旅游发展空间布局

（1）旅游发展空间结构

根据郑东新区旅游资源分布与城市产业布局，规划将郑东新区旅游的空间结构确定为“一核两区一主一辅‘十字形’两条旅游发展轴带”。

将龙湖—CBD片区作为郑东新区旅游发展的极核重点打造；

构建东部龙子湖康体休闲旅游区和北部黄河文化生态旅游区两大主题旅游功能区；

培育南北主轴带和东西辅轴带“十字形”旅游发

展轴带，其中南北主轴带以会展中心和商务中心为两大核心节点，是大型公共设施集中分布、城市建筑景观地标特征突出和旅游要素汇集的中心地带，东西辅轴带以东风渠和第一东西横贯道路为纽带，包括龙湖、龙子湖等重要节点，起着承接老城区旅游要素延伸，向东辐射开封旅游区的链接功能；

建设东风渠、城市中心轴线河渠、环龙湖、环龙子湖、东西横贯道路河渠以及连接黄河生态廊道等多条滨河休闲游憩带；

开辟多条城市观光游览线路。

（2）旅游功能区规划

a. 龙湖—CBD都市旅游核心区

地域范围：位于郑东新区西北，东至107国道，西至中州大道，北至东湖环路，南至金水中路。

功能定位：是以都市旅游、商务会展、休闲游憩为主，生态旅游、文化旅游为辅的旅游功能区，中原旅游区域的组织和集散中心。

发展重点：将城市整体风貌、标志性建筑、代表性区域和地段作为现代都市旅游吸引物，重点推出具有代表性的都市建筑景观风貌区、现代休闲游憩区、滨湖绿地、新型社区等，策划新型休闲和游乐项目，完善旅游服务配套，推动郑东新区都市旅游的发展。

b. 龙子湖康体休闲旅游区

地域范围：位于郑东新区东北部，东至京珠高速，西至107国道，北至连霍高速，南至金水东路。

功能定位：以康体健身旅游为主、修学和水上游览为辅的旅游功能区郑东新区接待辅助中心。

发展重点：以“龙子湖高校休闲娱乐区”项目为核心，通过各种文体活动的开展、休闲游憩环境营造、旅游服务配套设施建设，打造郑东新区休闲体育旅游精品，拓展郑东新区都市休闲活动的空间和范围。

c. 黄河文化生态旅游区

地域范围：位于郑东新区北部，包括大河村遗址和规划的黄河生态回廊绿地。

功能定位：以文化旅游为主、生态休闲为辅的旅游功能区，郑东新区旅游发展的潜力地区。

发展重点：强化大河村遗址和黄河湿地系统的保护，近中期重点开发大河村遗址的文化休闲旅游，远期开发黄河湿地生态休闲旅游。同时，注重与郑州市区文化旅游景点和黄河旅游景区的线路协作和营销捆绑，共同打造黄河文化生态旅游品牌。

d.区内旅游线路组织

陆路都市风貌精华游：CBD—龙湖游憩公园—龙子湖高校休闲娱乐区

水路都市风貌精华游。两带：东西运河；CBD—龙湖（含南北运河）。四环：环龙湖；环龙子湖；CBD—如意景观游览带—龙湖—金水河—CBD；CBD—如意景观游览带—龙湖—东风渠—熊儿河—CBD。

康体休闲游：郑州奥林匹克体育公园—龙湖城市游憩公园—魏河景观游览带—龙子湖高校休闲娱乐区。

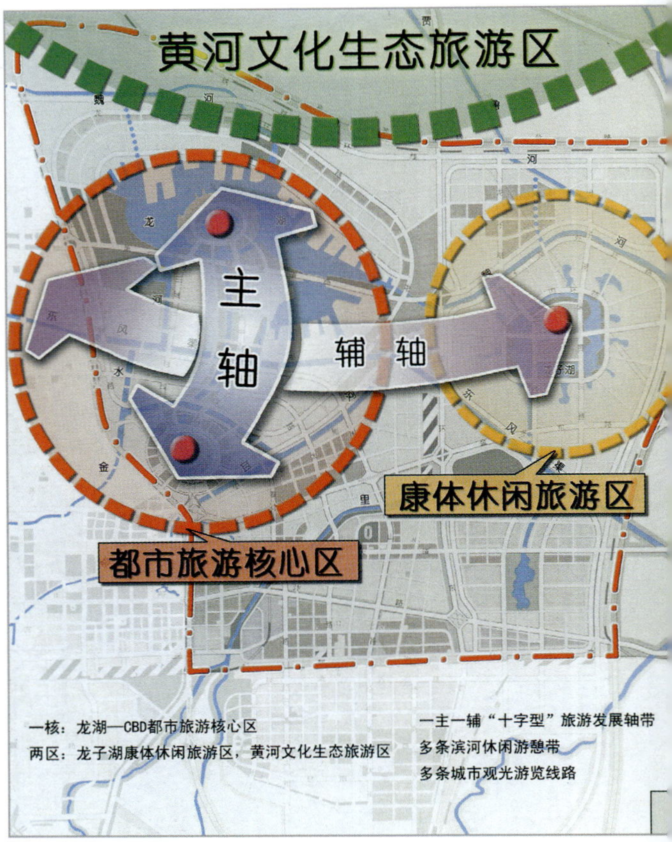

旅游市场分析图

古今文化游:世界客属文化中心—河南省艺术中心—龙湖城市游憩公园—大河村文化生态旅游区；历史文化地标情景长廊。

4.4.3旅游项目策划

（1）旅游项目体系

郑东新区旅游项目体系表

项目名称	项目类型	项目重要程度	项目开发程度
龙湖城市游憩公园	旅游资源项目	重点	新建
不夜郑东现代休闲娱乐中心	旅游资源项目	重点	新建
龙子湖高校文化休闲娱乐区	旅游资源项目	重点	新建
大河村文化生态旅游区	旅游资源项目	重点	改造提升
都市滨水景观游览区	旅游资源项目	特色	新建
森林公园生态旅游区	旅游资源项目	特色	改造提升
历史文化地标情景长廊	旅游资源项目	特色	新建
世界客属文化中心	旅游资源项目	特色	新建
郑州奥林匹克体育公园	旅游资源项目	特色	新建
中原旅游集散中心	旅游要素项目	重点	新建
中原旅游产业支持中心	旅游要素项目	特色	新建
商务会议休闲娱乐酒店群	旅游要素项目	重点	新建
特色餐饮聚集区	旅游要素项目	特色	新建

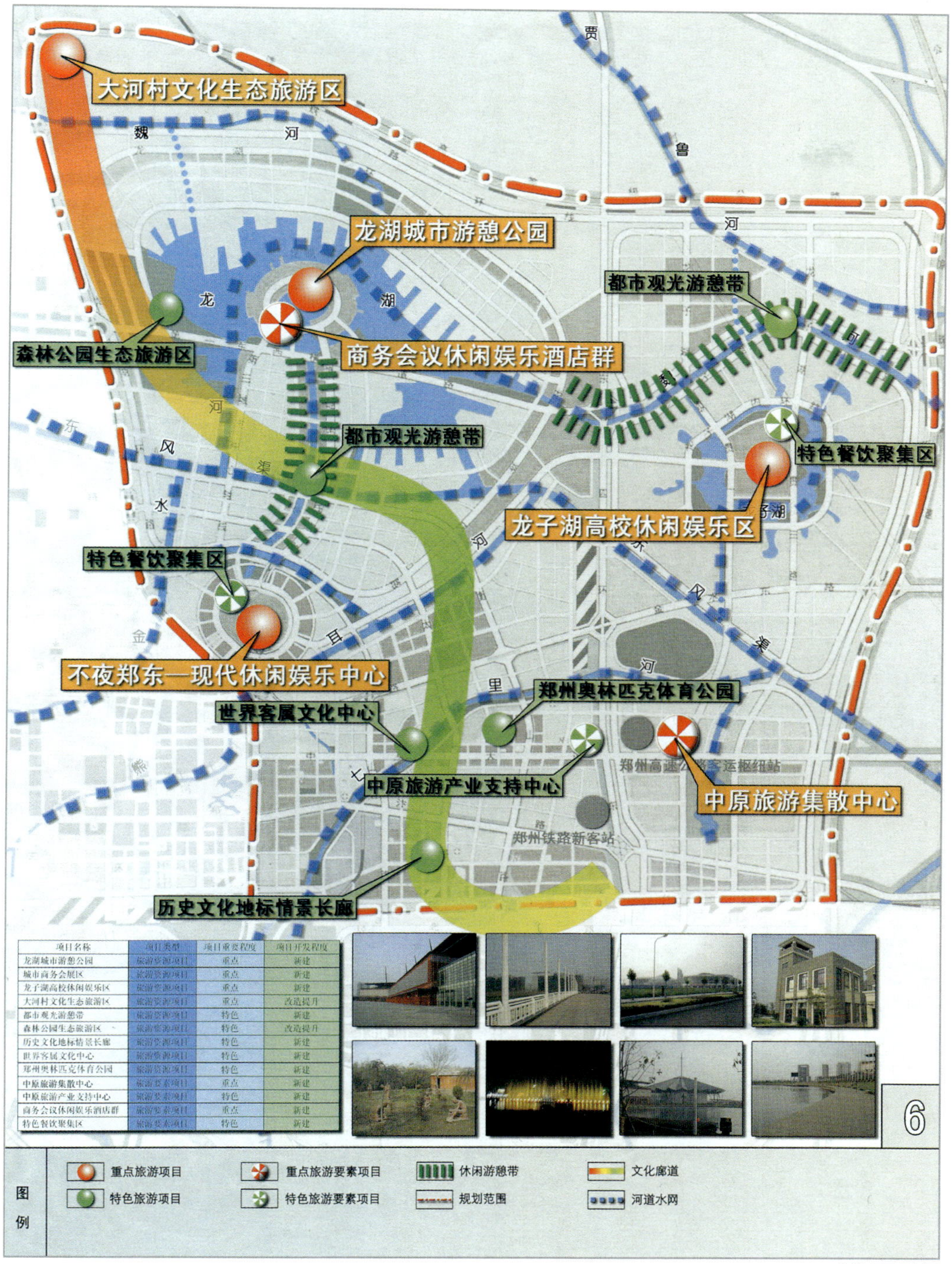

项目名称	项目类型	项目重要程度	项目开发程度
龙湖城市游憩公园	旅游资源项目	重点	新建
城市商务会展区	旅游资源项目	重点	新建
龙子湖高校休闲娱乐区	旅游资源项目	重点	新建
大河村文化生态旅游区	旅游资源项目	重点	改造提升
都市观光游憩带	旅游资源项目	特色	新建
森林公园生态旅游区	旅游资源项目	特色	改造提升
历史文化地标情景长廊	旅游资源项目	特色	新建
世界客属文化中心	旅游资源项目	特色	新建
郑州奥林匹克体育公园	旅游资源项目	特色	新建
中原旅游集散中心	旅游要素项目	重点	新建
中原旅游产业支持中心	旅游要素项目	特色	新建
商务会议休闲娱乐酒店群	旅游要素项目	重点	新建
特色餐饮聚集区	旅游要素项目	特色	新建

旅游项目规划图

（2）重点旅游项目

a. 龙湖城市游憩公园

资源特色：大容量的滨水空间；较现代化的建筑景观。

发展目标：以现代休闲游乐为主导的休闲、游乐型湖泊旅游区，郑州市都市休闲精品旅游区。

规划思路：将中原地区的传统文化、现代娱乐文化，以及高端现代旅游产品相结合，将郑州城市的部分功能在此外延扩展，强化休闲游憩功能，打造郑州市主要水上活动场所；以龙湖及周边建筑景观为基础，引进和设计大型现代休闲游乐项目，成为郑州市都市游乐产业的核心区域之一。突出“水上游乐”的主要功能，围绕主题，进行开发整理和空间资源的优化。

重点建设项目：核心项目应凸现主导方向与打造旅游品牌，其主要包括龙湖水世界、风情舞台、游艇俱乐部、水上活动健身区；特色项目注重配套建设，丰富旅游吸引物内容，其主要包括时尚卧城区、蓝色湖畔度假区、龙湖长街、龙湖码头等。

b. 不夜郑东——现代休闲娱乐中心

资源特色：高等级的设施型旅游资源，高消费人群集中；周边的高速立交桥和中高层商住楼，与CBD共同构成具有吸引力的城市建设成就景观。

发展目标：郑州市商务会展中心，郑州市都市旅游精品旅游区。

策划思路：加强现有设施的旅游利用，将三大特色建筑作为核心观光吸引物进行打造。通过观光设施和观光平台的建设、观光旅游活动的组织、观光旅游服务的提供，将现有建筑功能向观光旅游方向拓展；围绕三大主体建筑，建设与之相配套的城市商贸、餐饮、娱乐休闲设施，作为城市旅游的特色要素进行吸引物化开发。

重点建设项目：核心项目主要有河南省艺术中心、会展宾馆、郑州国际会展中心，特色项目主要有特色商业步行街、休闲商贸城、CBD城市公园、如意湖水景表演、文化广场、如意湖码头等。

c. 龙子湖高校文化休闲娱乐区

资源特色：校园分布集中。

发展目标：以校园文化、特色体育和休闲游憩为主要特色的文化休闲旅游区，郑州市的休闲旅游精品。

策划思路：充分利用大学校园集中的优势，对大学文化设施、运动设施、休闲游憩设施等资源进行整合，开发富有校园文化特色、充满青春动感的校园文化休闲旅游产品，将本区建设成为郑州市最富有特色的文化休闲旅游区。

重点建设项目：核心项目主要有校园文化活动系列、特色体育活动系列、休闲游憩有活动系列，特色项目主要有观光游憩、校园观光修学、龙子湖码头等。

e. 大河村文化生态旅游区

资源特色：考古价值高，遗存丰富；自然、文化景观交融性强。

发展目标：将大河村遗址作为郑东新区重点旅游资源进行思路调整和提升性开发，使之成为具文化旅游、观光游览等功能于一体的文化生态旅游区；成为郑州市区文化旅游的龙头项目，力争建成国家3A级精品旅游区。

策划思路：突出文化生态主题。对大河村遗址的整体景观环境进行提升，并通过绿化、雕塑等手段烘托遗址的特色文化主题；多样化的展示方式。采取室内、室外相结合，动、静结合，综合与专题相结合，馆内固定和各展馆之间文物交换相结合等方式，对大河村遗址进行全方位、多手段的展示与演示，做活、做俗遗址文化；突出观赏性和知识性。依托大河村遗址与黄河相邻的条件，围绕黄河文明主题进行延伸开发，丰富旅游内容，拓展旅游活动空间，实现展示作品的精品化，展示手段的艺术化，展示区域的景观化，展示序列的主题化，尤其是重视震撼性的主题雕塑作品的创作与布局。通过遗址文化、黄河文明雕塑、景观环境相结合的主题演绎，将人类古老历史和文明融为雅俗共赏的文化休闲旅游精品。

（3）特色旅游项目

a.都市滨水景观游览带

资源特色：城市设计和现代建筑荟萃；黄河水系与现代城市和谐共生。

发展目标：通过生态环境营造、历史文脉注入，建设成为优美舒适、人与自然相和谐、环境和经济相协调的生态文化与景观廊道，郑州市的休闲旅游精品。

策划思路："如意"景观廊道的建设在追求建筑整体效果和个性化表达的同时，沿河道两侧开辟滨河步行道、绿地，建设游憩设施，强化旅游功能，形成水陆皆可游览观光的城市中心景观长廊；魏河观光带的建设要突出滨河植物景观特征，联动区内的其他河道水系，成为北部黄河水生态环境的重要组成部分。同时，结合龙子湖高校文化休闲娱乐区丰富的健身休闲活动，开发水上活动项目，开辟滨河自行车专用道，徒步小径，最终把郑东新区的魏河段及其沿线地区打造成以休闲健身为主题，水质清洁、绿树成荫、环境优美的滨河游憩带。

b. 历史文化地标情景长廊

资源特色：区内文物古迹众多，其中大河村遗址是国家级文物保护单位，为仰韶文化时期的重要文化遗址之一。文物古迹以古墓葬和古文化遗址为主，所处年代大多集中在商、周和秦汉时期，文物整体从历史年代和空间分布上构成完整体系，自北到南从石器时代的居住遗址到汉代的墓葬群，形成了完整的历史文化时空轴。

发展目标：在短时间内了解中原地区历史、民族、风俗的窗口，郑东新区特色文化旅游项目。

策划思路：挖掘中原历史文化特征，沿郑东新区历史文化时空轴构建历史文化地标情景长廊；地标情景长廊建设和城市道路绿化、城市步行系统有效结合，通过加强道路绿化的特色和沿途建设文化雕塑、小品等方式和各个保护单位自身保护的节点空间有机融合，从空间上实现和完善此轴线。

c.森林公园生态旅游区

发展目标：以自然观光、郊野休闲、运动健身、科普教育为主要功能的城市公园。

策划思路：以郑州国家森林公园为开发地域，开发对环境有益的生态旅游产品。加强森林公园与龙湖之间的联动开发，包括两地之间观光通道的建设，休闲游憩产品的差异性与互补性开发等。

重点建设项目：森林竞技景区、休闲时光景区、滨湖游憩景区、休闲廊道。

d. 郑州奥林匹克体育公园

发展目标：以体育休闲、武术文化交流为主要功能的体育公园，郑州市武术文化和网球运动中心。

策划思路：公园主要体现"自然、生态、运动、健身"的特色，突出两大中心，即武术中心和网球中心。

重点建设项目：国际武林培训中心、网球中心、大型全民健身园。

e.世界客属文化中心

发展目标：追溯客家历史、弘扬客家文化的有效载体，成为世界客属恳亲大会的举办场所。

策划思路：将该项目建设成为全世界客家人寻根拜祖、缅怀先贤，实现联谊、交流、团结的标志性项目。重点展示客家人产生、发展、繁衍、迁徙的历史演变过程和风俗习惯。定期举办世界客属恳亲大会。

（4）要素类项目

a. 中原旅游集散中心

功能定位：中原旅游区的旅游集散中心。

发展目标：集旅游客运、旅游集散为一体的综合性旅游服务平台。

策划思路：以运送散客游览观光为目的，通过对现有旅游资源、交通资源的合理配置，将定线路、定时间、定站点、定班次的客运方式与旅游咨询、预订、餐饮、娱乐等综合性旅游服务融为一体。

b. 中原旅游产业支持中心

资源特色：地处都市旅游区门户地带，景观丰富，交通便利；资源地域集聚性强。

功能定位：郑州市旅游综合服务区。

策划思路：充分利用即将建设的郑州高速公路客运枢纽站和郑州铁路新客站的综合交通枢纽的区位优势，建设辐射中原地区的旅游产业支持中心；根据国际旅游业发展趋势，通过建筑和景观环境的营造，服务设施的配套，为国内外知名旅游企业特别是旅行社提供全面超前的具有行业特点的独特设施和各项配套服务，构建相对完整的旅游产业支持体系；利用现代信息技术，为全省著名景区提供在省会的展示窗口；通过网络或现场服务，为国内外游客提供及时个性化服务；配套建设购物广场、酒吧街、美容美体与健康等项目，打造郑东新区旅游产业要素集聚区，将娱乐、购物要素吸引物化为特色，成为郑州旅游服务的品牌区域。

c. 商务会议休闲娱乐酒店群

功能定位：以商务、会议、休闲、娱乐为主要功能的郑州市特色旅游接待服务基地。

策划思路：依托郑州市区位优势，营造商务和休闲于一体的优良的商务休闲环境，将之建设成为服务于中原城市群的，融特色餐饮、娱乐、休闲等功能于一体的旅游特色接待场所；酒店结构功能的多元化、高档化和特色化；适宜休闲娱乐活动的开展。

d. 特色餐饮集聚区

功能定位：以提供餐饮为主的郑州市特色餐饮服务场所。

策划思路：在龙子湖、CBD两个城市旅游活动最集中的地域集中布置两处特色餐饮聚集区，作为新区特色旅游餐饮集中服务场所；围绕郑州市的地域文化特色，分别开发以"少林武术"、"黄河文明"、

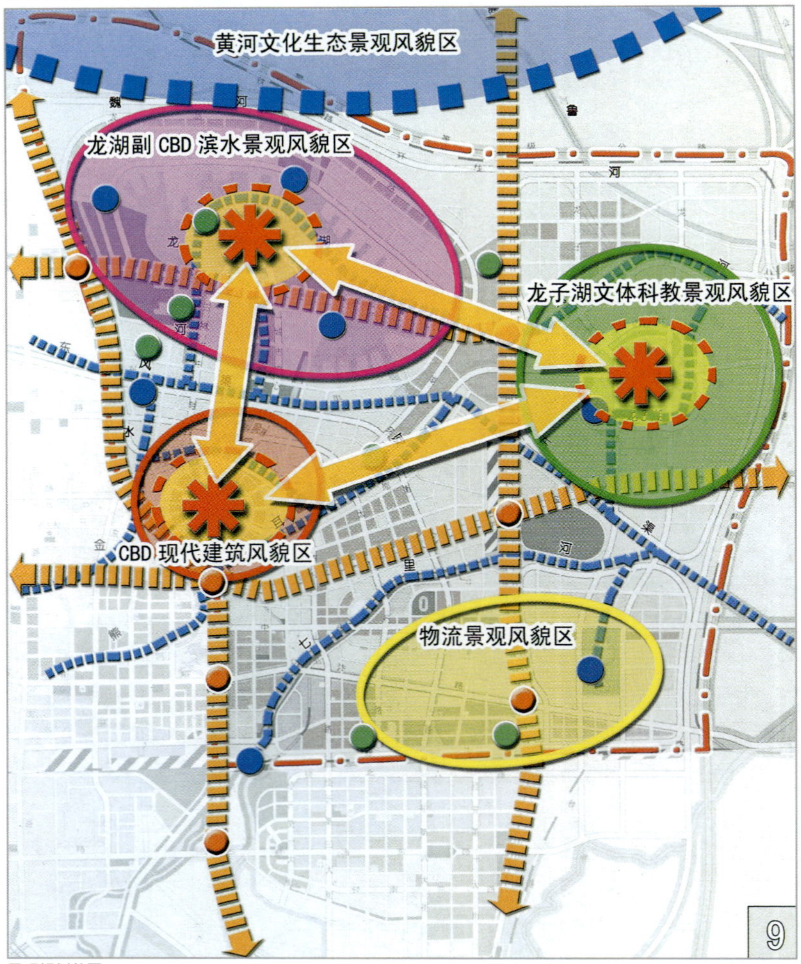

景观规划总图

"古商贸文化"、"戏曲文化"等为主题的餐厅和餐馆，形成一批文化主题体验型的餐饮场所，从环境氛围、文艺演出等方面增加餐饮场所的地域文化包装；开发各式露天酒吧、水吧、咖啡吧、风情茶社、高中档餐馆，引进异域文化和现代城市气息，并和现代感强的各式表演和文体娱乐活动相结合，以满足不同游客的需要。

4.4.4形象策划与市场营销

（1）形象定位

旅游形象的理念和特质分析：三大理念——时尚、精彩、吉祥；五大特质——文化、复兴、生态、美景、动感。

总体形象：一级形象——水域靓城，精彩郑东；二级形象——如意新城，印象郑东。

促销口号：中原靓城，活力商都；都市狂欢地，中原不夜城；中原大地奇迹，文化复兴新城；青春郑东，靓丽新城；快乐郑东，如意水城；休闲绿洲，欢乐天地。

旅游市场定位：郑东新区直接吸引的核心客源市场——中原城市群；以郑州市为旅游目的地的核心客源市场——河南省内游客及山东、山西、安徽、湖北、陕西等邻省游客；入境旅游核心客源市场——港澳台、日韩、东南亚。

（2）市场营销

指导思想：意识超前、形式多样、主题新颖、目标明确、管理科学。

营销战略：紧紧围绕"水域靓城，精彩郑东"这一整体形象，进行全方位、立体式的营销，实施整合营销战略。

营销策略：以城市营销为火车头；软硬结合，以软为主；明确目标市场进行针对性营销；依据旅游产品特色进行分类营销；利用区位优势进行借力营销；实施协同整合营销；建立高效稳定的营销网络。

4.4.5 环境景观规划与营造

根据不同的主题内容和不同的功能分区，依据原有的景观风貌特色，划分不同的空间景观和特色区域，形成各个空间之间不同的景观环境和景观元素，让不同的景观特色环境给游客带来丰富的游览体验。规划目标主要是打造郑东新区现代时尚、大气优美的整体景观风貌，塑造水系环绕、商贸繁荣的如意水城景观。根据以上思路，对整体景观空间设计如下：

（1）整体景观空间设计

五大景观风貌区：CBD现代景观风貌区，龙湖副CBD滨水景观风貌区，龙子湖文体科教景观风貌区，物流景观风貌区，大河村文化生态景观风貌区。

四个类型的景观节点：地标控制性景观节点，主要交通性景观节点，历史遗迹景观节点，湖滨主要景观节点。

三类景观轴带：主要景观轴线，主要交通性景观带，主要景观河段。

（2）郑东新区核心区景观设计

根据整体景观空间结构，重点对龙子湖核心地段和龙湖核心地段进行景观设计。

a. 龙湖核心地段景观设计

整体景观空间结构

构造"一带、一核、一轴、两片、多点"的景观格局，即一条滨水游览景观带，一个商务文化核心圈，一条滨水轴带，两大景观片区，多个重要景观节点等。

一带即地域中所围合的龙湖景观湖面；

一核即龙湖中心副CBD；

一轴即南北运河两侧商业区所形成的景观轴带，具有商务、休闲、文化等综合功能。

两片即西片综合度假休闲区和东片滨水高档住宅区；

多点包括地域标志性景观点，重要景观节点，次一级景观节点，核心区交通入口景观节点等。

水陆交通沿线景观规划

外围交通性景观：主要指环绕龙湖周围的城市主干道和十字交叉口。景观特征以体现现代化为内容，体现城市干练、快洁、具有活力的特点。

内部交通景观：由南北运河步行景观、龙湖、东风渠滨水游线景观、龙湖水上游线景观以及内部生活支路景观串起一系列的游览景观内容。

b. 龙子湖核心地段景观设计

设计思路

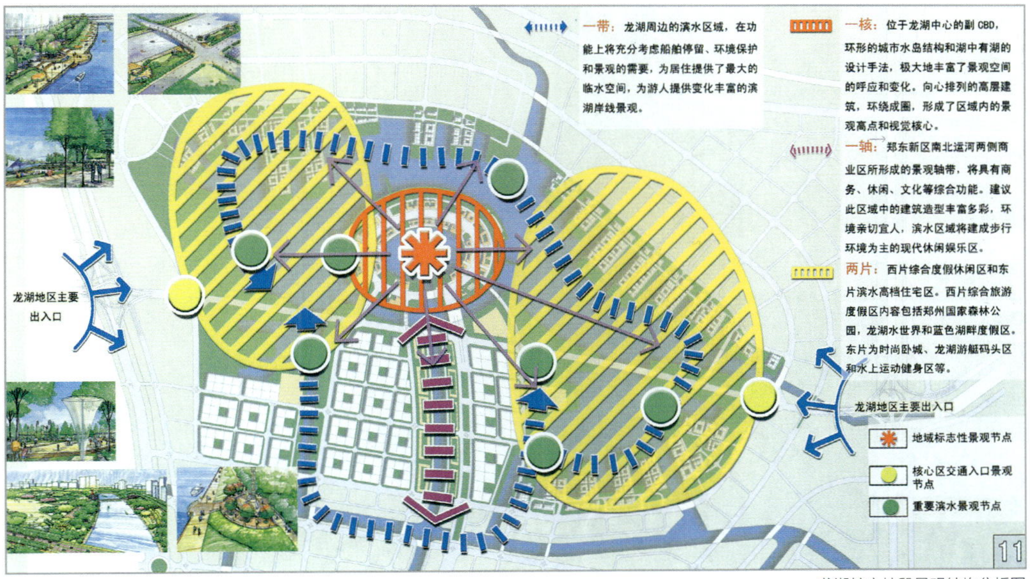

龙湖核心地段景观结构分析图

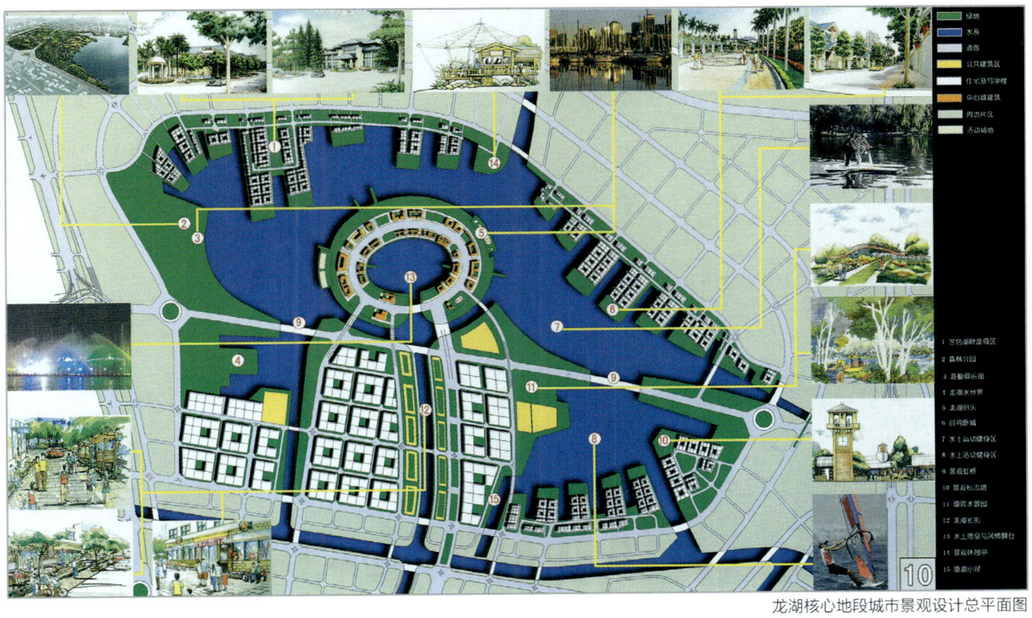

龙湖核心地段城市景观设计总平面图

以组织人的活动为主线，注重景观和观景两个层次的内涵，加强外部景观和内部景观的环境塑造，形成区域、边缘、轴线、节点、地标五类要素共同构建的多元景观空间。景观设计以环形湖面和中心陆地为主体展开。突出体现在静态、生态、自然态所包围下的核心陆地部分特有的动感活力。

整体景观空间结构

通过规划建设，形成“一环、一核、一带、多点”的主体景观格局，即一个环形景观湖面，一处核心景观地段，一条魏河滨水景观带，多个重要或次要的景观节点。

其中一环即地域所围合的环形龙子湖景观湖面；

一核即被龙子湖所包围的核心地段；

一带即魏河景观与观景带；

多点包括地域标志性景观点，重要景观节点，次一级景观节点，核心区交通入口景观节点。

水陆交通沿线景观规划

外围交通性景观：主要指环绕龙子湖周围的四条

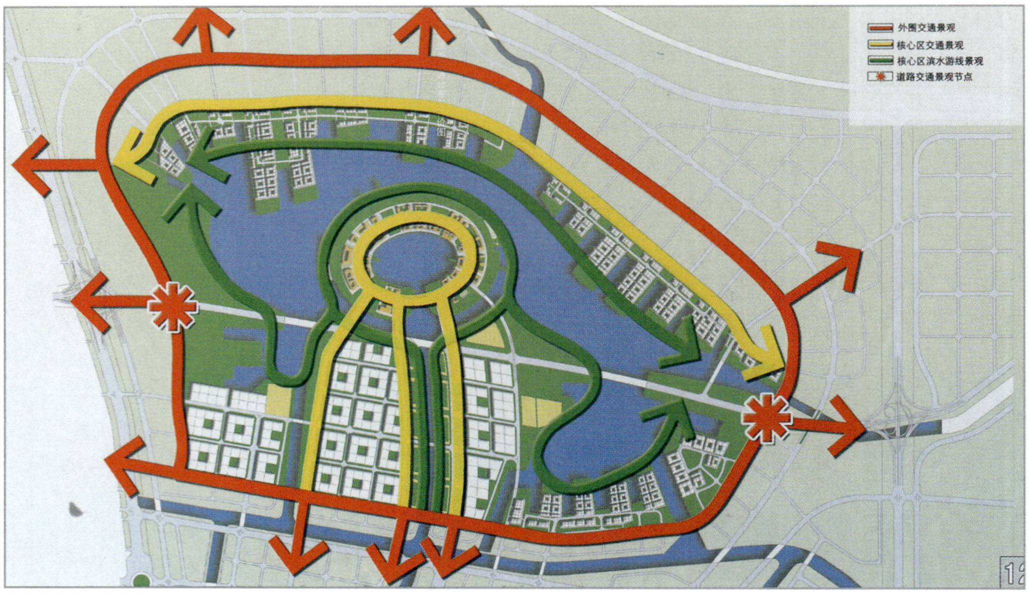

龙湖核心地段道路景观分析图

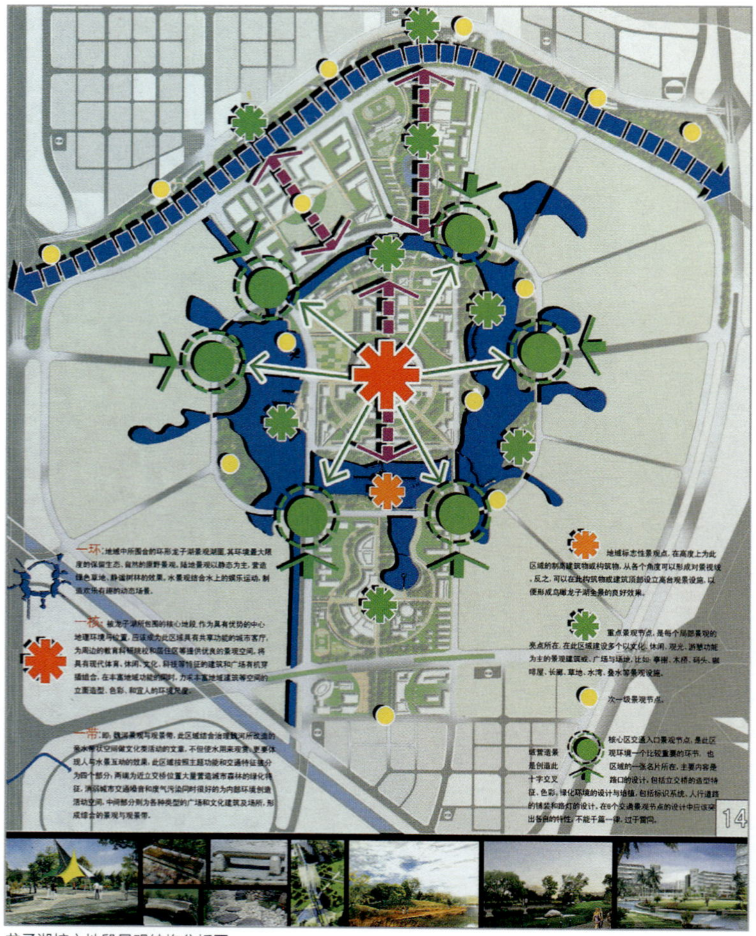

龙子湖核心地段景观结构分析图

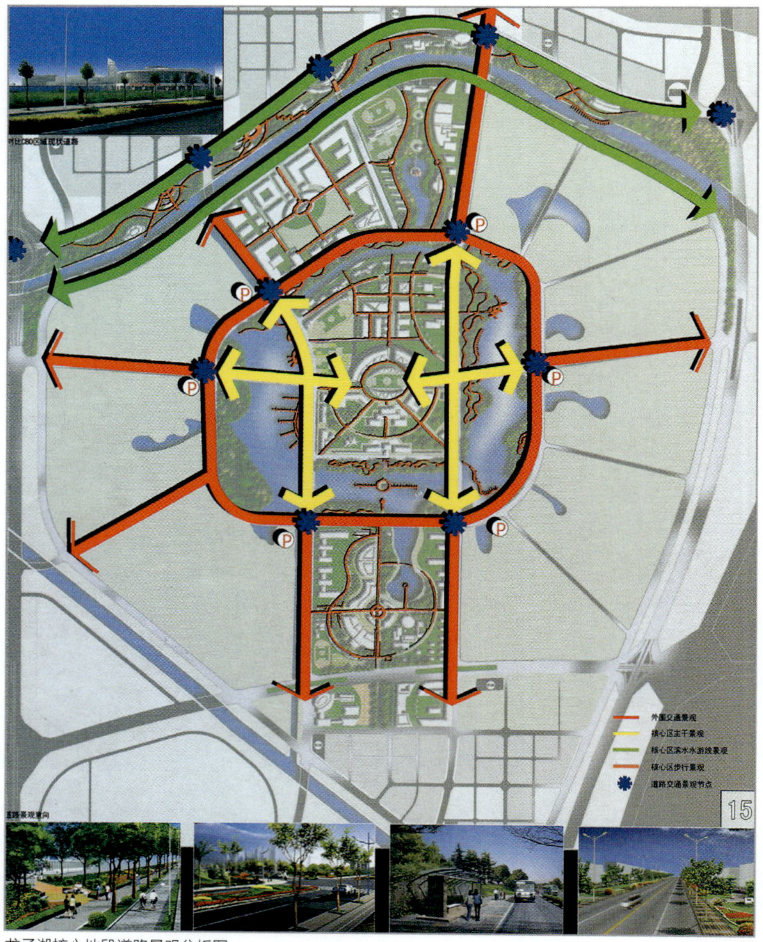

龙子湖核心地段道路景观分析图

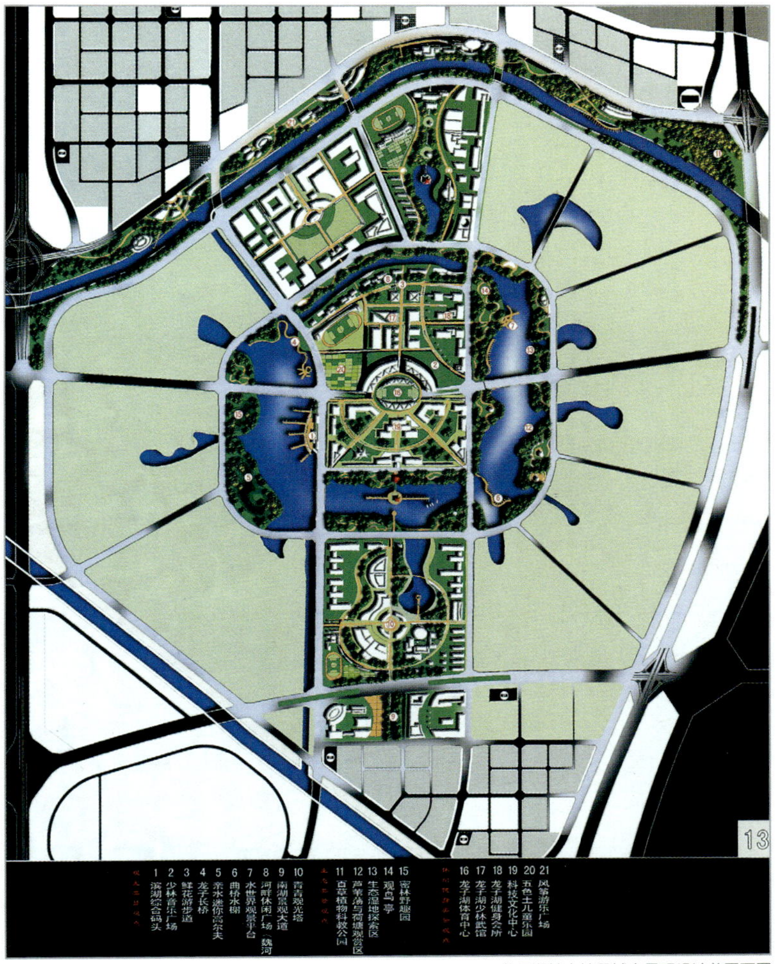

龙子湖核心地段城市景观设计总平面图

旅游交通与服务设施规划图

城市主干道和十字交叉口。景观特征以体现现代化为内容，体现城市干练、快洁、具有活力的特点。

内部交通景观：由龙子湖主干景观、龙子湖步行景观、龙子湖水上游线景观，以及龙子湖、魏河滨水游线串起一系列的游览景观内容。

绿化景观规划

根据环境条件和功能要求，结合公园的总体布局，整个公园的植被规划在空间上考虑了不同郁闭度对整个园区不同部分的空间感受的影响。

在平面布局上，植被规划表现为背景林在外围环绕和点、线、面三部分相互穿插结合的特点。

此外，雕塑小品作为反映新区文化的重要内容之一，其在建设风格上应以具有现代感的景观小品形式为主，在局部历史古迹景点上建设能反映历史文化特定意义的小品设施，达到历史与现代交融的整体效果。

4.4.6旅游支撑系统规划

旅游交通规划

构建两级旅游交通集散中心，开发水上航线与码头系统，开辟城市观光巴士游览线。

旅游服务体系规划

包括旅游饭店、旅游餐饮、旅游购物、旅游娱乐、服务配套设施等方面的内容。

4.5 规划实施建议

将新区旅游纳入郑州市旅游发展总体框架之中；

加强旅游规划与城市规划的协调；

加大政策引导力度；

强化旅游服务意识，打造良好旅游人文环境；

成立旅游管理机构，加强组织保障。

郑州市郑东新区城市旅游发展规划评审意见

2007年3月21日下午，来自上海社科院、同济大学、北京达沃斯巅峰旅游规划设计院、郑州大学、河南省旅游局、郑州市规划局、郑州市旅游局、郑州市规划设计院和郑东新区管委会的专家，在郑东新区管理委员会对《郑州市郑东新区城市旅游发展规划》进行了评审。专家们听取了规划单位的方案介绍，并认真审阅了文本，形成以下评审意见：

一、该规划成果符合《旅游规划通则》要求，内容规范，体系完整，规划研究资料翔实，论证充分，结论可靠。

二、规划思路新颖，旅游策划亮点较多，为郑东新区特色城市旅游的快速发展奠定了扎实的规划基础，规划具有一定的创新性和实用性。

三、本规划成果完整，内容丰富，结构严谨，具有较高的科学性，又具有较强的指导性，专家组同意通过本规划。

为使《郑州市郑东新区城市旅游发展规划》更好地指导郑东新区的旅游开发工作，专家们提出了以下修改意见：

1、应进一步与相关规划相结合，充分考虑郑州综合交通枢纽、郑汴一体化等重大建设项目对郑东新区旅游发展的影响。

2、旅游项目建设、配套设施建设应与旅游发展空间结构、功能区定位等密切结合。

3、形象口号需要重新研究，体现城乡和谐旅游的思想，品牌包装与营销推广、效益分析等内容应进一步深化。

4、旅游发展战略应通俗易懂，并强调政府主导型战略。

5、近期实施计划应进一步具体化，包括行政组织结构、营销经费等内容。

6、景观规划应进一步考虑城市公共开放空间、标志性城市形象景观。

7、环境与生态保护规划应细化。

二〇〇七年三月二十一日

评审专家名单：

王大悟：上海社会科学院旅游研究中心主任、教授、博导
刘滨谊：同济大学建筑与城市规划学院风景科学与旅游系主任、博士、教授、博导
文立玲：北京达沃斯巅峰旅游规划设计院副院长、硕士
海萌辉：郑州大学旅游学院副院长、教授
吕连琴：河南财经学院旅游系副教授
郭继山：河南省旅游局规划发展处副处长
周定友：郑州市规划局副局长
李业煌：郑州市旅游局副局长
李松贵：郑州市旅游局计划统计处处长
王旭升：郑州市规划院副总工
王东方：郑东新区管委会土地规划局局长
刘大全：郑东新区管委会土地规划局副局长

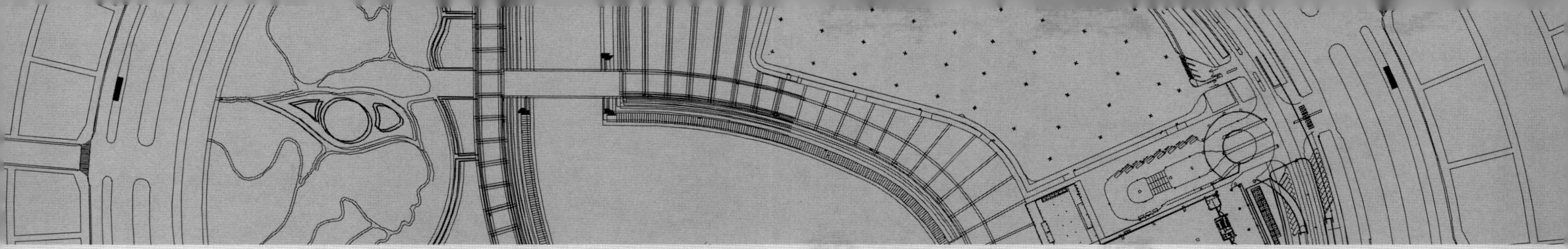

10 郑州市郑东新区文物古迹保护规划

Cultural Relic Protection Planning for Zhengdong New District

郑州市郑东新区文物古迹保护规划
Cultural Relic Protection Planning for Zhengdong New District

项目名称：郑州市郑东新区文物古迹保护规划
委托单位：郑州市郑东新区管理委员会土地规划局
编制单位：郑州市规划勘测设计研究院
郑州市文物考古研究所

1 规划范围与研究框架

1.1 规划范围

本次郑东新区文物古迹保护规划的规划范围为连霍高速公路以南、陇海铁路以北、京珠高速公路以西、107国道以东围合的区域，总面积115km^2。

规划期限为2004~2020年。

1.2 研究框架

本规划从郑东新区文物现状、土地使用性质及文物保护法规要求入手，结合郑州市区文物古迹保护规划进行深入分析，提出规划原则、指导思想，进而编制郑东新区文物古迹保护专项规划。

2 现状分析

2.1 现状文物分析

郑东新区地处河南省中北部的黄河中下游，北距黄河7.5km，西侧紧接郑州城市建成区，西距郑州商城遗址约1km。其自然地理环境良好，古文化遗存相当丰厚。

区内有多处古城址，最著名的有祭伯城、东周故城、圃田城、青龙山魏长城等。目前已查明的古文化遗存有大河村遗址、李庄遗址、祭伯城遗址、东周故城等。文物遗存类型有古文化遗址、古城址、古墓葬、古建筑等。时代跨度从新石器时代、夏代、商代、周代春秋战国、秦汉、唐宋至明清，其文物价值和开发利用价值极高，是郑东新区珍贵的历史文化财富。

规划范围内现共调查发现古文化遗址8处，古城址3处，古墓葬27处，古建寺庙8处，桥梁1处，其他1处，合计48处。48处文物在空间分布和时序上有一定特点，其中仰韶时期至商代、周代的部分文物在郑州市历史文脉传承上具有重要的地位。但文物遗存地面以上部分少，可观赏性差。48处文化遗存中，只有大河村遗址是国家级文物保护单位。郑州市文物考古研究所根据其文物考古价值，确定其余47处其的中7处为建议重点保护的文物单位。

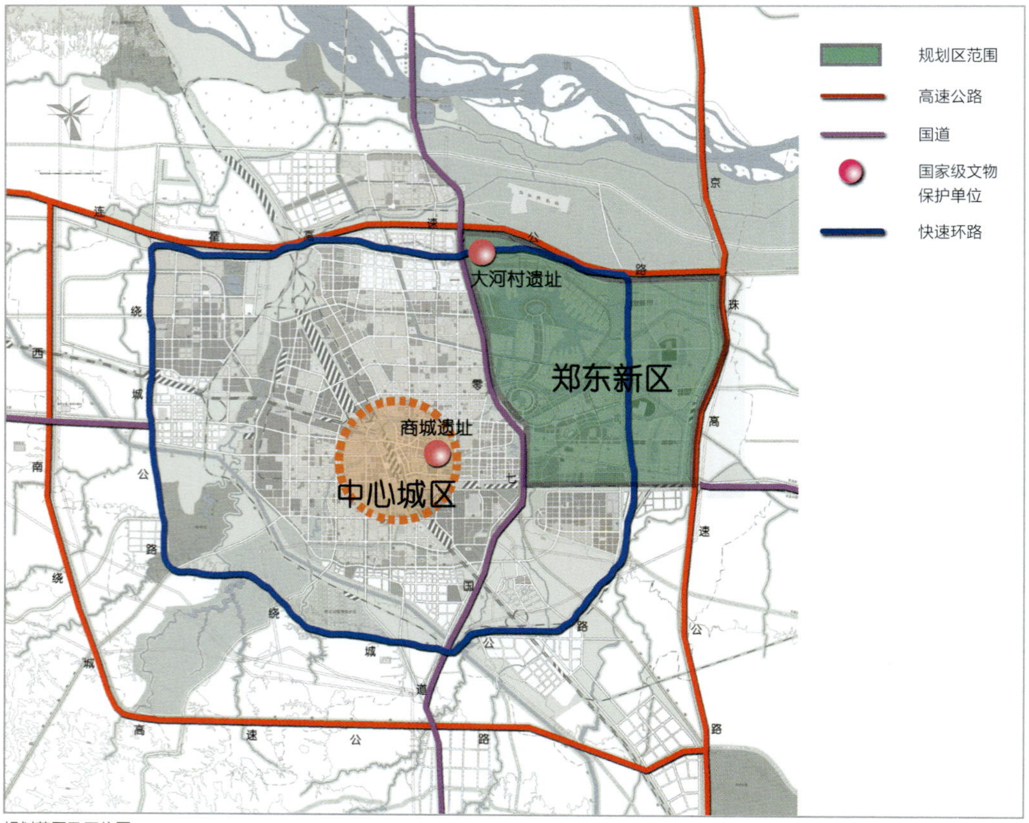

规划范围及区位图

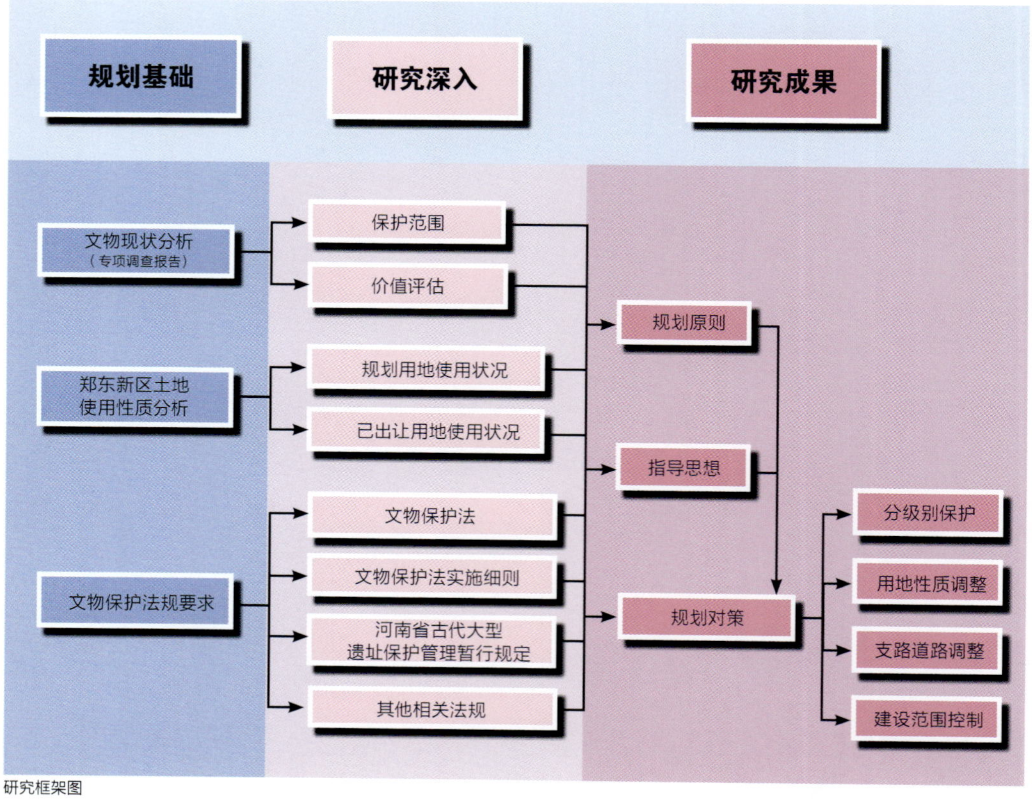

研究框架图

2.2 文物古迹在郑东新区各功能片区的分布

2.2.1 在郑东新区的 CBD 区内，未发现文物古迹分布。

2.2.2 龙湖地区内，发现文物古迹总计 26 处，其中重点文物古迹 6 处，即大河村遗址、小营点军台、祭伯城遗址、魏庄遗址、李庄遗址和林场遗址。其他 20 处一般文物古迹以汉墓为主。

2.2.3 商住物流区内发现文物古迹总计 10 处，其中重点文物古迹 1 处，即东周故城。其余 9 处一般文物古迹多为汉墓。

2.2.4 龙子湖高校科研区内发现文物古迹 10 处，多为古墓葬等一般文物古迹。

2.2.5 郑州经济技术开发区内，有列子故里、青龙山魏长城等 2 处，其中列子故里是重点文物古迹。

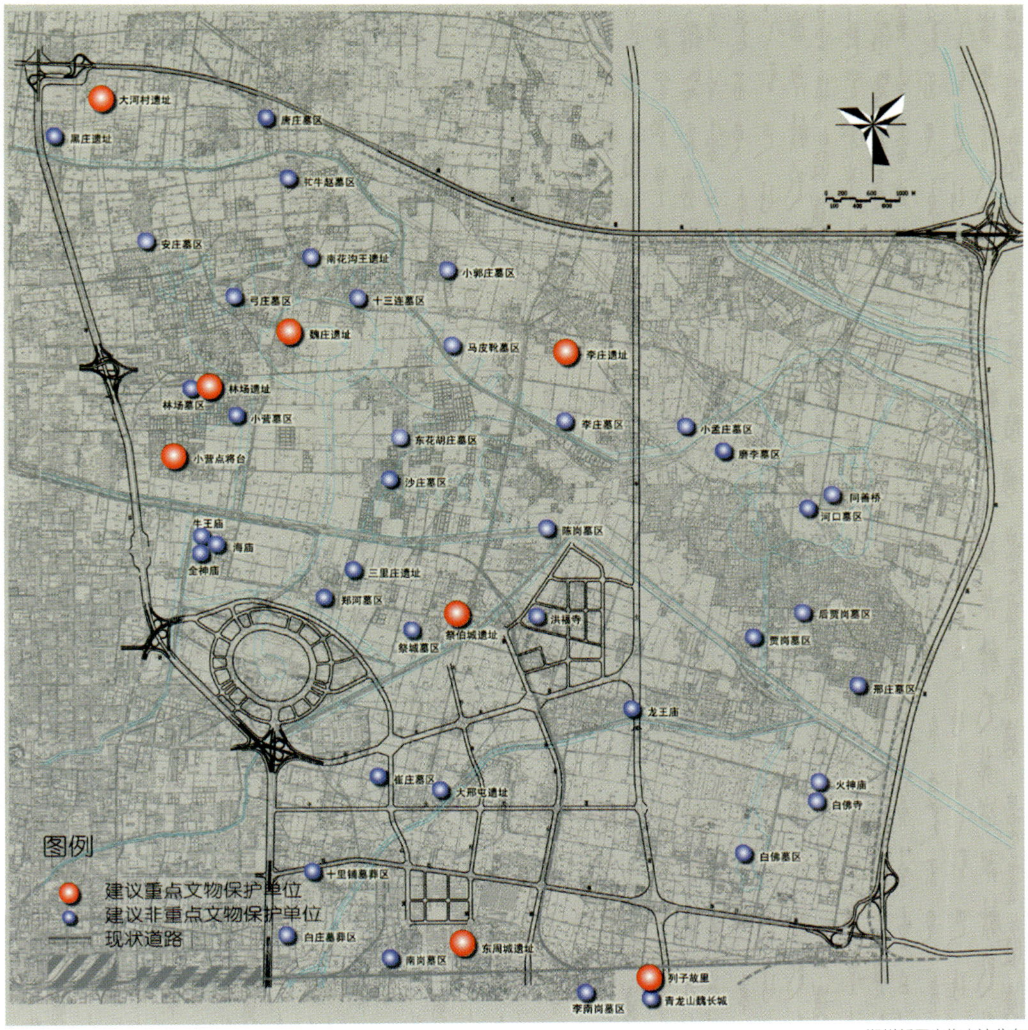

郑州新区文物古迹分布

建议重点保护文物单位一览表

类别	名称	位置	时代	备注
古遗址	大河村遗址	大河村西南	仰韶－夏	国家级
	林场遗址	森林公园东北	战－汉	
	李庄遗址	李庄村南	夏－商代（二里岗下层）	
	魏庄遗址	魏庄村北	周－宋	
古城址	东周故城	古城村	东周	拟定为省保单位
	祭伯城址	祭城村	西周	拟定为省保单位
故居	列子故里	李南岗村东岗	东周	拟定为省保单位
其他	小营点军台	小营村西	商	拟定为省保单位

3 规划指导思想、原则

3.1 规划指导思想

3.1.1 坚持“保护为主，抢救第一”的方针，贯彻“有效保护、合理利用、加强管理”的原则，正确处理文物保护与经济建设的关系。

3.1.2 挖掘郑东新区历史文化内涵，使之成为塑造城市特色及提升城市品质、扩大国际影响的重要资源。

3.1.3 结合郑东新区建设“现代化的水域靓城”这一定位，充分考虑文物保护与新区城市形象建设的关系，从而使郑东新区成为既有现代化都市风貌，又有文化底蕴和地方特色的城区。

3.1.4 贯彻“以人为本”的思想，充分考虑文物保护与郑州市旅游产业的关系，使郑东新区的文物古迹保护与城市建设相得益彰，协同互动发展。

3.2 规划原则

3.2.1 系统保护与重点保护相结合，通过重点保护历史文化价值高的大型遗址，有机地组织城市各个历史时期的文化遗存，形成完整的保护体系，从总体形象上丰富郑东新区的文化特色。

3.2.2 保护、展示与合理利用相结合，与城市文化和城市景观、旅游的创建相结合，通过文物保护与城市建设协调共进，促进经济发展，把郑东新区建设成为具有地域文化特色的国际名城。

3.2.3 在依据《郑州市郑东新区文物古迹调查成果报告》中划定的文物保护范围考古发掘的基础上，结合文物发现的实际情况，实施文物古迹保护方案。

4 文物古迹保护规划方案

4.1 规划工作重点

4.1.1 依据《郑州市郑东新区文物古迹调查成果报告》确定的“建议重点保护的文物单位”、“建议一般保护的文物单位”，以及文物单位的“文物保护范围”和“建设控制地带”等结论，编制此次文物古迹的保护规划。

4.1.2 将郑东新区文物纳入郑州市域文物体系进行系统规划。

4.1.3 结合郑东新区建设现状及总体规划要求，对文物古迹提出相应的保护方案和措施。

4.1.4 依法对文物保护范围和建设控制地区提出相应的城市建设控制指标及要求。

现状文物与批租用地关系图

现状文物古迹分布与规划用地关系图

4.2 规划思路

4.2.1 规划思路：以两个层次一条轴线，完善郑东新区文物的保护系统，从而实现文物的保护与展示。

4.2.2 “两个层次”：即文物古迹系统保护与文物古迹个体保护 。

4.2.3 “一条轴线”：构建郑东新区历史文化时空轴线。

与绿化系统相结合，建设以文物古迹保护片区绿化、道路绿化为骨干的保护性绿化网络，重点挖掘和展示仰韶、商周、汉时期的文化，保证郑东新区丰富的历史文化遗存能够在城市公共空间中系统体现。保证文物保护系统与郑东新区城市功能系统有机结合。

4.3 文物保护系统规划

4.3.1 确立郑东新区文物古迹整体在郑州市市域文物保护体系中的位置。

4.3.2 确立郑东新区文物古迹整体在郑州市市区文物保护体系中的位置。

4.3.3 确立郑东新区文物古迹保护在郑州历史文化名城和第八大古都保护建设中的地位。

4.3.4 引导郑东新区文物古迹保护与开发融入郑州市旅游体系建设之中。

4.3.5 加强文物古迹群体保护与郑东新区城市功能系统之间的关系。

4.4 文物古迹个体保护规划

4.4.1 依据《郑州市郑东新区文物古迹调查成果报告》确定的“重点保护单位”和“一般保护单位”及其保护范围和建设控制地带。

4.4.2 对重点保护单位和一般保护单位分类型提出具体保护方案及建设控制要求。

4.5 重点文物保护对策

4.5.1 对 8 个重点保护单位，根据文物古迹自身的特点，并结合其用地建设和开发现状以及郑东新区总体规划的要求，分三类来提出保护方案，即原地保护、发掘展示的保护单位，考古发掘后可进行建设、局部展示的保护单位，需恢复完善的保护单位。

4.5.2 保护目标：保证文物古迹保护与规划用地的开发协调发展；对文物保护范围和建设控制地带提出控制性要求。

郑东新区文物古迹历史文化时空轴

八个重点保护单位分布图

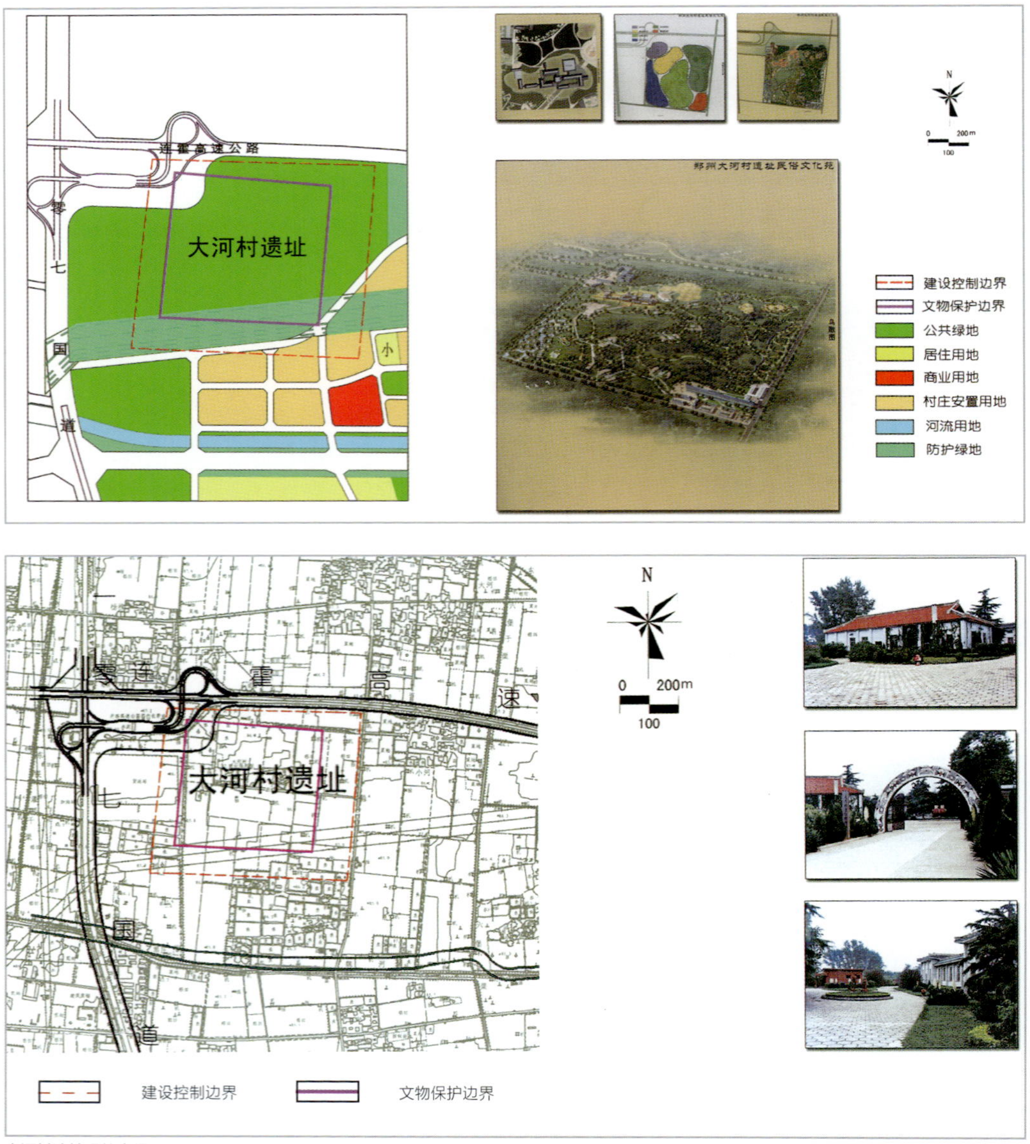

大河村遗址现状介绍

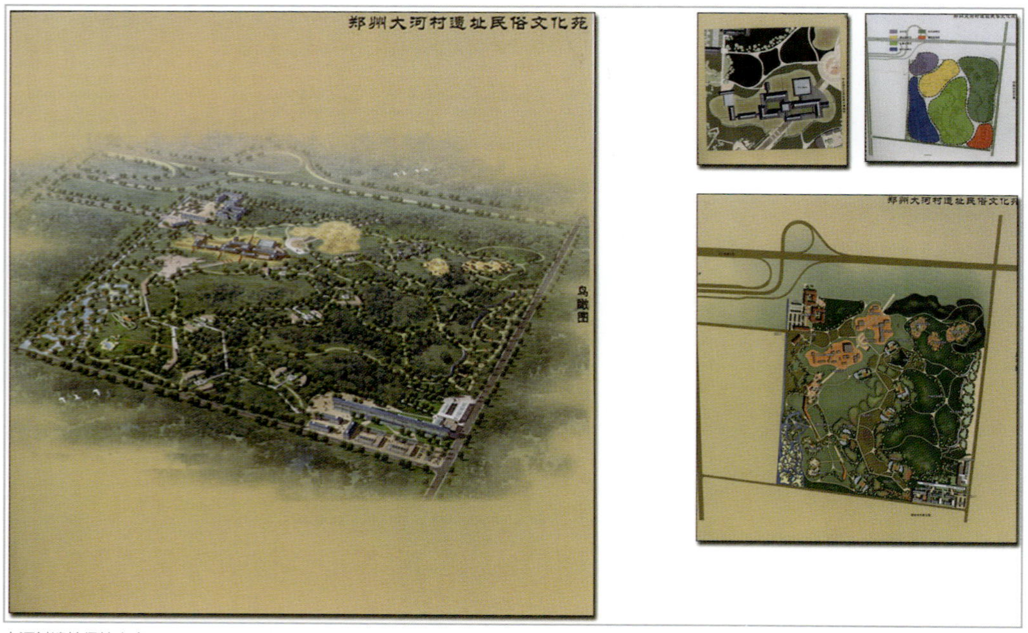

大河村遗址保护方案

4.5.3 重点保护文物规划方案及建设控制要求

（1）大村遗址

a. 现状及文物价值

大河村遗址位于郑东新区西北端、连霍高速公路与 107 国道交叉口东南部的柳林镇大河村西南的土岗上，北距贾鲁河约 2.5km。文化内涵包括仰韶、龙山、二里头和商代 4 种不同时期的文化遗存，延续时间达 3300 多年之久，1972 年首次发掘。

遗址中部窖穴密集，房基相叠，是仰韶文化时期先民的居住区。该遗址已被公布为国家级文物保护单位。

b. 大河村遗址与郑东新区规划用地关系

由于大河村遗址发现较早，1986 年 11 月 21 日被河南省人民政府公布为河南省文物保护单位，2001 年 6 月 25 日被公布为国家级文物保护单位。郑东新区总体规划遵照文物保护单位的要求，该区规划用地为绿地。其中保护范围内规划的公共绿地占地 36.5 万 m^2，防护绿地占地 4.5 万 m^2。

c. 大河村遗址规划方案

大河村遗址已由上海同济城市规划设计研究院及国家历史文化名城研究中心编制完成了详细设计，并通过专家评审会。本次从郑东新区文物系统保护的角度对方案进行适量补充。规划建议增加其展示在郑东新区发掘出土的其他古文化遗址的功能，结合绿化建设成为文物保护的主题公园。

（2）李庄遗址

a. 现状及文物价值

李庄遗址位于郑州市金水区祭城镇李庄村东，东距 107 国道 800m，北距金桥路 100m。该遗址为商代二里岗下层时期的文化遗存。文物保护范围内现为农田。

b. 李庄遗址与郑东新区规划用地关系

李庄遗址位于龙湖地区，其文物保护范围主体部分为规划的市政设施用地，并且与龙湖中、外环路两条城市主干道用地上有重叠。遗址西邻规划的组团级商业中心区。

c. 李庄遗址保护规划方案

规划建议对遗址作进一步考古发掘并核定其保护边界，将遗址东南侧的规划公共绿地与该区保护区用地进行置换，从而在保持原有规划用地结构的同时，实施文物单位的保护；规划的城市公共绿地建设应与文物保护范围内文物的特色相结合，建设以富有古文化特色为主体的城市公共开放空间。

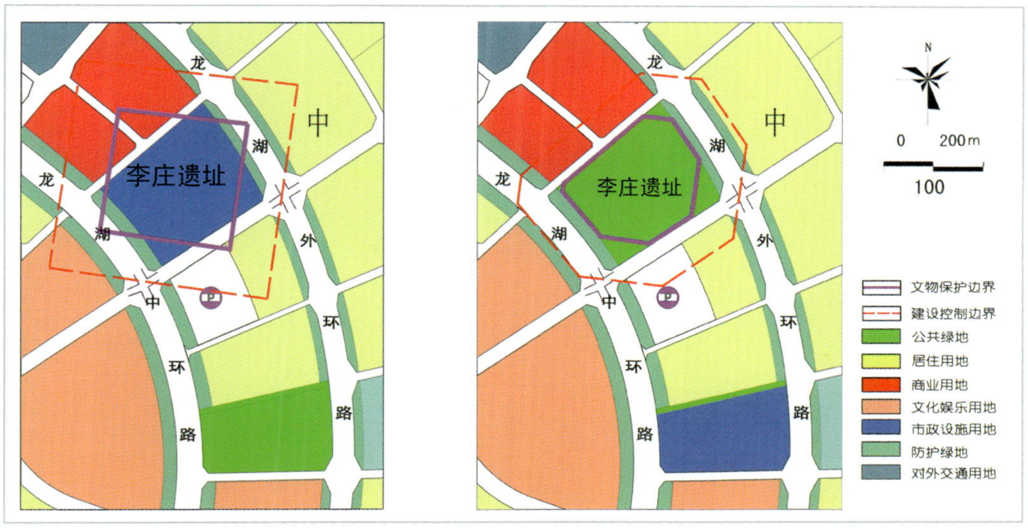

李庄遗址现状介绍

（3）魏庄遗址

a. 现状及文物价值

魏庄遗址位于郑州市金水区祭城镇魏庄村北，弓庄村南。保护范围现为农田及鱼塘。该遗址的文化内涵应包括东周、汉、唐、宋等不同时期的文化遗存。

b. 魏庄遗址与郑东新区规划用地关系

遗址位于龙湖地区的副 CBD 中心区，主体部分位于规划的副 CBD 环道上，保护范围内用地性质为商业和综合用地。

c. 魏庄遗址保护规划方案

规划建议规划绿化带在遗址保护区范围方向向南拓宽 30m，结合城市建设原地保护位于绿化带内的遗址；文物保护范围内其他用地开发建设应遵照“先发掘后建设”的原则；经过考古单位的发掘，如果有重大文物发现，再针对实际情况具体处理。

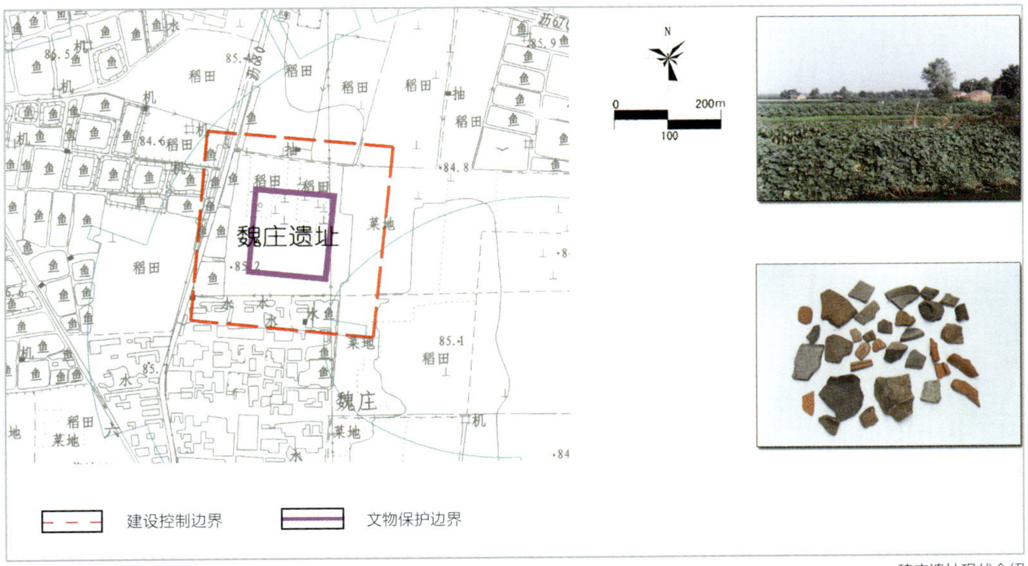

魏庄遗址现状介绍

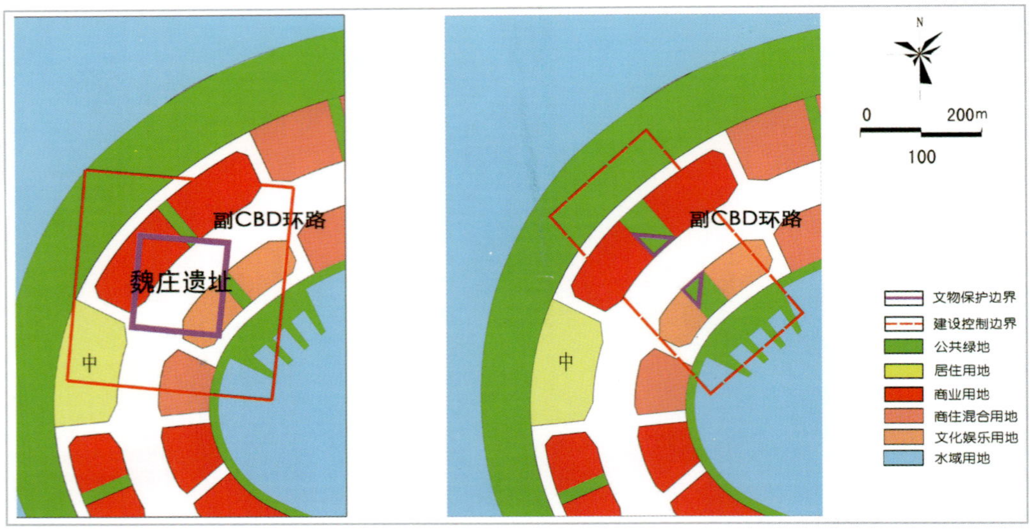

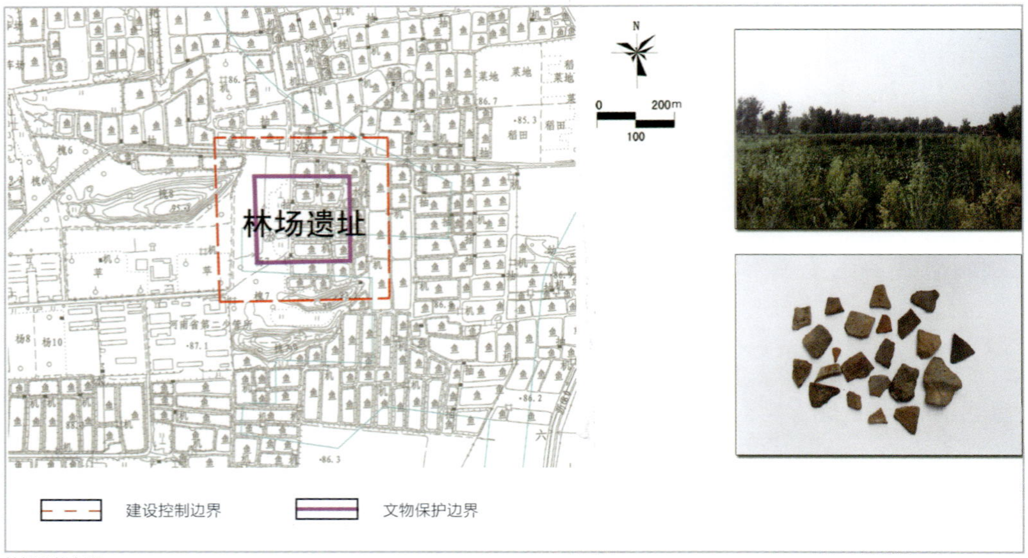

林场现状介绍

（4）林场遗址

a. 现状及文物价值

林场遗址位于郑州市金水区国家森林公园内的东北部，西距 107 国道 1200m，东与魏庄墓葬区相邻，且被林场墓葬叠压。保护范围现状为森林公园。该遗址初步鉴定为战国时代的文化遗存。

b. 林场遗址与郑东新区规划用地关系

林场遗址位于规划的龙湖南区，规划用地性质主要为居住用地；东北侧部分用地位于东西联系的主干路——第一东西横贯道路上。

c. 林场遗址保护规划方案

规划建议对遗址范围进一步勘探考古发掘以核定确切保护范围；取消穿越遗址区的规划南北向支路，将保护范围内的用地性质调整为城市公共绿地；在保证规划结构不变的同时，实施对遗址有效保护，丰富城市公共空间和城市主干道两侧的景观。

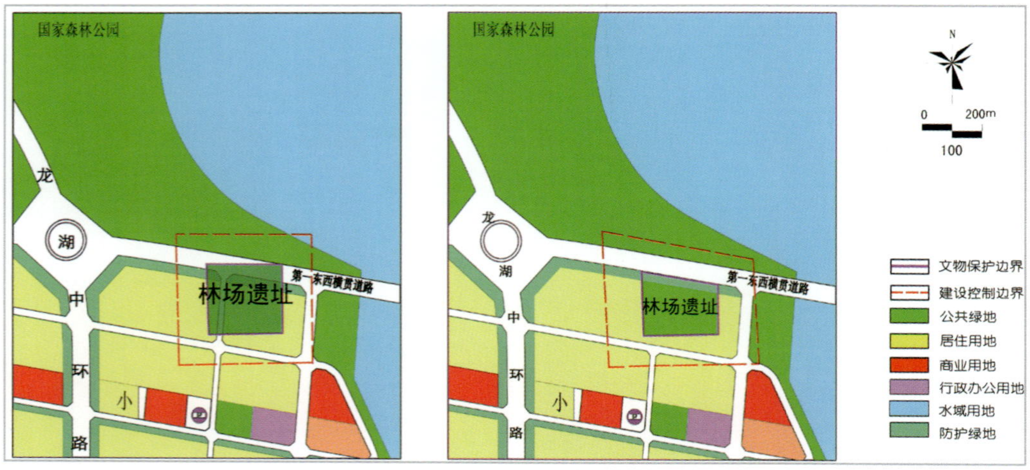

（5）东周故城

a. 现状及文物价值

东周故城位于郑州市金水区祭城乡古城村，北距郑汴路约800m，南距陇海铁路50m。现东城墙及北城墙东段保存基本完好，南城墙多被破坏，西城墙北段和北城墙西段已被新建的东周村叠压。现状村庄已拆迁完成。文物本体初步断定为东周时代的城址遗存。

b. 东周故城与郑东新区规划用地关系

该文物保护范围面积较大，用地性质以居住用地为主。该城址与多条城市道路有交叉，东西联系的主干道与文物保护有较大的冲突，部分城市道路已修建完成。保护范围内的村庄已全部拆迁，位于该区的规划安置小区部分已基本完成。

c. 东周故城保护规划

方案充分尊重建设的现状，尽量减少对该地区规划结构的影响，对文物本体进行较为完整的保护：重点保护城墙和城内的古建筑基址，沿文物本体边缘内外各控制50m的绝对保护区，结合绿化建设展示现存地面的城墙；适当调整原建设控制地带，依照保护规划的控制性指标和要求，将该区建设成具有文化特色的片区；应经过勘探、发掘，保证原规划的城市干道交通的畅通，局部调整城址内部城市道路。

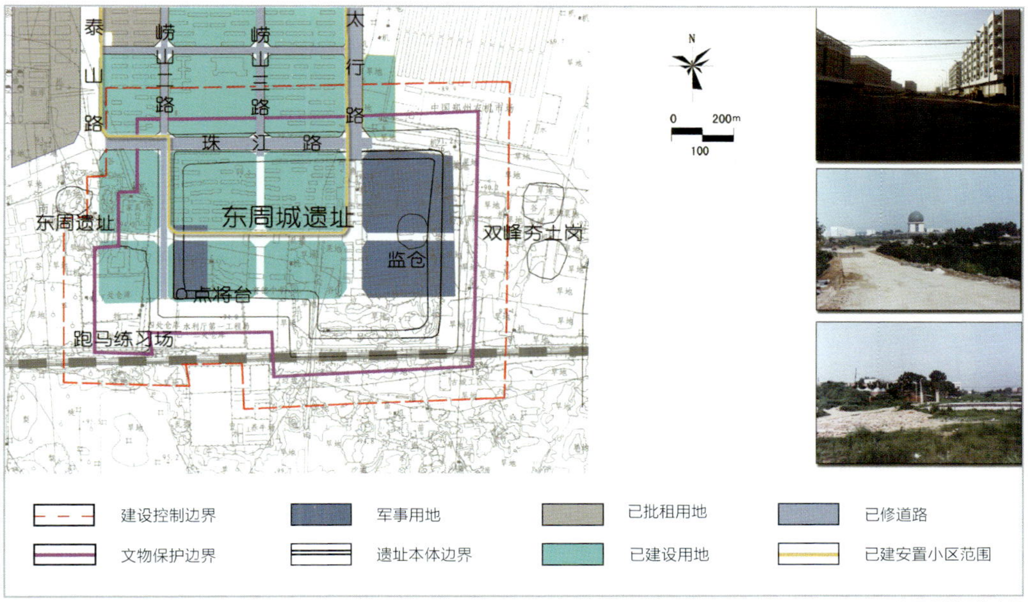

东周故城现状介绍

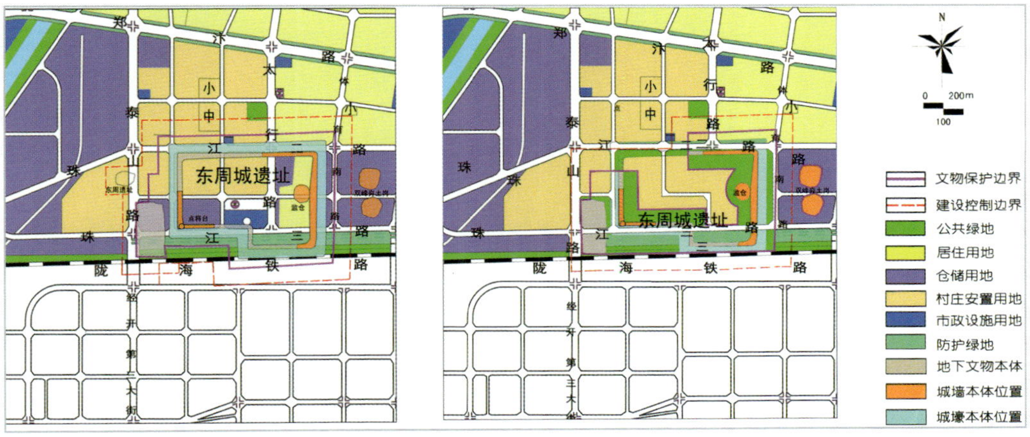

（6）祭伯城址

a. 现状及文物价值

祭伯城位于郑州市金水区祭城镇祭城村，城址平面形状略呈椭圆形。保护范围现状为村庄，规划的东风路、农业路及熊耳河大桥已开始施工，内部用地已被北京同仁医院征用。据有关资料及文献推断祭伯城址属西周时期的文化遗存。

b. 祭伯城址与郑东新区规划用地关系

祭伯城位于龙湖地区东南部，西临农业路，南临熊耳河，东北侧为规划的东风路。在文物保护区内，规划的城市道路呈东北向、西南向贯穿，规划用地性质以医疗卫生用地为主。

c. 祭伯城址保护规划

方案充分尊重建设现状，尽量减少对该地区规划结构及规划管理的影响，对文物本体进行相对完整的保护；局部调整保护范围的用地性质；城墙向外50m，向内30m划作城墙本体的绿化保护带，城墙保护范围与遗址本体之间建设城市公园。内部用地可结合进一步考古发掘，依据保护规划的建设控制指标及要求进行建设；对建设控制地带内的用地建设，实

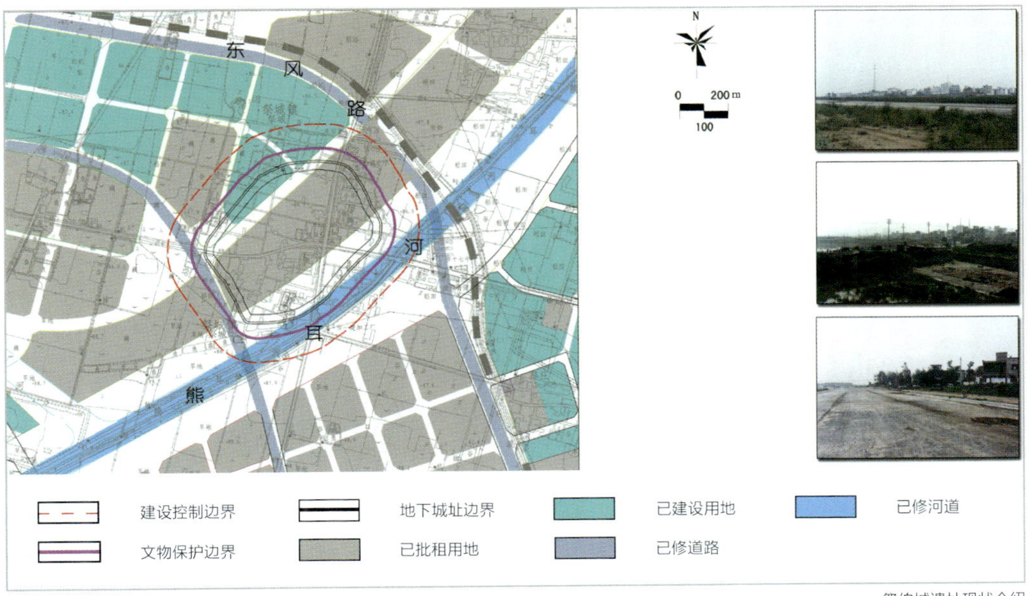

祭伯城遗址现状介绍

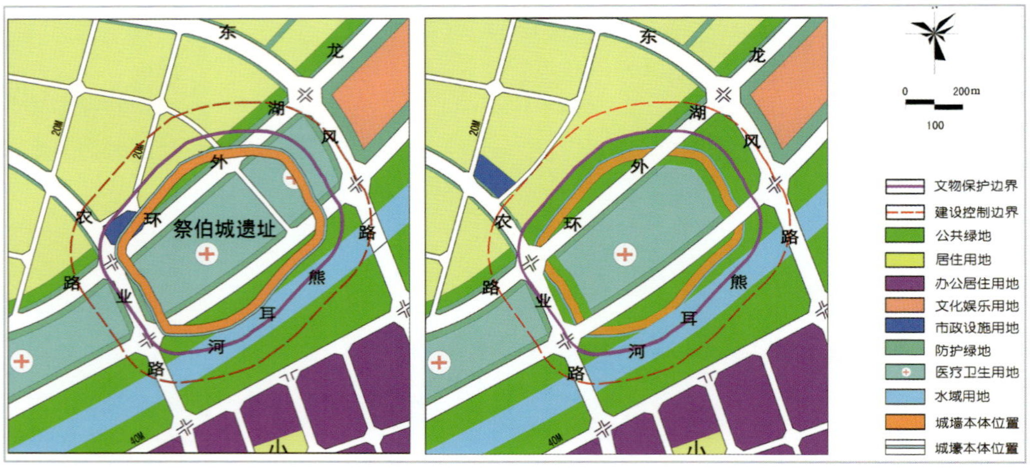

施严格控制；文物保护范围内建（构）筑物建设及道路和市政设施建设时，应与文物考古相关部门充分结合，避免与地下文物发生冲突。

（7）小营点军台

a. 现状及文物价值

小营点军台位于郑州市金水区祭城镇小营村西偏北约 400m 处，西距 107 国道约 500m，南距东风渠约 600m。文物保护范围内没有任何建设，遗址保存较完整。文物本体初步断定为商代的文物遗存。

b. 小营点军台与郑东新区规划用地关系

小营点军台位于规划的龙湖地区，文物本体占地小，规划用地性质为行政办公用地。遗址西邻龙湖中环路，保护范围用地局部位于规划道路上。

c. 小营点军台保护规划方案

规划建议将文物古迹所在的规划行政办公用地和其东侧规划公共绿地进行用地性质调换，并且适当调整各自的用地面积，保证总体规划结构不变；进一步勘探、发掘后准确核定文物保护范围，核实文物本体是否被规划城市道路占压；将文物保护与公共绿地的建设相统一。确定绿地的文化主题，丰富公共绿地的文化氛围和城市主干道两侧的景观。

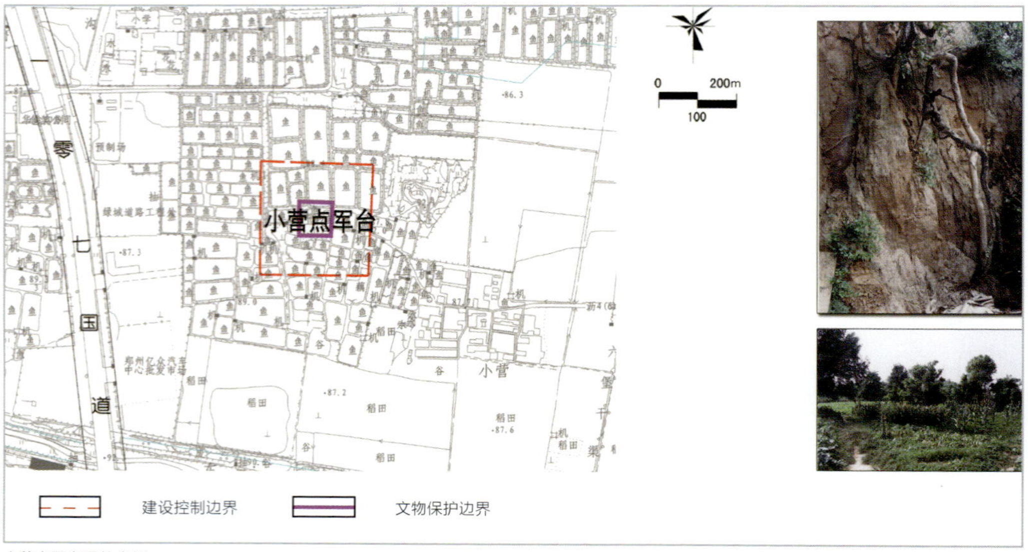

小营点军台现状介绍

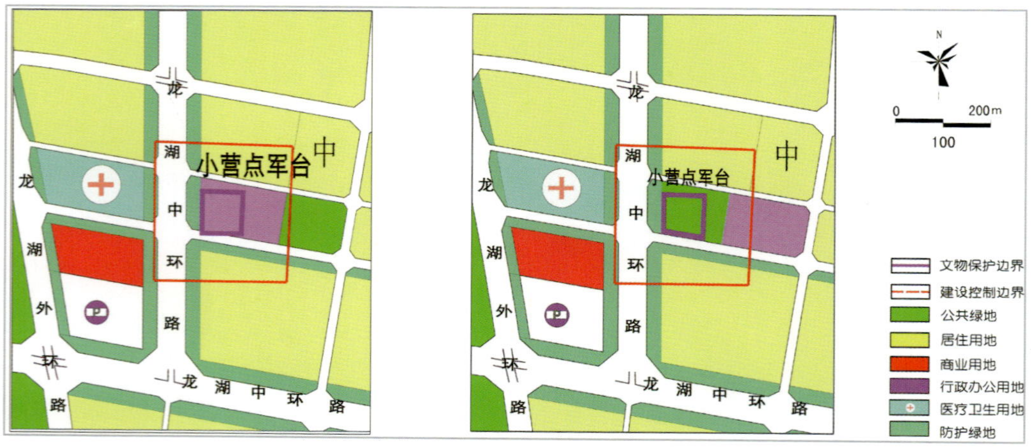

（8）列子故里

a. 现状及文物价值

列子故里位于郑州市管城区圃田乡李南岗村东岗，北距郑汴路 900m，东临 107 辅道，南距森林公园 500m，西距李南岗村 300m。列子故里的发现是对郑州市人文文化的重要补充。其现有近代修建的仿古建筑 3 间，新雕塑的列子像和石碑 2 座。

b. 列子故里与郑东新区规划用地关系

列子故里位于陇海铁路南侧的防护绿化带内，超出本次规划范围。文物保护与用地规划较为协调。

c. 列子故里保护规划方案

规划以列子故里为基础，延续历史文脉，结合郑汴路与 107 辅道交汇的城市重要节点空间以及 107 辅道两侧的带状绿地，建设以列子文化为主题的城市雕塑公园，有利于提高城市品位，增加城市的可识别性。

列子文化公园的建设规划建议通过招标的形式，集思广益，创造富于地域特色的文化精品主题公园。列子文化公园建设应结合列子故里的保护，从文化特色的体现及建筑物的形式风貌等方面一致协调。

4.6 一般文物保护对策

4.6.1 遵照《中华人民共和国文物保护法》规定，必须进行文物勘探与考古发掘，再依据文物的发掘情况进行保护，以保证文物保护与建设开发有序进行。

（1）结合城市绿地，建设文物专题公园和博物馆，对郑东新区发掘出的文物统一管理、集中展示，丰富郑东新区的文化特色。

（2）对于无法恢复的古文化遗址、重要的建筑遗址、都城遗址，采用标志物的方法加以展示，通过简要的文字或图示，将文物古迹的概况、格局进行宣传。对于重大历史事件发生地和重要历史人物活动场所，通过雕塑等手法，增强郑东新区的历史文化氛围和艺术性，丰富城市的文化生活。

4.6.2 规划建设文物保护主题公园

（1）建设“大河村”文化遗址公园

结合郑东新区文物发掘、整理、展出的情况及大河村遗址详细规划建设指标，提出适当的文物展示用地要求。

（2）建设“汉风苑”文化遗址公园

结合位于龙子湖科研区南部规划的城市公园及内部的白佛墓区，规划建设“汉风苑”文物遗址公园，用地面积约 84hm^2。主要将郑东新区规划范围内可搬迁的文物遗存，包括 27 处古墓葬、古建寺庙等，集中于该主题公园，进行陈列、展示。

4.6.3 一般文物保护对策

古遗址类文物经发掘，确认原址的文物保护级别及基本建设的客观实际后，可集中于大河村遗址公园内进行陈列展示。其余古遗存经发掘后，可集中于“汉风苑”文化遗址公园内，进行陈列展示。

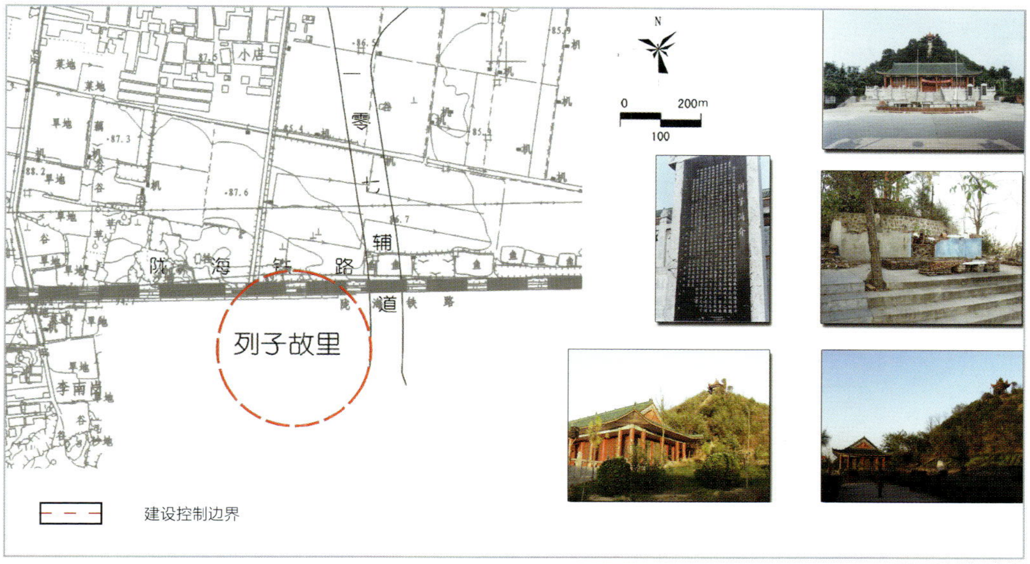

列子故里现状介绍

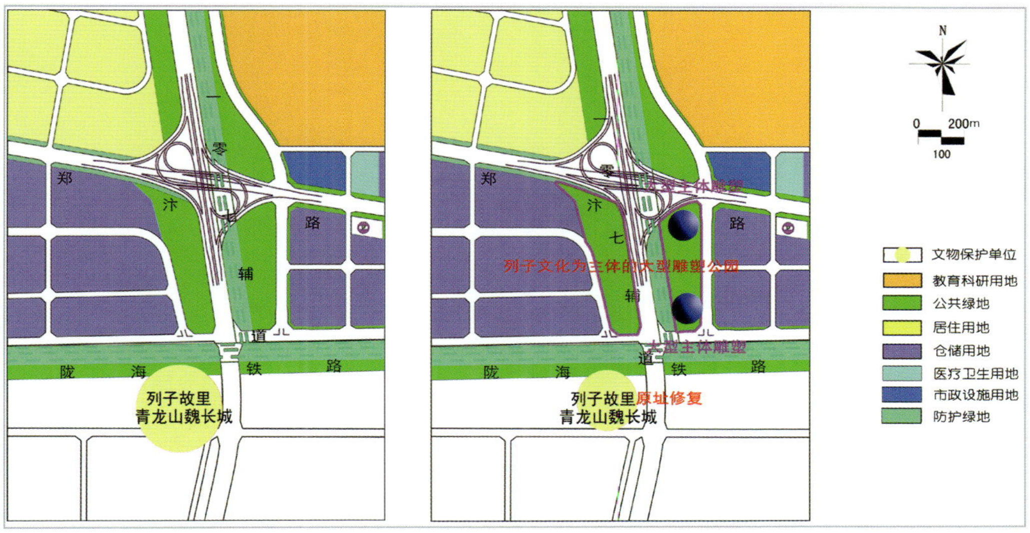

城墙遗址公园建设示例

4.7 保护建设示意

文化主题公园建设示例

博物馆建设示例

展示标志及小品设施示例

6 规划实施措施

6.1 加强勘探

根据《中华人民共和国文物保护法》及相关法律、法规的要求，本着既有利于城市建设、又有利于文物保护的原则，在郑东新区的规划建设中，施工前必须进行文物勘探与考古发掘。

6.2 法制化

完善现有法规，制定《郑东新区文物古迹保护条例》。对各个层次的保护规划要通过一定法律程序予以批准，并制定相应的技术法规，使其具有法律效力，增强规划的权威性。

6.3 深化规划

在文化古迹保护专项规划的基础上，通过控制性详细规划、修建性详细规划和城市设计层层深化，作为规划管理的依据。

6.4 理顺关系

建立健全文物古迹保护管理体制，设立包括领导、有关部门领导、专家和学者在内的保护委员会，作为文物古迹保护的领导、协调、监督机构。

6.5 宣传

组织社会各方面力量，广泛深入地宣传郑东新区历史文化特点，以及文物古迹、古建筑的文化价值和历史地位，增强市民文物古迹保护意识。

6.6 落实资金

依据“五纳入”等政策、法规的要求，广泛筹集文物保护和建设资金，用于文物古迹的勘探、发掘、维护和修复，以及直接与之相关的专项工程的建设。

6.7 恢复利用

有计划地修缮重点文物建筑。对于近期展示利用有困难的古迹、遗址，在设立文物保护标志的同时，要保留其用地，控制周边的建设。文物保护要与展示利用相结合。对有条件开放浏览参观的文物古迹，应做好整治和利用规划，建设成新的旅游景点，以增强郑东新区的文化特色，改善人文投资环境。

6.8 加强文化研究

加强人力物力对继承、发扬文物古迹传统风貌和文化特色的研究。

郑东新区文物古迹保护专项规划专家评审会会议纪要

2004年12月7日上午，郑东新区管委会土地规划局组织召开了“郑东新区文物古迹保护专项规划”专家评审会，河南省建设厅、河南省文物管理局、郑州市城市规划局、郑州市大河村遗址博物馆的专家及郑州市文物管理局、管委会有关负责人员参加了会议，副市长兼管委会主任王庆海出席了会议。本项规划由郑州市规划勘测设计研究院和郑州市文物考古研究所联合完成，由郑州市规划勘测设计研究院进行主要设计和汇报，专家组对《郑东新区文物古迹保护专项规划》成果进行了认真评审，原则通过《郑东新区文物古迹保护专项规划》评审，并提出了一些修改建议。现纪要如下：

一、规划原则和指导思想正确，规划指标体系较先进，规划结构与布局基本合理。

二、规划方案基本满足了文物保护和开发建设的要求，合理地处理了两者之间的关系，较好地体现了“保护为主，抢救第一，合理利用，加强管理”的文物保护原则。

三、规划的城市绿地建设与文物保护范围内文物的特色结合紧密，体现了历史文化时空轴线，构建了以古文化为主体的城市公共开放空间，拉近了古代文明与现代艺术的距离，提升了城市品位。

四、修改建议如下：

1、郑州市作为八大古都之一，历史文化时空轴线的设计应将老城区的商城遗址等文物与新区范围内的文物作为一个整体进行研究，并将文物价值较高的小营点将台纳入到轴线上。

2、文物保护范围规划应与用地规划和建设现状相结合，项目建设应尽量避开重点文物保护范围。在文物保护主题公园和绿地规划中，可以运用雕塑等文化符号体现文化气息。

3、做好列子故里的保护规划和利用，突出历史文化名城形象，发挥历史文化名人效应，增加城市文化底蕴。

4、区别每一处文物的不同情况，分别具体划定文物保护范围和建筑控制地带，提高规划的可操作性。

二○○四年十二月七日

评审会专家名单：

杨焕成：河南省文物管理局原局长、研究员

郭凤春：河南省建设厅城市规划与风景园林处处长

张松林：郑州市文物管理局专家、研究员

李建和：郑州市大河村遗址博物馆馆长 副研究员

张　凯：郑州市规划局总规划师

王广国：郑东新区管委会副主任、博士

王东方：郑东新区土地规划局局长 注册规划师

任　伟：郑州市文物管理局副局长

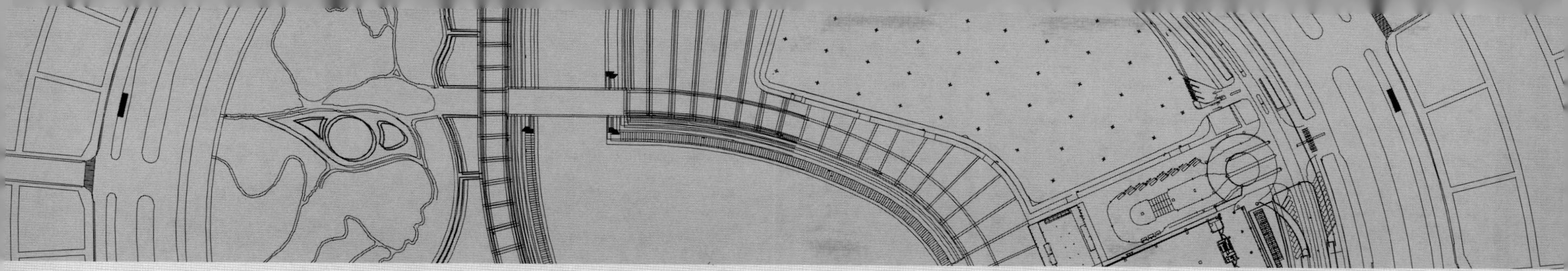

郑州市郑东新区城市绿地系统规划

Green Space System Planning for Zhengdong New District

11

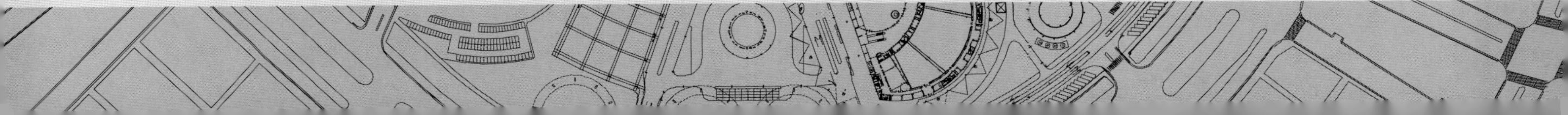

郑州市郑东新区城市绿地系统规划
Green Space System Planning for Zhengdong New District

项目名称：郑州市郑东新区城市绿地系统规划
委托单位：郑州市郑东新区管理委员会土地规划局

编制担单位：北京北林地景园林规划设计院
项目负责人：赵锋
项目组成员：北京北林地景园林规划设计院参编人员
郭竹梅、曾伟、张承明、应欣、易敏、钟继涛
郑州市规划勘测设计研究院
李国梁、何文兵、李伟、姬向华、刘郑旗、
张忠民、倪凯旋

1 城市概况

郑东新区地处河南北中部的黄河中下游，北距黄河7.5km里，西边紧接建城区，约1km即至郑州商城。总面积约143km^2，是郑州市城市规划建设新开发的新区。因历史上自然条件优越，适宜人类生产、生活、居住，古人遗留下来的古文化遗存相当丰实。据史籍记载，郑东新区范围内有十多处古城址，最著名的有祭伯城、东周故城、圃田城、青龙山魏长城等。文物遗存类型有古文化遗址、古城址、古墓葬、古建筑等。时代跨度新石器时代、商代、春秋战国、秦汉、唐宋至明清。其文物价值和开发利用价值极高，是郑东新区珍贵的历史文化财富。

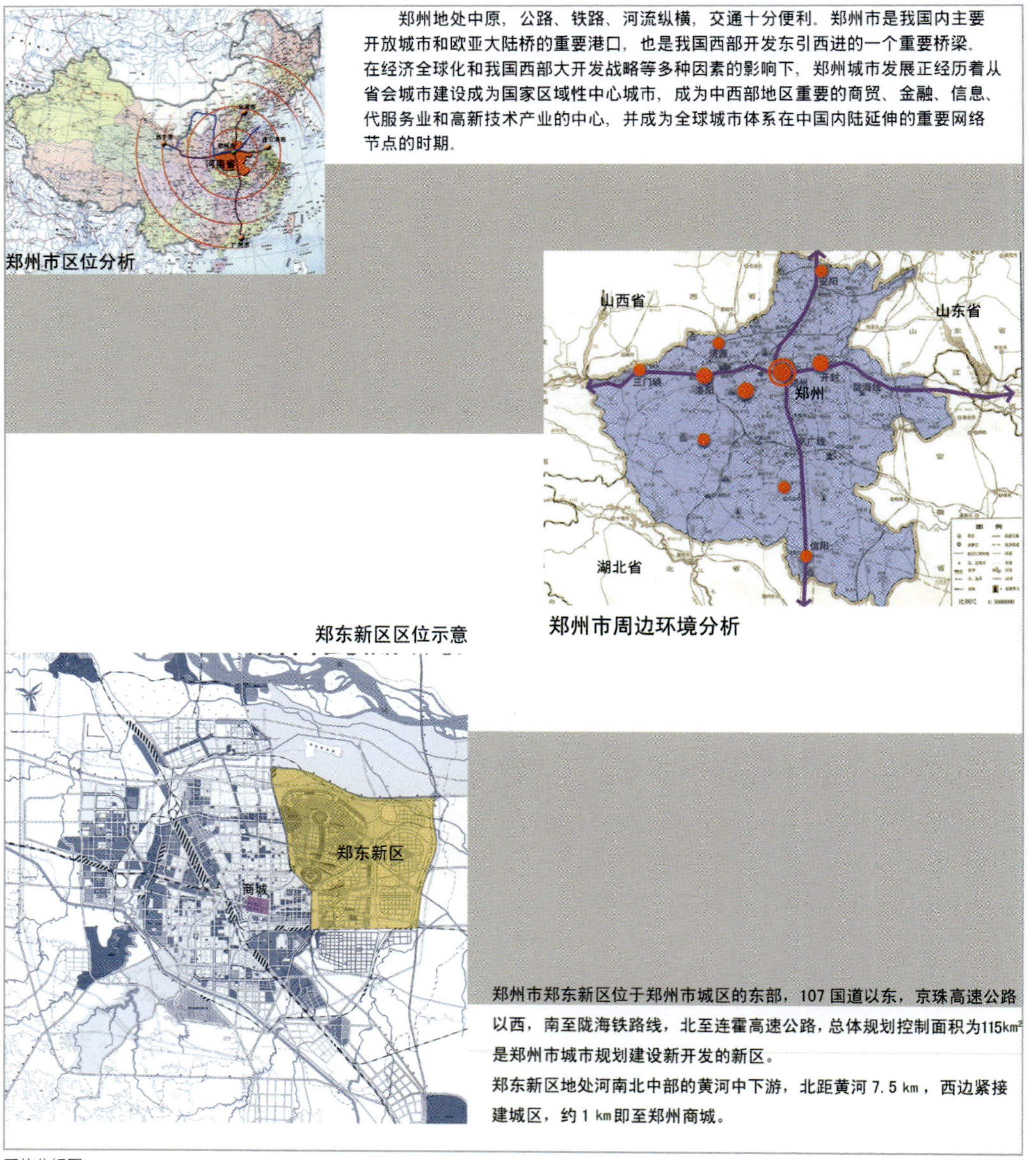

区位分析图

2 城市绿地现状

2.1 现状绿化总体水平

由于郑东新区具有人口基数低，建成区规模小的特点，同时市委、市政府对新区的绿化建设高度重视，使得郑东新区范围内的绿化具有良好的基础，因此导致“三绿”指标显得过高。但是新区绿地结构系统不完整且不科学，今后随着新区的建设和人口的增加，仍需加大各类绿地的建设投入与绿地整合，形成集休闲功能和生态功能于一体的绿地系统。

城市绿化水平与生态环境质量是新区建设的重要内容，是城市建设与生态环境保护的切合点，也是城市可持续发展的先决条件。

2.2 园林植物评价

原生林群落主要分布在呈自然形态的河、渠两侧，但其生态环境的功能较脆弱，随着建设活动的加剧，大有被人工绿化取而代之的趋势。郑东新区绿化状况较好，但存在绿化结构层次单一，未能形成复合稳定的植物群落，致使绿化的生态功能得不到充分的发挥。

2.3 绿化建设的优势与存在问题

2.3.1 绿化建设的优势

郑东新区有独特的自然景观和人文景观资源，绿化建设可利用河道、道路、广场等城市开放空间，构筑绿化景观节点和景观视廊，通过“借水引古”加强新区绿化与自然景观、人文景观上的互动共融。

在生态方面，城市是一个开敞的复合生态系统，其能量和物质不能在系统内部自行完成，而是通过与外界环境的交换，才能实现完全的生态过程，通过道路、河渠、绿色廊道引导，连接城市内部均衡分布的绿色斑块，建立起生态回廊与城市内部绿地的互动共生关系。

2.3.2 绿化存在的问题

（1）公园绿地建设特色不明显，与新区性质、地域文化结合不够，精品工程较少。

（2）新建公园绿地的植物配置结构简单，乔灌草比例不当，乡土树种开发利用不够，造成养护管理费用提高。

（3）园林科研与生产绿地规模及发展不能适应新区绿化建设，植物新种类引种培育及试验工作缺乏。在物种多样性、生态系统多样性与景观多样性方面需要加大力度，进而提高整个绿地系统的生态效益。

（4）城市防护绿地不连贯，不成规模，且树种单一，防护功能很难充分发挥。

（5）周边风景林地建设与管理缺乏科学性和统一性，而且被各类开发建设占用现象较为普遍。

（6）各分区片内的绿地范围变动大，统一性和延续性不够，城建过程中被挤压改性现象较为普遍，影响整体绿地生态系统功能的发挥。

绿地系统规划总图

郑东新区绿化现状图

郑东新区文物古迹现状图

3 规划前期综合分析

3.1 存在的矛盾

综合分析郑东新区的现状基础条件、规划建设成果及城市的发展空间，仍存在如下矛盾：

3.1.1 发展空间大，规划预留空间较少

3.1.2 文物古迹众多，有效保护与利用的很少

3.1.3 亮点设计多，通盘考虑较少

3.1.4 规划力度大，实施效果不理想

3.2 规划对策

3.2.1 对绿地较为缺乏的区域提出地块调整意见；

3.2.2 结合绿地规划通过各种手段加大对文物古迹的保护力度；

3.2.3 划定绿线，增强对绿地的控制和保护力度；

3.2.4 根据城市的功能需求系统地规划绿地的性质、特征。

4 规划范围

北至连霍高速公路，南至陇海铁路，西起中州大道，东至京珠高速公路，为郑东新区沿陇海铁路以北的区域，总面积约 114.4km^2。

5 规划期限

5.1 近期：

2004 年 ~2010 年，城市建设用地约 70.2km^2。

5.2 远期：

2010 年 ~2015 年，城市建设用地约 114.4km^2。

6 规划原则

6.1 生态性原则

绿地系统规划中应坚持生态优先的原则，从区域、全市整体生态角度出发，通过合理、科学的绿地布局和绿地建设改善城市环境建设。

6.2 共生性原则

共生的原则是社会多元发展的必然结果。通过人与自然、自然与城市、郑东新区与旧城区、国际化与传统的延续等多方面的共生实现人、动物、自然、城市的和谐发展。

6.3 文化性原则

郑东新区历史文化与现代文化的撞击颇为强烈。规划应体现园林绿地的文化特征，提高园林绿地的文化品位，创建郑州市的“人文绿洲”。

7 规划目标

7.1 近期目标

搭建由生态回廊及河网形成的绿地构架，合理安排城市各类绿地，使郑州市能够早日步入国家级园林城市的行列，并为实现水域靓城的目标奠定坚实的环境基础。

7.2 远期目标

完善绿地结构，健全绿地功能，提升城市的景观形象，形成中原地区最有影响力的绿树成荫、碧波荡漾、自然与城市共生的水域靓城。带动老城区的绿地建设，共同重塑“绿城”形象。

六 环

绿 廊

六 心

绿 点

城市绿地结构规划图

6.4 超前性原则

6.5 均好性原则

“环形城市”的规划概念表明郑东新区在追求城市的高效、均好。

6.6 可操作性原则

6.7 协调性原则

郑东新区城市绿地规划指标一览表

序号	类别代码	类别名称	面 积（hm^2）	绿地率（%）（占城市建设用地比例）	人均面积（m^2/人）
1	G1	公园绿地	1649.51	15.83	14.60
2	G2	生产绿地	208.10		
3	G3	防护绿地	1350.66	12.96	
	公园、防护绿地小计		3000.17	28.80	
4	G4	附属绿地	2173.70	20.86	
	附属绿地		5173.87	49.66	45.79

注：1. 114.4km^2 规划区内城市建设用地面积为 104.05km^2，河流水系等水域不属于城市建设用地（公园绿地内部的水面除外）；

2. 根据《郑东新区总体发展概念规划》，郑东新区城市建设用地总面积为 143km^2，规划总人口为 141 万人。由此推测 114.4km^2 规划人口为 113 万人；

3. 郑州市、郑东新区的生产绿地位于规划城市建设用地范围之外，故不参与城市用地平衡。

8 绿地结构规划

城市的绿地结构规划是对城市绿地系统把握的关键之举，一方面，从宏观上把握绿地的整体结构是保护城市自然生态环境的有力保障，合理、高效的结构是绿地生态功能能否充分发挥的关键所在。另一方面城市绿地结构有助于城市结构布局的实现，是限制城市无序扩展的有效手段。同时合理的城市绿地结构也是为城市居民提供多层次的游憩空间并实现均好、易达的绿地布局的重要保证。

以绿环围绕、绿线穿插、绿点均布为布局特色，形成“六环相生、绿廊相连、六心镶嵌、多点均布”的绿地结构，实现“碧水与长天一色、自然与城市共生”的景观形象。

六环相生：围绕起步区、拓展北区、拓展南区、龙子湖北区、龙子湖中心区、龙子湖南区六个区由滨河公园、防护林带等形成的六个生态回廊。这六个生态回廊环环相扣，形成每个区外围的生态屏障。也构成环形城市理念的环境支撑之一。

绿廊相连：绿廊是由带状公园和带状防护绿地共同构成的生态廊道。众多的河流穿城而过是中原文化的一大特征，河网相连的特点也是形成“水域靓城”最重要的景观支撑，因此滨河带状公园、从龙湖向外放射的带状公园形成郑东新区最具特色的绿廊；沿主要道路的防护绿地是绿廊的另一构成要素。

六心镶嵌：由龙湖及周边绿地、CBD 中央公园、龙子湖公园、拓展区公园、科研区公园、东周城遗址公园共同构成的六个生态核心。

多点均布：由众多块状的街旁绿地、社区公园共同构成的生态节点。

9 规划指标

水面在郑东新区中占了较大的比重，它对于改善郑东新区的城市生态环境以及城市景观方面有着举足轻重的作用。广义角度理解的城市绿地还包括城市规划区内的农田、林地、水系、湿地、风景名胜区、自然保护区、森林公园、绿化隔离地区、水源保护地、各类防护林带等（《城市绿地分类标准》）。因此，当把水面作为广义绿地的范畴考虑时，郑东新区的绿地率能够达到 54.2%（按照规划面积 114.4km^2 计算），人均绿地面积将达到 54.8m^2。

郑东新区与郑州市主城区绿地规划指标比较表

类别代码	类别名称	郑东新区（2015）			郑州市主城区（2010）		
		面 积（hm^2）	绿地率（%）（占城市建设用地比例）	人均面积（m^2/人）	面 积（hm^2）	绿地率（%）（占城市建设用地比例）	人均面积（m^2/人）
G1	公园绿地	1649.51		14.59	2526.94		10.99
G3	防护绿地	1350.66			1309.85		
小计		3000.17			4336.79		
G4	附属绿地	2173.70			6159.80		
合计		5173.87	49.66	45.79	10496.59	39.32	45.64

注：郑州市主城区 2010 年城市规划建设用地面积为 254.2km^2，规划人口 230 万人。

10 公园绿地规划

10.1 规划原则

共生性原则——体现新区与老城区的共生、自然与城市的共生、经济与文化的共生以及人与其他生物的共生。

人本性原则——倡导“以人文本”的规划理念，满足城市居民对城市公园绿地的需求，充分体现对人的关怀。

分级配套原则——依据服务范围和对象的不同，规划不同规模、性质和服务半径的城市公园绿地。

均好性原则——公园绿地在城市中的分布比较均衡，使城市居民能够方便、快捷地到达，这也是贯彻人本性原则的一个具体体现。

10.2 公园绿地服务半径的确定

郑东新区的公园主要以服务于本区的居民和流动人口为主，确定区域性综合公园服务半径为 1500m，以保证居民对综合游憩活动场所的享有。

从方便居民使用的角度衡量，延续郑州市老城区居民出行 500m 见绿地的规划策略，以 500m 服务半径衡量各类公园绿地的分布，保证居民对公园绿地的便捷使用。

10.3 公园绿地体系的结构布局

10.3.1 公园绿地体系的构成

综合公园：突出其规模效应和综合服务特性。

专类公园：突出规模效应和内容的独特性。

带状公园：以滨水带状公园为主，结合其它带状公园，形成郑东新区最主要的公园和景观特征之一。

社区公园和街旁绿地：突出公园绿地均衡分布的基本要求。

10.3.2 公园绿地体系的结构布局特征

利用郑东新区河网交错的特征，结合“水域靓城”的城市景观定位，规划建设多条滨河带状公园和放射状通向湖区的带状公园，利用线性空间边界相对较长的特点，拉近人与自然空间的距离。

根据郑东新区居住用地集中布局且比例较高的特点，规划了较多的社区公园。突出郑东新区小型公园亲切宜人、便于交往的特征。

10.4 公园绿地规划指标

远期 2015 年：公园绿地总面积 1704.69hm^2，人均公园绿地面积 15.09m^2。

到 2015 年，规划建设公园绿地 132 个。其中综合公园 5 个、专类公园 7 个、带状公园 63 个、街旁绿地 33 个、社区公园 24 个，并要求在居住小区中配套建设相应规模的小区游园。

11 生产绿地规划

生产绿地是指专为城市绿化建设服务的生产科研基地：包括苗圃、草圃、药圃以及园林部门所属的果园与各种林地。由于生产绿地担负着城市绿化工程供应苗木、草坪及花卉植物等方面的任务，因此，一个城市生产绿地的建设质量，会直接影响该城市的园林绿化建设进度和绿化效果。

依据国家建设部《城市绿化规划建设指标的规定》（城建 [1993]784 号文件）的要求，城市生产绿地的面积应占城市建成区面积的 2% 以上。郑东新区城市建设用地为 104.05km^2，按照这项规定，郑东新区生产绿地面积应为 208.1hm^2 以上。

由于郑东新区的城市建设用地比较紧张，此次规划中不在规划范围内安排生产绿地。郑东新区作为郑州市的一个重要组成部分，它的生产绿地规划可以纳入到整个郑州市生产绿地规划之中。因此，在郑州市城市绿地系统规划中对原有生产绿地的面积应当有所增加，一方面扩大原有生产绿地的面积，另一方面还可以开辟新的生产绿地，保证生产绿地面积与城市建设用地的比例关系，以弥补郑东新区缺乏生产绿地的不足。

12 防护绿地体系规划

12.1 生态防护绿地规划

依据郑东新区的具体情况，对生态防护绿地作如下规划：

中州大道东侧设宽度不低于 50m 的生态防护绿地；

沿东三环西侧设宽度为 100m 的道路防护绿地；东三环东侧的生态防护绿地与高压走廊防护绿地并置；

东四环与京珠高速路之间、连霍高速路与新龙路之间设为生态防护绿地（其中东四环与京珠高速路之间包含部分高压走廊防护绿地）；

沿龙湖内环、设宽度不低于 30m 的道路防护绿地；

沿龙湖外环、郑汴路设宽度不低于 20m 的道路防护绿地；

沿安置外环内侧、科研外环内侧、泰山路、太行路形成不低于 10m 宽的防护绿地；

沿贾鲁河西部支流两侧设不低于 50m 的河流防护绿地；

在医疗卫生用地、有污染的市政设施用地与其他用地之间设宽度不低于 20m 的卫生防护绿地。

12.2 高压走廊防护绿地规划

高压走廊防护绿地指建立在城市高压走廊两侧的防护性绿地。220kV、110kV、35kV 高压走廊防护绿地宽度应在高压走廊宽度的基础上两侧各向外分别放出不小于 30m，20m、10m。高压走廊的绿化树种应以小乔木、灌木为主，并对其高度实行限制。

规划沿东三环东侧、珠江三路南侧、新龙路侧的城市高压走廊两侧设不低于 80m 宽的高压走廊防护绿地；

规划沿衡山路东侧和东四环东侧的城市高压走廊两侧设 40m 宽的高压走廊防护绿地。

12.3 防护绿地种植结构的要求

防护绿地要达到应有的防护效果，绿量的保证是必需的，同时还需要一个合理的种植结构。结合城市用地的实际情况，应根据防护绿地防护功能的不同，选用相应的树种，来设计合乎防护功能的植物群落结构。

城市街道的降噪种植结构形式，选用隔音效果好、有季相变化的常绿与落叶植物进行搭配，在满足防护功能的基础上，兼顾城市的景观效果。根据国内外若干实地测试结果，以枝叶浓密的乔灌草组成复层混交的植物群落（绿幕）最为有效，10m 宽的绿幕可使噪音降低 15~20 分贝。

城市外环路、高速路、铁路防护绿地可选择通透式、半通透式和密闭式的植物群落结构。

13 附属绿地规划

附属绿地是指城市建设用地中绿地（G 类）之外各类用地中的附属绿化用地。包括居住用地、公共设施用地、工业用地、仓储用地、对外交通用地、道路广场用地、市政设施用地和特殊用地中的绿地。

13.1 居住绿地规划

除了对绿地率的整体控制之外，根据《城市居住区规划设计规范》，组团级游园不少于 0.5m^2/ 人。小区级和居住区级游园在本规划中已划入社区公园。

居住绿地规划指标

用地类别	绿地率（%）
居住用地	≥ 35
安置用地	≥ 30
中小学	≥ 40

以上提出的绿地率指标是对绿地在用地方面的控制，此外，居住区应结合整体环境效果加强立体绿化增加居住区的绿量。如在配套设施建筑、围墙、建筑山墙等处种植攀援植物，局部建筑顶部建屋顶花园等。

13.2 单位附属绿地规划

附属绿地规划指标

用 地 类 别	绿地率（%）
行政办公用地	≥ 35
商业金融业用地	≥ 30
文化娱乐用地	≥ 30
商住混合用地	≥ 35
办公居住混合用地	≥ 35
医疗卫生用地	≥ 40
教育、科研用地	≥ 40
其他公共设施用地	≥ 35
体育用地	≥ 35
市政公用设施用地	≥ 25
物流仓储用地	≥ 25
对外交通用地	≥ 25
铁路用地	≥ 25
特殊用地	≥ 30

此外，应结合各类用地的功能要求和整体环境效果加强垂直绿化和屋顶绿化。

13.3 道路附属绿地规划

道路是城市的动脉，也是城市中的景观走廊。郑东新区的道路特征是：路网相对较密，尺度人性化；环状结合放射；道路等级分明。

13.1.1 道路绿地规划特色

（1）保证道路绿地的绿量，以城市道路为构架，形成流淌在城市中的绿色网络。

（2）形成整个郑东新区的道路绿化由外向内由自然式大尺度向人性化尺度过渡的特征，每一个结构簇团外围的道路绿地以简洁、大气、大绿量的植物种植为主，簇团内部突出人性化的景观特征。

（3）突出道路景观的连续性和序列性。根据道路的不同特征，道路绿地的布置应利用不同的植物品种或不同的植物布置方式形成特色。

（4）道路绿地应结合道路两旁的带状公园和街旁绿地、防护绿地一同考虑其景观效果。

（5）强调道路景观的个性化塑造，增强空间的可识别性。

13.4 城市道路绿地率指标的确定

郑东新区的道路主要分为快速路、主干路、次干路、支路。对道路绿地率规定如下：

城市道路绿地率指标

道路类别	绿地率（%）
快速路	≥ 30
主干路	≥ 30
次干路	≥ 25
支路	≥ 20

13.5道路绿化的规划控制

道路绿地应与道路两侧的带状公园或道路防护绿地结合考虑，统一设计，形成植物景观特色。

14 减灾、避灾绿地体系规划

14.1 城市减灾、避灾绿地体系的作用

减灾、避灾绿地体系规划主要是针对自然灾害（如地震）及自然灾害引发的二次灾害，如火灾、水灾等，以城市绿地为主要载体，结合城市道路、广场等，建立一套较为完整的城市避灾、减灾绿地体系。郑东新区属于地震设防烈度7度（重点建筑按8度标准设计）地区，地震危害较为严重，加之人口稠密，因此，建立完善的城市减灾、避灾体系是非常重要的。

14.2 减灾、避灾绿地体系的规划布置

城市减灾、避灾体系是由城市绿地与城市道路、广场、文教设施、体育场馆等共同构成的，城市减灾、避灾绿地体系是城市减灾、避灾体系的一个组成部分，它的规划是结合各类用地的性质及其功能统筹考虑的结果。

城市减灾避灾绿地体系由紧急避灾据点、救灾据点、救灾通道和避灾通道共同构成。

14.2.1 紧急避灾据点

根据郑东新区的实际情况，规划紧急避灾据点71处。

14.2.2 救灾据点

本规划根据城市中的居住用地、公共设施用地的布局及城市人口的分布状况划定郑州森林公园、CBD中央公园、大河村遗址公园等24处公园绿地规划为救灾据点。

14.2.3 救灾通道

救灾通道是灾害发生时城市与外界的交通联系，也是城市自身救灾的主要路线。城市救灾通道的规划布置，是城市防灾规划与城市道路交通规划的内容之一。为了保证灾害发生时城市与外界的交通联系，规划以过境公路、国道及城市主干道为救灾通道。这些道路在其道路红线两侧，应规划宽度在15m以上的绿化带。这些绿化带对保证发生灾害时道路的通畅具有重要意义。道路两侧应严格控制建设用地的建筑红线。绿地必须按规划严格控制，不容许任何单位和个人侵占。

14.2.4 避灾通道

避灾通道是利用城市次干道及支路将居民单元、工作单元与紧急避灾据点、救灾据点连成网络，形成避灾体系。为保证城市居民的避灾与城市自身救灾和对外联系等不发生冲突，避灾通道应尽量不占用城市主干道。为保证灾害发生后道路的通畅，沿路的建筑应后退道路红线5~10m，高层建筑后退红线的距离还应加大，以保证通道的安全性和避灾据点的可达性。

规划区中的主要道路除了作为救灾通道的道路之外，其他道路均规划为避灾通道。

15 外围环境控制规划

城市周围建设用地范围之外的区域构成了城市的外围环境，由农田、林地、河滩地、湿地等绿色空间共同构成，它们是城市的绿色屏障，可保持城市良好的生态环境，还能够控制城市的无序发展，为城市的进一步发展留有一定的绿色空间。同时对于创造城市景观、丰富居民的户外休闲活动以及生物多样性保护等方面也发挥着积极的作用，因此城市外围环境的控制对于整个城市的建设与发展有十分重要的意义。

在2002年编制的《郑州市城市绿地系统规划》中，依据城市总体规划确定的“多中心、组团式”城市布局，以“绿环围绕、绿线穿插、绿点均布”为布局特色，形成了“一环四楔、两渠四链、十路二线”的绿地结构。郑东新区的绿地作为郑州市整个生态体系的一部分，对新区外围环境的控制规划也是对郑州市城市绿地结构总体布局的继承和实现。

15.1 郑东新区与老城区之间的衔接

郑东新区作为郑州市的一个重要组成部分，与老城区保持着相互依存的共生关系，因此郑东新区城市绿地系统规划必须与其周边其他组团和区域统筹考虑，处理好它们之间的衔接关系。

15.1.1 中州大道作为郑州市老城区与郑东新区的分界线，对于衔接新区与老城区起着至关重要的作用。它由过境国道改变为穿越城市的，集交通、景观、文化等功能为一体的综合道路，规划以道路两侧绿地为依托引进自然，重建生态廊道，从而取得适应未来城市发展的良性空间格局，使新旧城区之间更加协调地联系在一起。

15.1.2 东风渠、熊耳河、七里河、金水河、贾鲁河、连霍高速路、郑汴路、金水路、陇海铁路等作为郑州城市绿地结构——“两渠四链、十路二线”的组成部分，规划通过对这些水系沿岸以及道路两侧的绿地建设，进一步加强郑东新区与老城区之间的联系。

15.1.3 根据《郑东新区总体发展概念规划》中对“郑州市城市总体规划”的修正，提出在金水河和熊耳河之间规划一条连接旧城区CBD和郑东新区CBD的城市中心轴线。本规划中着力加强了这条重要的城市中心轴线的环境建设，利用贯穿两区的金水河、熊耳河河道以及带状公园、生态防护绿地等共同构成向整个城市输入自然元素的绿色廊道。

15.2 对高科技工业组团的控制建议

郑东新区以南的高科技工业组团位于两条铁路之间向东南延伸的V字形区域内，工业地区沿铁路线性发展，V字形区域的中间部分规划为缓冲绿地。利用高科技企业一般对环境都有较高的要求的这一特点，提高缓冲绿地的绿量，进一步提高高科技工业组团内部的环境质量，构成郑州市绿地结构——“一环四楔”中东南部一楔的重要组成部分，成为郑东新区南部环境优美的后花园。

15.3 外围农业用地的保护与控制

郑东新区东部大量的农业用地对于维持郑东新区乃至整个郑州市良好的生态环境有着十分重要的作用，应当加大对现有农业用地的保护力度，使其构成郑州市外围“绿环”的重要组成部分，成为郑州市东部一道天然的绿色屏障。

15.3.1 严格控制农业用地内的建设项目，防止盲目占地，破坏环境。

15.3.2 对农民现有耕地中的作物品种进行改良，发展有机农业、观光农业、生态农业，逐步限制各类农药、化肥的使用。

15.3.3 对农业用地内的村庄进行规划控制。

15.3.4 需规划一定宽度的林带以便于生物物种的迁徙与流动，在有条件的地方还可以设置一定面积的天然植被斑块。

15.4 加强外围道路景观防护林带和田间林网的建设和保护

外围道路景观防护林带和田间林网是由市区向乡野辐射的连续动态的景观绿色廊道。应当在加强建设力度的基础上，保持它们的连续性和完整性，使其充分发挥它们应有的生态作用。

15.5 外围滩涂、湿地的保护

郑东新区北部多条河流及大片的滩涂、湿地是体现郑州地区生物多样性、改善郑州地区生态环境的重要场所。应加以严格的保护。

15.5.1 编制《湿地保护规划》，划定湿地保护范围；

15.5.2 防止滥垦土地，破坏湿地，保护湿地的自然特征和生境特征；

15.5.3 在保护区内封滩育林，封滩育草，增加野生植被面积和覆盖率，最大限度地保护湿地生态环境，吸引更多的水禽落户黄河湿地，为鸟类栖息、迁飞过境提供条件；

15.5.4 局部区域开辟为湿地生态游览和科普园区，设生态型游览服务设施，但要防止过度的人为侵入对环境形成破坏；

15.5.5 尽快制订湿地保护地方法规。

16 树种规划

16.1 树种规划的原则

16.1.1 适地适树，针对郑东新区地下水位较高、盐碱化比较严重、土壤有机质缺乏、土壤层次紊乱、侵入体多、物理性质不良等特征，结合当地气候特征，选择适应性强的树种。

16.1.2 坚持生物多样性原则，以乔木为主、构建城市绿色构架，并采用乔灌花草相结合的群落式种植方式尽可能地增加城市绿量，提高生态效益。

16.1.3 根据不同的立地条件和功能需求选择植物。

16.1.4 近期效果与远期效果相结合，速生树种与慢生树种相结合。

16.1.5 以落叶树为主，根据不同的景观和功能效果注意常绿树与阔叶树的搭配比例。

16.2 基调树种的选择

基调树种一般由市树和地区最优秀的树种构成。种类不宜多，但数量较多，常为标志城市绿化面貌的代表树种。根据郑东新区的特点，将以下树种确定为郑东新区的基调树种：

针叶常绿树种：雪松

阔叶常绿树种：大叶女贞

阔叶落叶、遮荫树种：悬铃木、国槐

阔叶落叶、观花、观果、遮荫树种：复羽叶栾树

16.3 建议试验引进新优品种推荐

灌木：十大功劳、阔叶十大功劳、龟甲冬青、洒金东瀛珊瑚、八角金盘、金丝桃、金丝梅等

藤本：络石等

地被：沿阶草、吉祥草等

16.4 城市种植特色的规划设想

16.4.1 突出黄河流域中原城市的种植特色，风格大气、恢宏，植物整体感强。

16.4.2 通过大量滨水植物的运用体现"水域靓城"的景观特征。

16.4.3 增加浆果类植物的运用，为动物的栖留提供条件，实现人与生物的共生。

16.4.4 种植特色呼应于郑州四季分明的自然气候特征，突出春意春花、夏花夏荫、秋色秋实、冬枝冬态的景观特色。

16.4.5 对城市环形道路、主要干道统一树种形成较为整体的植物景观印象，其他道路采用体现不同季相变化的植物。

16.4.6 种植比例总体要求：

绿地中乔灌木覆盖面积不得低于绿地总面积的70%；

常绿树与落叶树的植株数量比值规划为 1:2；

速生与慢生树种的比例为 1:1。

17 生物多样性保护与建设规划

城市生物多样性是城市环境的重要组成部分，更是城市环境、经济可持续发展的资源保障。在高速城市化发展的过程之中人为活动的严重影响下，城市的生物多样性普遍遭到较大的破坏，因此，在郑东新区的城市建设过程中，生物多样性的保护和完善工作对城市生态环境质量起着决定性的作用。

郑东新区城市生物多样性的规划对策

通过对郑州市区、规划市区乃至郑州市域城市景观格局的规划控制改善大环境的生态环境质量，提高城市生态系统的稳定性。

在城市绿地布局中通过绿色廊道的合理贯通为动物的生存、迁徙提供通道。

在植物规划中注重木本植物与草本植物的种植比例，以木本植物为主。

在小环境较好的区域培育、种植敏感植物种类。利用多种手段敦促城市环境质量的改善。

在市区绿地规划建设中注重绿地类型的多样化、生物生存空间的多样化，植物品种的多样化。

18 近期建设规划

18.1 近期规划原则

18.1.1 生态性原则

优先搭建生态构架，从大环境入手。

18.1.2 游憩性原则

参考近期城市建设发展区，满足居民休憩活动需求。

18.1.3 协调性原则

在综合考虑生态、游憩、景观方面需求的前提下，建设体现郑东新区城市景观特点的绿地。

18.1.4 经济性原则

在满足环境需求的同时，考虑政府的经济承受能力。

18.2 近期规划期限

近期规划期限至 2010 年。

18.3 近期规划绿地指标

18.4 近期规划内容

18.4.1 公园绿地规划

随着城市建设的发展建设所有的滨河公园，搭建"水域靓城"的水景构架。

先期建设起步区、拓展区的公园和龙子湖综合公园。

18.4.2 防护绿地规划

沿快速路、城市主干道的道路防护绿地，尤其是起步区和拓展区的道路防护绿地，主要有中州大道、龙湖中环路的局部、龙湖外环路的局部、第一东西横贯道路的局部、东三环、郑汴路的东三环以西部分、泰山路、太行路、第一城市中心轴线道路的局部、黄山路以东、河东路等。

东三环东侧的高压走廊防护绿地；

起步区、拓展区的其他生态防护绿地。

郑东新区近期城市绿地规划指标一览表

序号	类别代码	类别名称	面积（hm^2）	绿地率（%）（占城市建设用地比例）	人均面积（m^2/人）
1	G1	公园绿地	1101.71	15.69	12.41
3	G3	防护绿地	508.51	7.24	
	小计		1610.22	22.94	
4	G4	附属绿地	1712.01	24.39	
	合计		3322.22	47.33	37.41

注：1. 根据《郑东新区总体发展概念规划》中分期规划的用地和人口规模推测，此次规划的 114.4km^2 范围内，近期规划人口为 88.8 万人，城市建设用地面积为 70.2km^2；

2. 郑州市、郑东新区的生产绿地位于规划城市建设用地范围之外，故不参与城市用地平衡；

3. 绿地不包含水面面积（公园绿地内部的水面计入绿地面积）。

19 保证规划实施的措施和建议

为实现郑东新区绿化发展规划目标，切实把新区建设成生态环境良好、文化内涵丰富、景观空间宜人、适合于居住的城市，根据其建设特点，提出以下的建议和措施，加强规划的实施和可操作性。

19.1依法治绿

19.1.1 制定和补充相应的地方性法规和条例，用法制手段保证规划绿地不被任意侵占，按规划进行保护与建设。

19.1.2 建立严格的城市绿化奖惩机制。

19.1.3 明确园林执法地位，积极地与其他相关部门沟通与联系，加强各部门综合行政执法力度。

19.2 建立“绿线”管制制度

19.3 建立多元化、稳定的绿地建设投资体系

19.4 理顺城市绿化管理体制，建立高效协调的综合管理机构

19.5 提高园林绿地建设及养护管理水平

19.6 加强绿化宣传，提高全民环境意识，注重市民参与机制

19.6.1 通过多种形式开展面向市民的绿化宣传教育活动，提高群众的环境意识，使爱护绿地、保护绿地的意识成为群众的自觉行动，树立“绿化城市，造福子孙”的思想。同时，利用各种媒体进行绿化法规宣传，强化市民的法律意识。

19.6.2 在城市规划和设计工作过程中进行民意调查，使规划和设计更直接地体现市民的意愿，对城市的绿化建设起到了积极的指导作用。

19.6.3 根据国务院“关于加强城市绿化建设的通知”，应积极地动员各种社会力量参与城市绿地建设与管理工作，如群众义务绿化纠察队。持续开展全民义务植树活动，并在群众中加强园林绿化技术的科普工作，积极开展绿地认建、认养、认管等活动。

郑东新区城市绿地系统规划评审意见

2005年1月6日，郑东新区管委会土地规划局邀请风景园林、规划专家，在郑东新区管委会召开了“郑东新区城市绿地系统规划”评审会，与会专家审阅了规划技术文件，听取了规划单位的工作汇报，经充分讨论和评审，认为该规划依据、指导思想明确，规划原则正确，规划结构布局基本合理，符合郑东新区城市形态特征，并与相关规划衔接，规划内容符合建设部《城市绿地系统编制纲要（试行）》要求，并有所突破，原则予以通过。

为使规划更趋合理，专家们提出如下意见和建议：

1、绿化现状一览表中数据与现状绿化评价有矛盾，应予调整；

2、规划应突显郑东新区特色，做到绿化与历史文化相结合，并应作为重点内容进行规划；

3、生物多样性规划应紧密结合郑东新区绿地建设特点；建议不提防护绿地种植结构模式；

4、绿地率规划指标51.65%偏高，常绿树种与落叶树种比例中的常绿树种偏高，建议斟酌、调整；附录中推荐的树种宜精简、调整，提高实用性和可操作性；

5、文本内容需进一步推敲、提高。

二〇〇五年一月六日

评审专家名单：

张子亮：郑东新区管委会副主任

林源祥：上海交通大学教授、建设部风景园林专家委员会委员

王　浩：南京林业大学园林学院副院长、教授、博导、建设部风景园林专家组成员

张树林：北京市园林协会理事长、高工

李惠道：河南省农业大学教授

张　凯：郑州市规划局总工、局总规划师

郭凤春：河南省省建设厅园林规划处处长、高工

李　欣：郑州市园林施工设计管理所所长、高工

王东方：郑东新区土地规划局局长、注册规划师

刘大全：郑东新区管委会土地规划局副局长

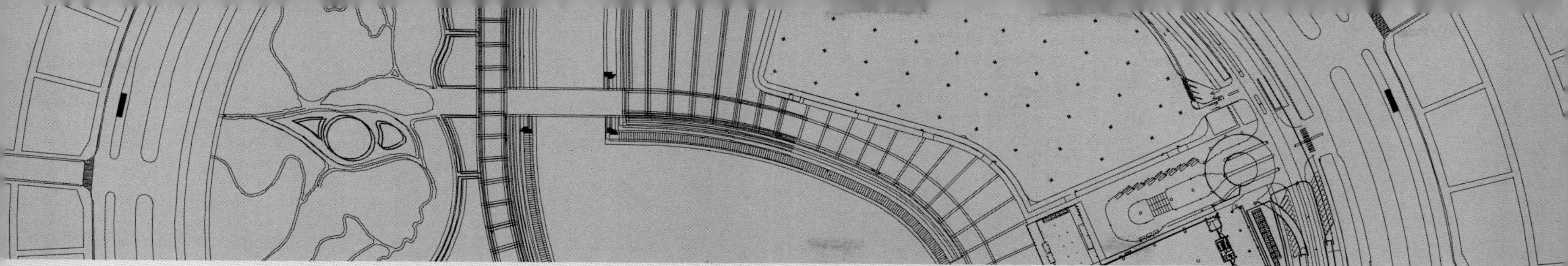

郑州市郑东新区地名规划

Planning of Place Name-Giving for Zhengdong New District

12

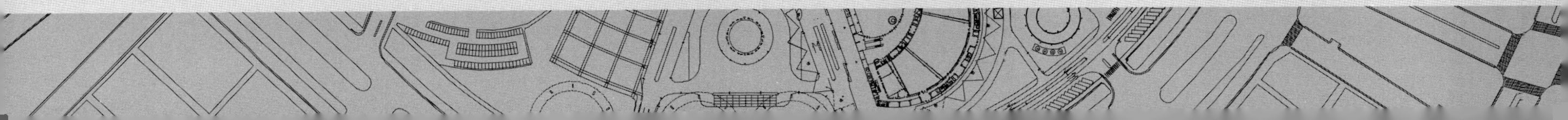

郑州市郑东新区地名规划
Planning of Place Name-Giving for Zhengdong New District

项目名称：郑州市郑东新区地名规划

委托单位：郑东新区土地规划局

编制单位：中国地名研究所

1 前言

郑东新区原来一直使用的路名是郑州市规划院为了方便做各种规划临时使用的路名，2004年6月郑东新区道路命名协调会中研究决定由土地规划局组织开展道路命名工作，同年8月经郑州市人民政府批准后，民政局和管委会联合公开征集路名。在有效期限内共收到方案92套。土地规划局先后4次组织评审会对所征集方案进行评审，但是专家组认为，应征作者虽都做了大量工作，参选方案也各有一定可取性，但均未达到规范命名的要求。

征集方案难以满足实际命名要求，专家组建议管委会委托专门命名机构，编制郑东新区地名规划。为此，在广泛征集市民意见的基础上，2005 年 3 月 21 日土地规划局委托我国地名命名权威设计机构(地名研究所)编制郑州市郑东新区地名规划。6 月 11 日，郑州市郑东新区地名规划评审原则通过了该规划。

2005 年 8 月 10 日，土地规划局将郑东新区规划路名（起步区和龙子湖区部分）报请民政局地名办审查。8 月 12 日，市地名办审查通过。8 月 15 日，经民政局局长研究同意。9 月 20 日提交郑州市人民政府第 36 次常务会议研究讨论，土地规划局将郑州市人民政府第 36 次常务会议关于郑东新区地名规划的意见和建议反馈给规划设计单位——地名研究所，地名研究所对会议精神进行认真的研究讨论后采纳了部分建议，但对个别地方仍有不同意见，土地规划局及时将地名研究所的意见向市政府主要领导做了书面汇报。11 月 6 日，市政府主要领导对这些问题作出批示，地名研究所根据领导批示做了进一步的修改。12 月 19 日土地规划局将郑东新区起步区和龙子湖地区路名报请民政局批准。2006 年 1 月 10 日，土地规划局收到郑州市地名办公室关于对郑东新区起步区和龙子湖道路命名的批复。

《郑州市郑东新区地名规划》共对 348 个地理实体进行了命名规划，其中湖泊 4 个，河流 8 条，道路 225 条，桥梁 101 座。如下表。

《郑州市郑东新区地名规划》成果一览表

规划对象		数量	
湖泊		4	
河流		8	
道路	主干道	14	235
	板块间道路	10	
	板块内道路	211	
桥梁	立交桥	10	101
	跨河桥	91	
总计		348	

2 规划理念与原则

本区域的地名规划提出如下理念：

深刻理解并充分吸收城市总体规划的设计思想；深入挖掘并充分渗透中国传统文化和地域文化。

由上述地名规划理念，演绎出本地名规划遵循的主要原则：

2.1 整体性原则

作为郑州市的局部区域，郑东新区的地名规划必须立足整体，进行全局性的系统谋划。

2.2 科学性原则

2.2.1 规范化。单字不用繁体、自造、代用及不规范简化字，少用生僻、多音字；组词注意含义健康，符合当地习惯，不生歧义；读音顺口且与市区其他地名无重音、谐音。规范地理实体的通名，如市区的街巷、郊区的村镇及各类建筑物，其名称的通用部分如“街”、“村”、“桥”、“大厦”，应当符合命名规范，并照顾当地习惯。

2.2.2 层次化。对同一区域数量较多的同类地名，应按其性状的差别（大小、长短、宽窄、高低、主次等）确定不同的等级，使用不同的通名，以便识别、管理。如街道一般分为大道、路（街）、巷（胡同），桥梁一般分为大桥、桥。

2.2.3 序列化。对若干相邻的同一类型、同一层次的地理实体，可在专名的字形或字义上形成有机联系，进而造就一个个地名群，达到举一反三、好找易记的目的。如命名街道时，在住宅区以“安”为共用之字各自组词，在校园区分别以意义相连的“知、书、达、理”四字组词。

2.2.4 继承性。在旧城改造或新区开发中，一些旧景观的消逝不可避免，但其名称作为有意义、有价值的历史线索，应当在新的景观命名时尽量保留，特别是那些涉及名人轶事、民众祖籍的地名。其次，应当进一步发掘当地的历史文化遗产，从中提炼具有文化内涵的新地名，以此作为历史延续的脉络。

2.3 因地制宜原则

一切从实际出发，吸收当地历史文化的精华，在传承中体现当地个性、弘扬区域优势。

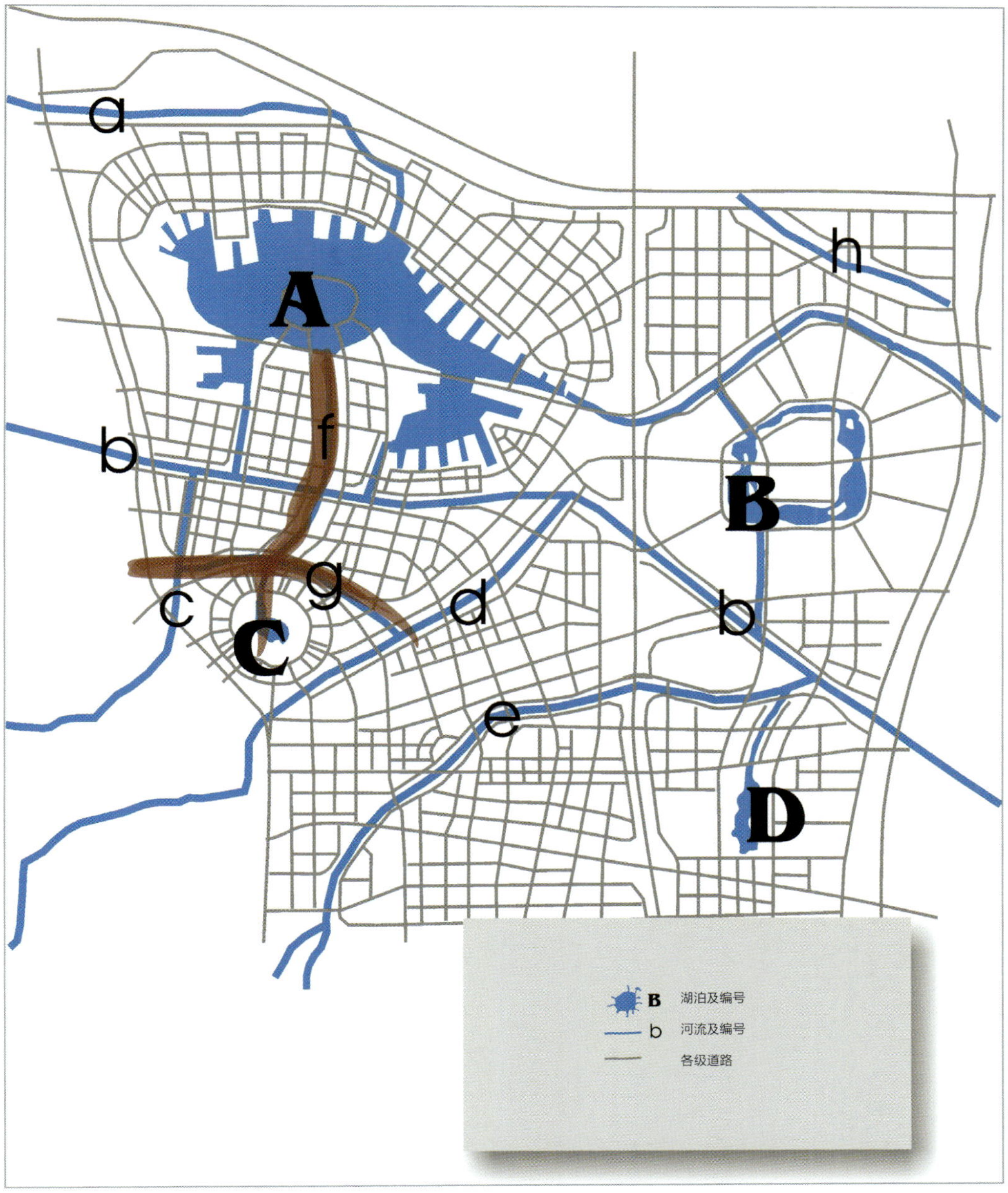

河流湖泊分布图

3 地名规划

3.1 水域名称规划

在规划区内，共有湖泊 4 处，河流 8 条。

本规划以最具代表性的“龙湖”为中心，构建郑东新区的水域名称网络，凸现“水域靓城”的特点。

3.1.1 湖泊名称

（1）规划区西北部的湖泊 A，即俗称的“龙湖”。这是规划区内面积最大的水体，以湖面形态似“龙”得名，在本规划之前已为市民熟知。由于名实相符，本规划接受“龙湖”为其规划名称。

（2）教育组团中的湖泊 B，面积仅次于龙湖，沿用原名“龙子湖”。

（3）面积最小的湖泊 C 位于商务中心内部，原俗称“中心湖”。规划名称为如意湖。与城市象形以及道路等构成“如意”地名群。

（4）规划区东南部的湖泊 D，规划名称为莲湖。

3.1.2 河流名称

规划区内的 8 条主要河流中，河流 a、b 大致呈东西向横穿规划区，与其他河流共同形成四横、四斜的布局。见上图。

河流 a、b、c、d、e、h，分别保持魏河、东风渠、金水河、熊儿河、七里河、贾鲁河的原名不变，体现历史的延续性。需要命名的是河流 f 和 g，均以“河”作为通名。

河流 f 规划名称为“如意河”。该河沟通龙湖与如意湖（原中心湖），形似古代器物“如意”之柄，以其象形和吉祥之意命名。

河流 g 规划名称为“昆丽河”。该河位于中心商务区（CBD）北侧，沟通金水河 c 与熊儿河 d，且横贯“玉如意”之柄。规划取“金”、“玉”之意，依古代“金生丽水，玉出昆冈”之说组词，故名。

3.2 道路名称规划

3.2.1 道路名称规划原则

（1）对老城区延伸而来的东西向主干道，尽量保留原有名称，体现整个郑州市区横向的一致性；规划区内原有的村落、古迹名称，尽量沿用于相同位置的道路名称，体现纵向的区域历史文化的传承性。

（2）参考郑州市区原有的道路命名传统，结合郑东新区的现实情况和发展前景，确定合理、简便、实用的道路通名系统，尽量保持新、老市区道路通名的整体性。

（3）过境的原国道、省道已成为市区内部街道的，应按其现在性质重新命名，以健全市区的道路名称体系，满足市民居住、经营的需要；对性质未变、仍行使过境公路功能的国道、省道保持原名，但应对路旁的公房、民居提出门牌编码建议。

3.2.2 道路通名的确定

道路名称一般由“专名 + 通名”的形式构成，“通名”用以表示道路的种类和等级。根据郑州市及郑东新区的实际情况，本规划区的道路通名划分为如下三个层次：大道 – 路 – 街

大道：鉴于郑州市有限制使用“大道”作为道路通名的规定，本规划仅用“大道”指称郑东新区最具标志性的一条道路，以突出其地位。

路：作为第二级道路通名，包括除“大道”以外的城市主干道、次干道，以及部分在地名组团中起统领作用的城市支路。

街：在外地多与“路”同级，现根据本地习惯作为第三级道路通名，主要用于城市支路和街坊路，而不使用外地常见的“巷”、“里”等通名。

3.2.3 规划区主干道的命名

在规划区内，有些道路的等级不同，但其中一条处在另一条的延长线上，如道路 6 – 7（根据实际情况，本规划中道路表示方法分为两种：一是用道路代码（序号）表示，如道路 15；一是用道路两端路口的代码表示，如道路 2 – 5。）（城市快速路，宽 60m）与道路 7 – 10（城市主干道，宽 60m）、道路 22 – 26（城市主干道，宽 80m）与道路 26—29（城市快速路，宽 80m），可考虑使用同一个名称；又如道路 3 – 43 是城市主干道，道路 4 – 44 是城市次干道，在命名采词上可一并考虑。

根据城市道路命名的特点，本规划中的“主干道”既包括城市道路规划中的“城市快速路”和“城市主干道”，也包括跨地名板块的“城市次干道”（高速公路不在本规划范围）。

道路编号图

（1）道路 1 － 46　规划名称为中州大道。该路由黄河大桥引出，又途经著名的“大河村遗址”，原拟规划命名为大（dà）河路。后受多种因素所限而改用今名，既突出久远的中原历史文化，又衬托郑州的省会地位。

（2）道路 22 － 29　规划名称为金水东路。该路为老城区金水路向东的延长线；以道路 1 － 46 为界，以西路段可改称“金水西路”，也可保持原名“金水路”。

（3）道路 11 － 13 － 49　规划名称为东风东路。该路为老城区东风路向东的延长线，故名；以道路 1—46 为界，以西的老城区路段可改称“东风西路”，也可保持原名“东风路”。

（4）道路 17 － 12 － 48　规划名称为农业东路。该路为老城区农业路向东的延长线，故名；以道路 1 － 46 为界，以西的老城区路段可改称“农业西路”，也可保持原名“农业路”。

（5）道路 4 － 52、3 － 51　规划名称分别为明理路、博学路。两路纵向平行，“明理路”在左为先，“博学路”在右为后，暗喻学习科学知识要先懂得做人的道理。以道路 22 － 29 为界，两路也可各分为南路、北路。

（6）道路 38 － 45　规划名称为商都（dū）路。该路为原郑汴公路的起始段，现已成为城市内部街道，且为郑州东出的主要通道，途径郑州商城遗址，故以“商都”为名，体现郑州深厚的历史文化定位。该路的老城区东大街以东部分，可一并改称“商都路”。

（7）道路 30 － 37　规划名称为商鼎路。“鼎”是我国古代国家权力的象征，郑州曾出土商代方鼎。以商鼎命名该路，可与南侧平行的“商都路”呼应，共同展现郑州的古都形象。

（8）道路 20 － 16　规划名称为祭（zhài）城路。该路经过的原祭城镇，已有 3000 年历史，其“祭”的读音（当地读作 zhà）为国内仅存的文化遗产，确有必要借路名予以传承、保护。

（9）道路 6 － 7　规划名称为龙湖南路。该路横贯规划中的龙湖，在龙湖主要水域南部，故路名以地名派生。

（10）道路 7 － 10　规划名称为姚桥路。保留当地原姚桥镇之名。

（11）道路 1 － 5　规划名称为四环北路。该路与相连的老城区道路组成四环北路，可简称“北四环路”。

（12）道路 5 － 45　规划名称为四环东路。位于郑州市区四环路的东段，故名；以道路 30 － 37 为界，也可分为四环东路南段、四环东路北段。

（13）道路 18 － 21 － 47　规划名称为黄河东路。该路为老城区黄河路向东的延长线，故名；以道路 1 － 46 为界，以西的老城区路段可改称“黄河西路”，也可保持原名“黄河路”。

（14）道路 2 － 50　规划名称为 107 国道。该路系新 107 国道，本不属郑东新区地名规划范围，考虑到城市道路系统的完整性和城市未来的发展，暂将其今城区部分规划在内。

由于本规划的范围不包括规划区以南的开发区，故着重考虑与老城区道路的衔接，较少顾及与开发区的联系。对一些延长至开发区的道路，规划命名截至规划区南端。

3.2.4板块间道路的命名

除上述贯穿规划区的“主干道”外，还有少量联系相邻地名板块、里程较短的道路。这些道路，在道路专项规划中多属“城市主干道”和“城市次干道”，本规划称为“板块间道路”（见左图），需要在各板块内部道路名称产生之前定名。

道路编号图中，道路 2、4 为城市主干道，道路 3、5 为城市次干道，均处在城市规划的“如意”形水域地带。与城市规划的一般理念不同，道路 4、3 虽不属同一等级，但两者的地理位置近乎左、右对称，关联采词容易形成地名群，方便人们记忆和辨识。同理，这种方式也适用于道路 2、5。

（1）道路 4、3：规划名称为如意东路、如意西路。两路位于如意河东、西两侧，与河并行，故名。

（2）道路 5、2：规划名称为九如路、众意路。两路位于道路 4、3 东、西两侧，与其并行。“九如”出自《诗经》，内涵与“如意”的象征意义吻合。“九如”、“众意”的首字均言极多，尾字合为“如意”，便于记忆。

（3）道路 6、1：规划名称为九如东路、众意西路。两路位于道路 5、2 东、西两侧，故名。

（4）道路 7: 规划名称为育翔路。该路一端为教学及教工住宅区，一端靠近龙湖象形之“龙爪”部位，故以“育”、“翔”暗喻教育事业蒸蒸日上。

（5）道路 8: 规划名称为相济（jì）路。该路一端为“智”—— 教育功能区，一端为“财”—— 中心商务区，以“财”育“智”，以“智”生“财”，“财”、“智”相济。

（6）道路 9: 规划名称为康平路。该路由南到北经过物流区和商住区，以“康”、“平”命名表达了“居民康泰”，“物流平安”的美好愿望。

（7）道路 10: 规划名称为创业路。纪念郑东新区创业之艰辛，并在发展中保持创业精神。

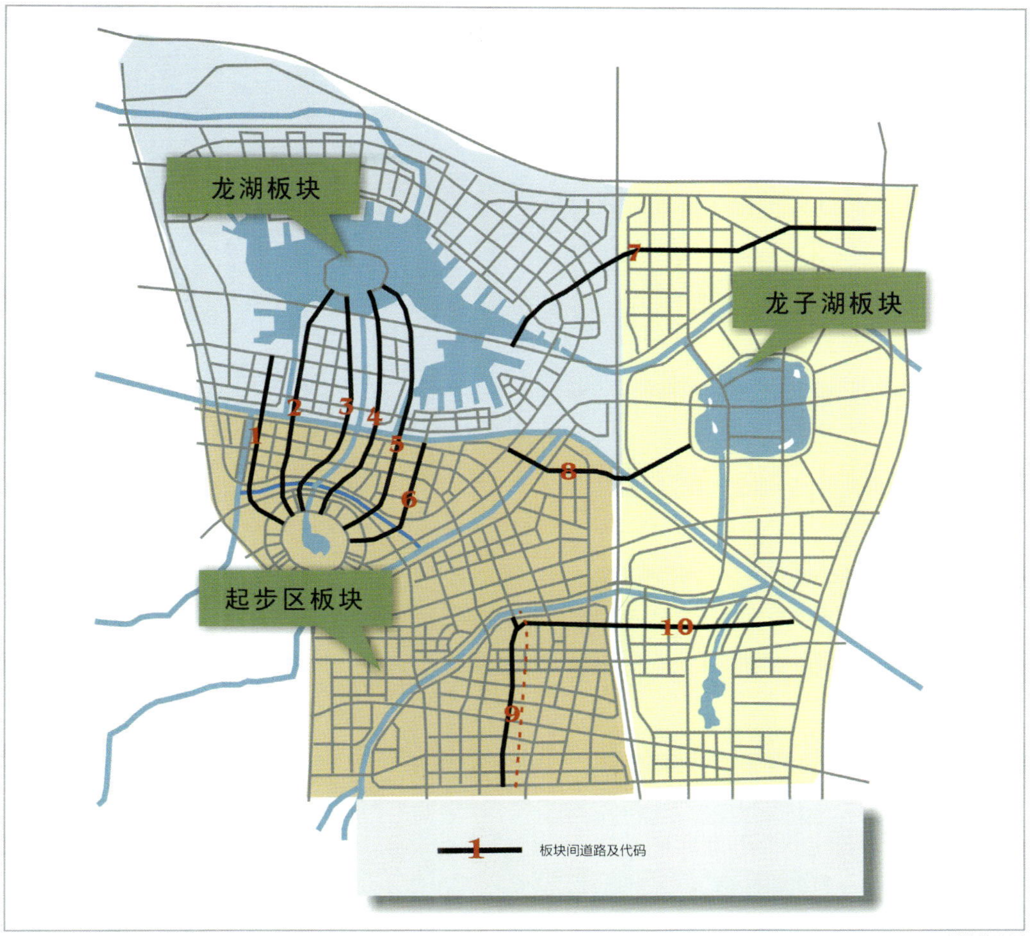

板块分布图

3.2.5板块内道路的命名

（1）起步区板块

a. 城市次干道命名

道路 1、2: 规划名称为商务外环路、商务内环路。体现商务中心区的功能特点，增强示位功能。

道路 3: 规划名称为通泰路。该路横贯物流、商住两功能区，物流求“通”，安居求“泰”，故名。

道路 4: 规划名称为聚源路 。如聚财之江汇入财富之源的商务中心，故名。

道路 5: 规划名称为熊耳河路。该路沿熊耳河南岸并行，故以河名。

道路 6: 规划名称为民生路。地处行政办公区，故以“民生”体现地名组团特点，寓意“执政为民”。

道路 7: 规划名称为众旺路。词取众业兴旺之意。

道路 8: 规划名称为正光路。地处行政办公区，取成语“正大光明”的缩写。

道路 9: 规划名称为心怡路。位于居民区内，取成语“心旷神怡”的缩写，营造祥和的居住氛围。

道路 10: 规划名称为中兴（xīng）路。取中原、中州兴盛之意。

道路 11、12: 规划名称为永平路、安平路。两路名合取“永远平安”之意，希冀物流事业发展顺利。道路 11 的西侧路名，与老城区路名保持一致。

b. 城市支路命名

起步区北区（中心商务区组团和行政办公区组团、

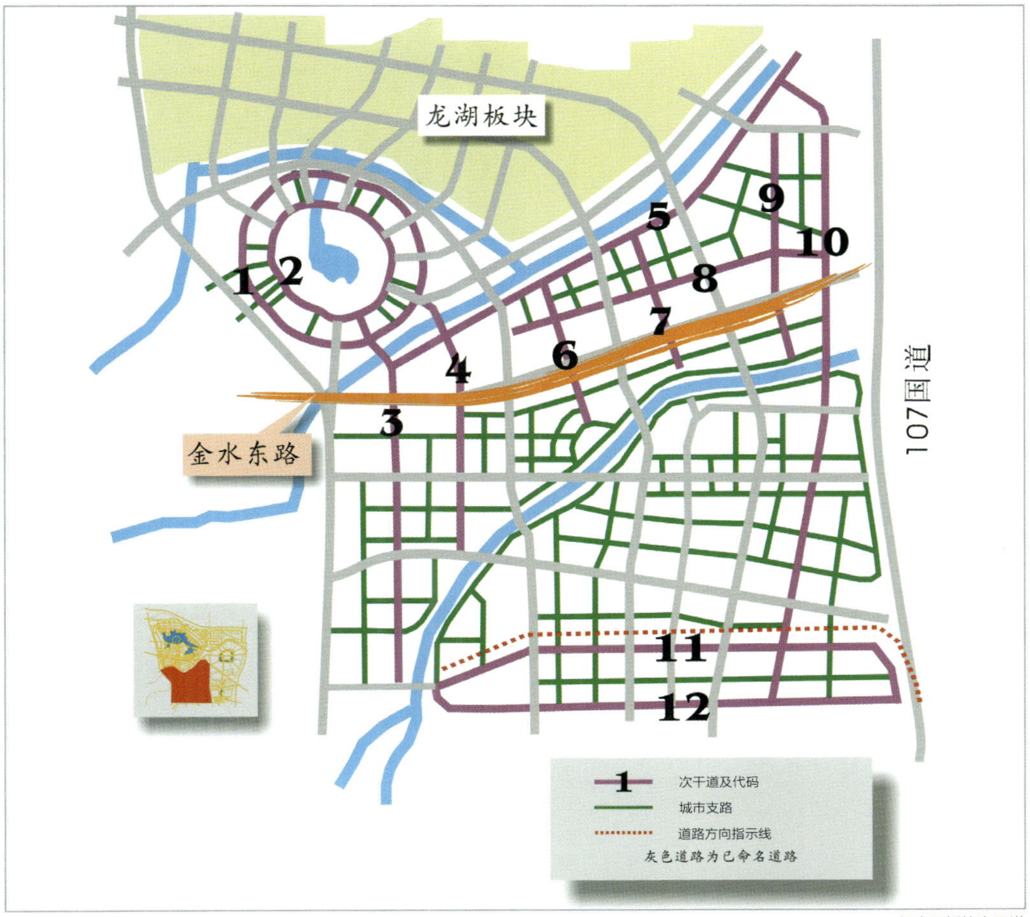

起步区板块次干道

医院及其他）

道路 1、2 、3 、4、5：规划名称为商务东一街、商务东二街、商务东三街、商务东四街、商务东五街；

道路 6、7、8、9、10：规划名称为商务西一街、商务西二街、商务西三街、商务西四街、商务西五街。两组路名围绕“商务”采词，实现地名与功能区结合，同时以“东”、“西”之分强化地名组团内部的方位指示。

道路 11、12：规划名称为民生西街、民生东街。两路位于“民生路”两侧，故以“民生”为中心采词，强化该地名组团。

道路 13、14：规划名称分别为德厚街、才高街。两路名暗喻工作者“德才均备”。

道路 15、16：规划名称分别为盛（shèng）和街、畅和街。地处居民区，围绕“和”采词，营造和谐的居住氛围。

道路 17、18：规划名称分别为庙张街、陈庄街。均系保留当地原村落名称。

道路 19：规划名称为正光北街。由路南侧正光路派生，强化地名组团主题。

道路 20、21：规划名称为延富北街、延富南街。暗喻商务中心区的财富源源不断向外延伸。

起步区南区（商住物流组团）

道路 1：规划名称为祥盛（shèng）街。该路依金水东路而行，古有金、水相生之说，取“相生”之谐音“祥盛”为路名。

道路 2：规划名称为兴（xīng）荣街。该路沿线行业较多，取各业兴旺之意。

道路 3、4、5：规划名称分别为百福街、千宁（níng）街、万安路。以“福”、“宁”、“安”冠以“百”、“千”、“万”，强化美好愿望。

道路 32、7、6：规划名称分别为客文路、客文一街、客文二街。

“客文”即“客属文化”的简称。因道路 32 贯穿拟建的“世界客属文化中心”，道路 7、6 位于其北侧，故名。

道路 8、14：规划名称分别为七里河北路、七里河南路。两路分别沿七里河北、南两岸延伸，故名。

道路9、10、12：划名称分别为宏图街、宏昌街、宏伟街。三路并行，以“宏图、宏昌、宏伟”组成的并列采词相匹配。

道路 11、13、15、16、27、28 、30：规划名称分别为十里铺街、白庄街、西刘街、南岗街、东周路、中周路、二十里铺街。均系保留当地原村落名称。

道路 29：规划名称为万通街。位于物流区内，取“万向通达”之意，与城市功能分区相吻合。

道路 31：规划名称为列子路。纪念我国古代杰出的思想家列子。另一方案：命名为列里路，“列里”为列子故里的简称。

道路 26、23：规划名称分别为福禄街、康宁（níng）街。“福禄”与“康宁”组成并列采词，与

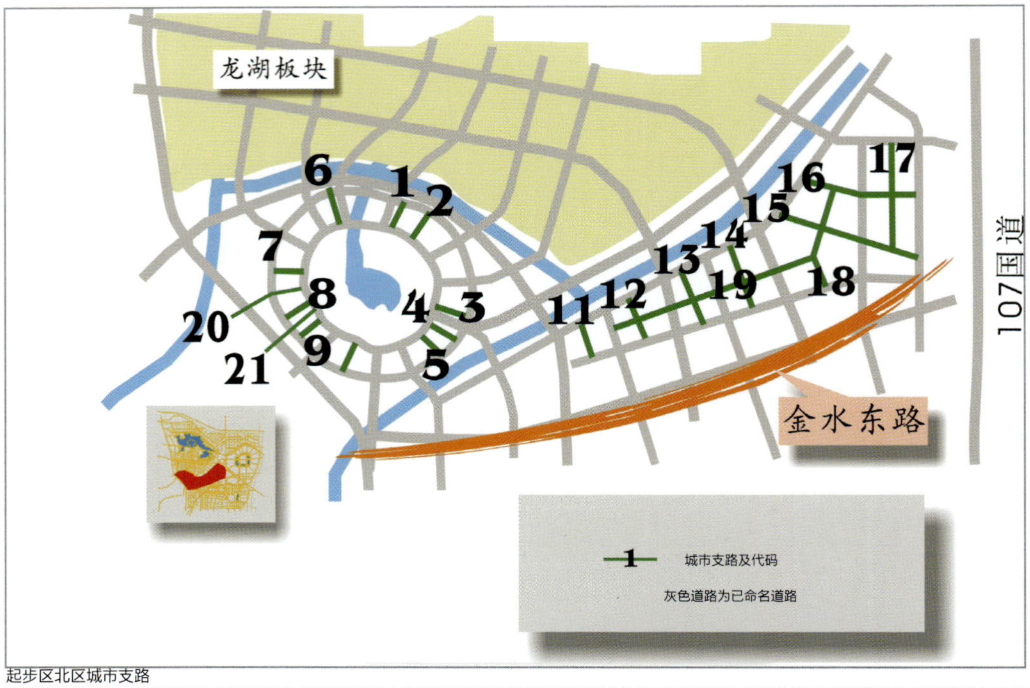

起步区北区城市支路

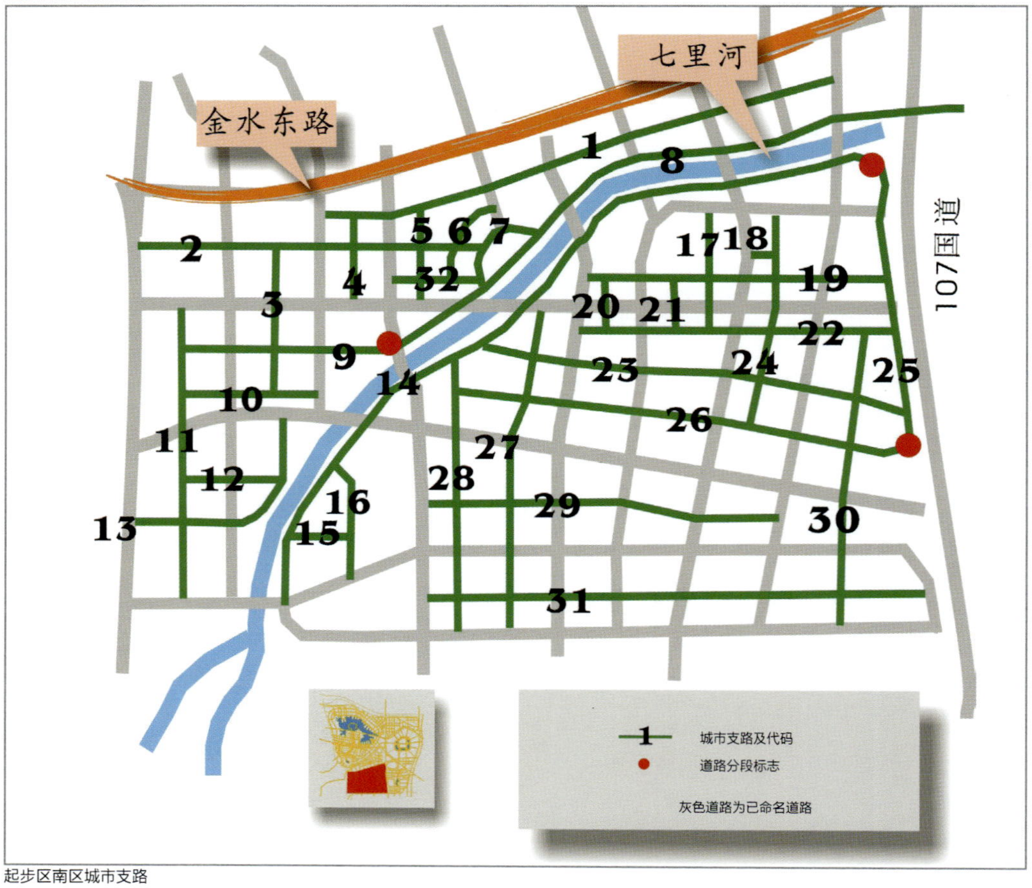

起步区南区城市支路

这两条并列的道路相匹配。

道路 19、22：规划名称分别为榆林北路、榆林南路。由当地原村落名称派生。

道路 24、18：规划名称分别为普惠路、普惠西街。前者取“普天得惠”之意；后者是普惠路北端向西伸出的支路，故名（以“路”、“街”区分等级）。

道路 20、21：规划名称分别为和光街、和顺街。“和光”与“和顺”组成并列采词，与这两条并行的道路相匹配。

道路 17：规划名称为运动场东路。地处城市规划中的运动场东侧，故名。

道路 25：规划名称为福安街。该路主要在居住区内，取吉意而名。

（2）龙湖板块

a. 城市次干道地名

道路 19 – 21：规划名称为龙源路。该路起于龙

湖北岸，止于魏河之滨，而魏河系龙湖、龙子湖之水源，借指中原为华夏龙脉之源，故名。

道路 7 － 13：规划名称为龙湖北路。该路沿龙湖北岸延伸，故路名以地名派生。

道路 5 － 6、1 － 4：规划名称分别为龙须一路、龙须二路。两路位于龙湖象形的“龙须”部位，故名。

道路 28：规划名称为明珠环路。湖心岛宛如龙湖中的一颗明珠，该路环岛而行，故名。路名中的“环”，说明了该路的走向。

道路 8 － 9：规划名称为森林公园南路。位于国家森林公园南侧而名。有助于提升城市的生态品位。

道路 22 － 23：规划名称为马庄街。保留当地原村落名称。

道路15－16、17－28：规划名称分别为景泰路、景辉路。两路并行于龙湖东北侧，故并列采词。在城市道路规划中，道路17－18为城市次干道，18－28是城市支路，本规划将两者合一命名。

道路3－11、10－12、12－26、26－3：规划名称为龙湖内环西路、龙湖内环南路、龙湖内环东路、龙湖内环北路。统称龙湖内环。

道路 7 － 24、24 － 25、25 － 27、27 － 7：规划名称为龙湖外环西路、龙湖外环南路、龙湖外环东路、龙湖外环北路；统称龙湖外环。

b. 城市支路命名

龙湖北区

本区规划地名形成两个地名群落：龙湖北岸的住宅区以美好愿望采词，形成“民和景泰”地名群，以下又分别以“民”、“和”、“景”、“泰”构成四个地名组团。龙湖形成一个独立的地名组团，通过以“龙”为中心的采词，描绘其动态、营造其环境，丰富了城市规划中的形象和意境。

道路 1、2：规划名称分别为民诚街、民信街。“诚”、“信”构成地名的隐性序列。

道路 3、4：规划名称分别为民丰街、民富街。“丰”、“富”构成地名的隐性序列。

道路 5、6：规划名称分别为民德街、民望街。“德”、“望”构成地名的隐性序列。

道路 13、7：规划名称分别为民庆街、民祥街。

道路8、9、10、11、12：规划名称分别为民英街、民慧街、民爱街、民实街、民畅街。

道路 14、15、16、17：规划名称分别为和风街、和霁街、和顺街、和豫街。

道路 18、19、20、21、24：规划名称分别为景致街、景运街、景胜街、景瑞街、景祥街。

道路 22：纳入城市次干道中命名。

道路 25、28：规划名称分别为泰宁（nínɡ）街、泰然街。

道路 23：规划名称为李庄街。保留当地原村落名称，附近有古迹李庄遗址。

道路 26、27、29：规划名称分别为禄庄街、花庄街、魏庄街。均系保留当地原村落名称。

道路 30、31、32、33：规划名称分别为龙游街、龙吟街、龙行（xínɡ）街、龙飞街。

龙湖区板块次干道

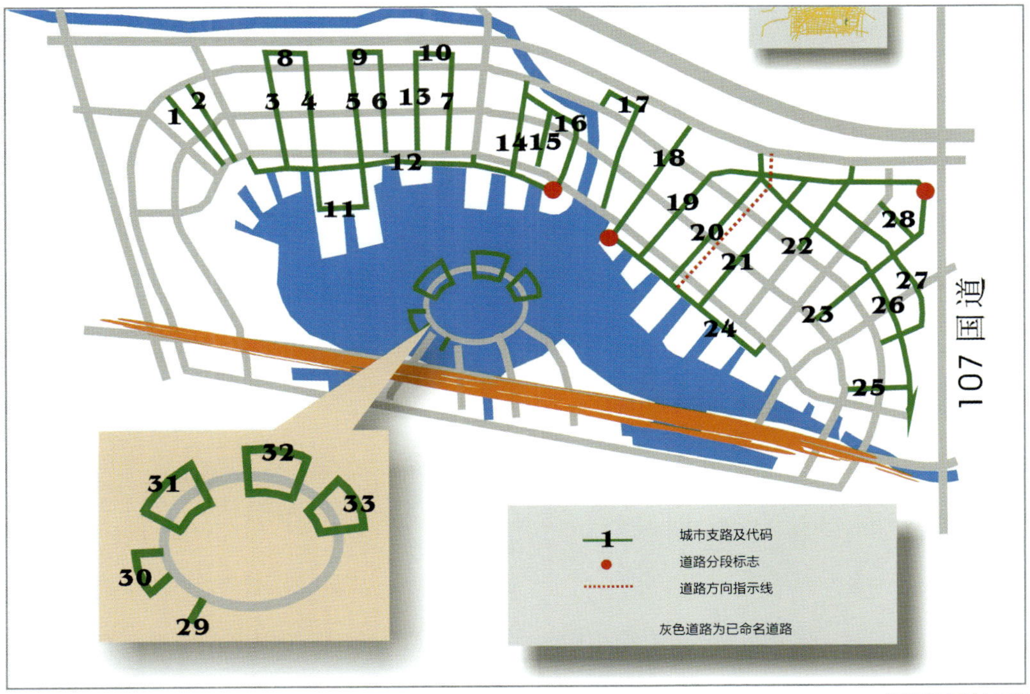

龙湖区北区城市支路

龙湖南区

该区北部围绕商务中心的功能分区，以“丰”、“金”、“融”采词形成地名组团；与“龙”的象形设

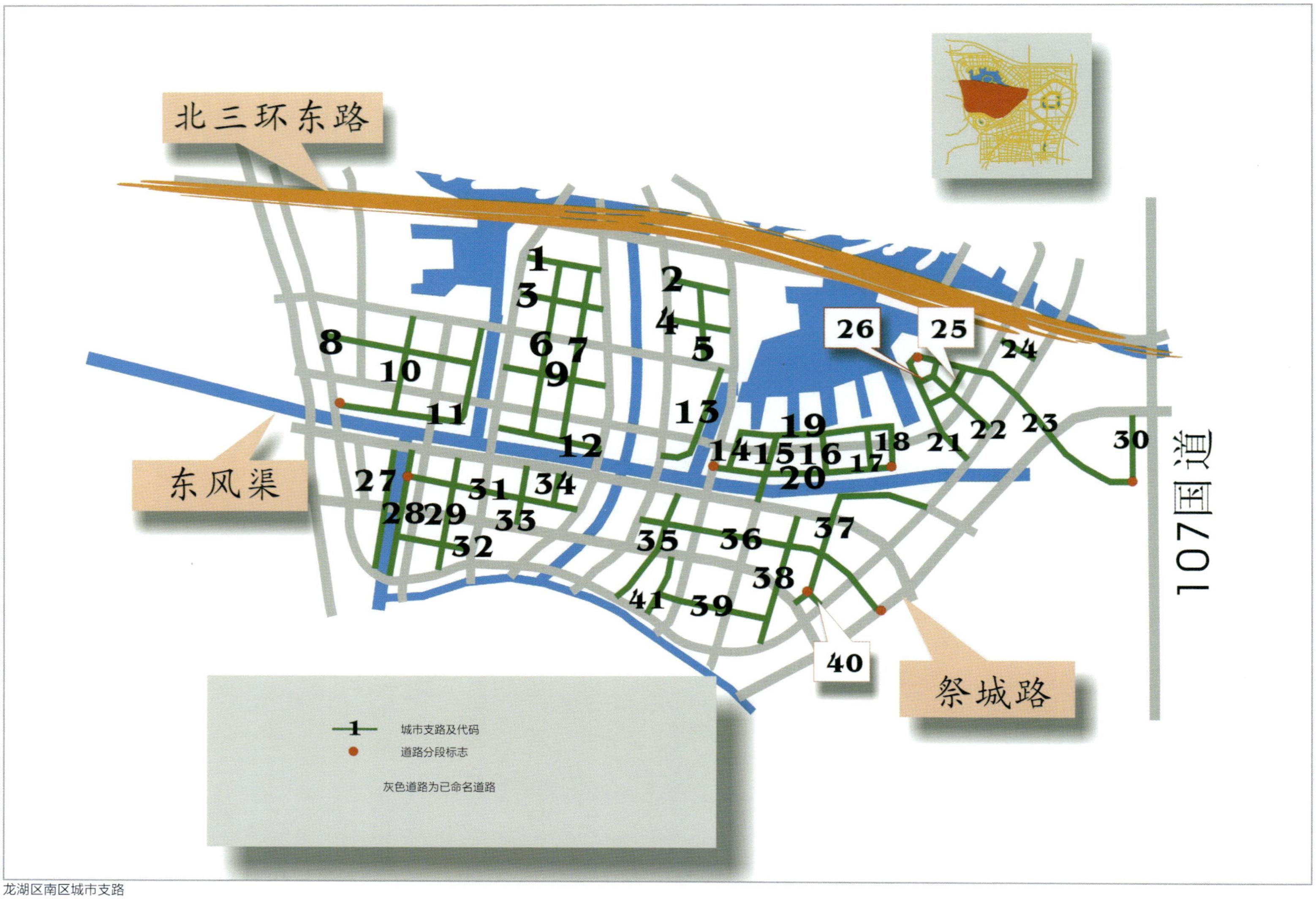

龙湖区南区城市支路

“金”、“融”采词形成地名组团；与“龙”的象形设计相配合，以“云”、“雨”、“雷”等气候现象采词，烘托、强化了“龙”的动态氛围。

南部处在中心商务区（CBD）的正北，对其形成拱卫、依靠之势，故以“天”、“地”为核心构成两个地名组团，与商务中心区的“人”形成古代所谓“三才”，企盼“天时、地利、人和”。

道路 1、3：规划名称分别为丰溢街、丰殷街。

道路 2、4：规划名称分别为金街、银街。

道路 5：规划名称为新鑫街。

道路 6、7：规划名称分别为金兴（xīng）街、金碧街。

道路 8、9：规划名称分别为丰盛（shèng）街、丰荣街。

道路 10：规划名称为霍庄街。保留原村落地名。

道路 13：规划名称为新融街。

道路 11、12、20：规划名称分别为东风一街、东风二街、东风三街。位于东风渠北岸，并自西向东依次排列，故名。

道路 19、14、15、16、17、18：规划名称为瑞雨路、瑞雨一街、瑞雨二街、瑞雨三街、瑞雨四街、瑞雨五街。位于龙湖象形的“龙爪”之下，相传龙爪之下的祥云能生瑞雨。

道路 21、22、23、24：规划名称分别为彩云一街、彩云二街、彩云三街、彩云四街。与“瑞雨”组团相配合，强化“龙”的主题；以数字排序，丰富了地名韵律。

道路 25、道路 26：规划名称分别为春雷一街、春雷二街。

道路 27、28：规划名称为金汇西街、金汇东街。位于金水河与东风渠交汇点，街名字采河名，意符分区。

道路 30：规划名称为步云街。

道路 31、36：规划名称分别为地润路、天赋路。暗喻郑东新区发展顺天时、占地利，构成排比的地名骨架。

道路 29、32、33、34：规划名称分别为地德街、地坤街、地秀街、地锦街。

道路 35、38、39：规划名称分别为天泽街、天瑞街、天韵街。

道路37、40：规划名称分别为天时路、天时东街。后者是天赋路南端向东伸出的支路，故名。

道路 41：规划名称分别为天保街。

（3）龙子湖板块

a．城市次干道地名

道路 1：规划名称为晨晖路。该路贯穿教工居住区，故以“晨晖”与教育相联系。

道路 2：规划名称为明德街。

道路 3：规划名称为姚夏路。该路连接原村落姚桥与小夏庄、大夏庄，故取“姚”、“夏”组合为名。

道路 4、5、6：规划名称分别为文苑北路、文苑西路、文苑南路，统称文苑路。该路自北、西、南三面围绕各高校园区，故名。

道路 11：规划名称为学理路。该路贯通博学路和明理路，故以“学”、“理”组合为名。

道路 10、7、8、9：规划名称分别为龙子西路、龙子北路、龙子东路、龙子南路；统称龙子环路。路名由湖名派生。

道路 16：规划名称为白佛路。保留当地原村落名称。

道路 12、13、14：规划名称分别为圃田北路、圃田西路、圃田南路。道路在原圃田乡境，以古代“圃田泽”定名。

道路 15：规划名称为嘉苑路。此处为安置小区，取“美好家园”之意，以“家园”的谐音定名。

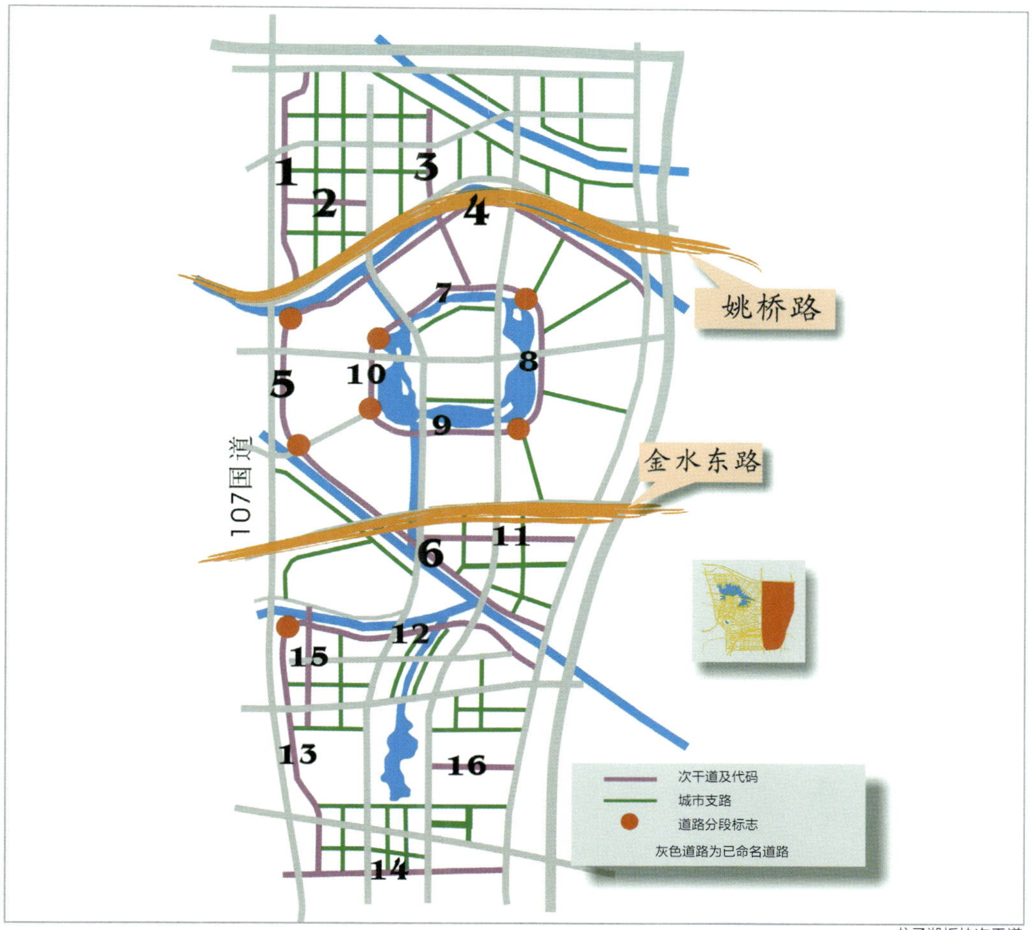

龙子湖板块次干道

b. 城市支路地名

龙子湖板块北区

道路1、2、3：规划名称分别为薛岗街、夏庄街、小夏街。各自保留当地原村落名称。

道路4、5：规划名称分别为薛夏北街、薛夏南街。两街贯通原薛岗、小夏两村落，故名。

道路 6、9：规划名称分别为孟庄街、牛岗街。保留当地原村落名称。

道路 7、8：规划名称分别为刘江西街、刘江东街。临近刘江立交桥，以相对标志性建筑的位置得名。

道路 10：规划名称为贾鲁街。该路沿贾鲁河南岸而行，故名。

道路 11、12、13、14：规划名称分别为为德慧街、艺慧街、知启街、行（xíng）健街。四路平行贯穿中、小学区和高校住宅区。“德慧、艺慧”要求学习者品学兼优，“知启、行健”要求师生知行统一。

道路15、16、17、18：规划名称分别为春华街、夏耘街、秋实街、冬勤街。“春、夏、秋、冬”构成隐性地名序列，组词体现学子的付出与收获。

道路19、20：规划名称分别为崇德街、尚贤街。两街名称体现对受教育者“德”、“才”的要求。

道路 21、22：规划名称分别为后贾西街、后贾东街。保留当地原村落名称。

道路 23、24：规划名称分别为邢庄北街、邢庄南街。保留当地原村落名称。

龙子湖北区城市支路

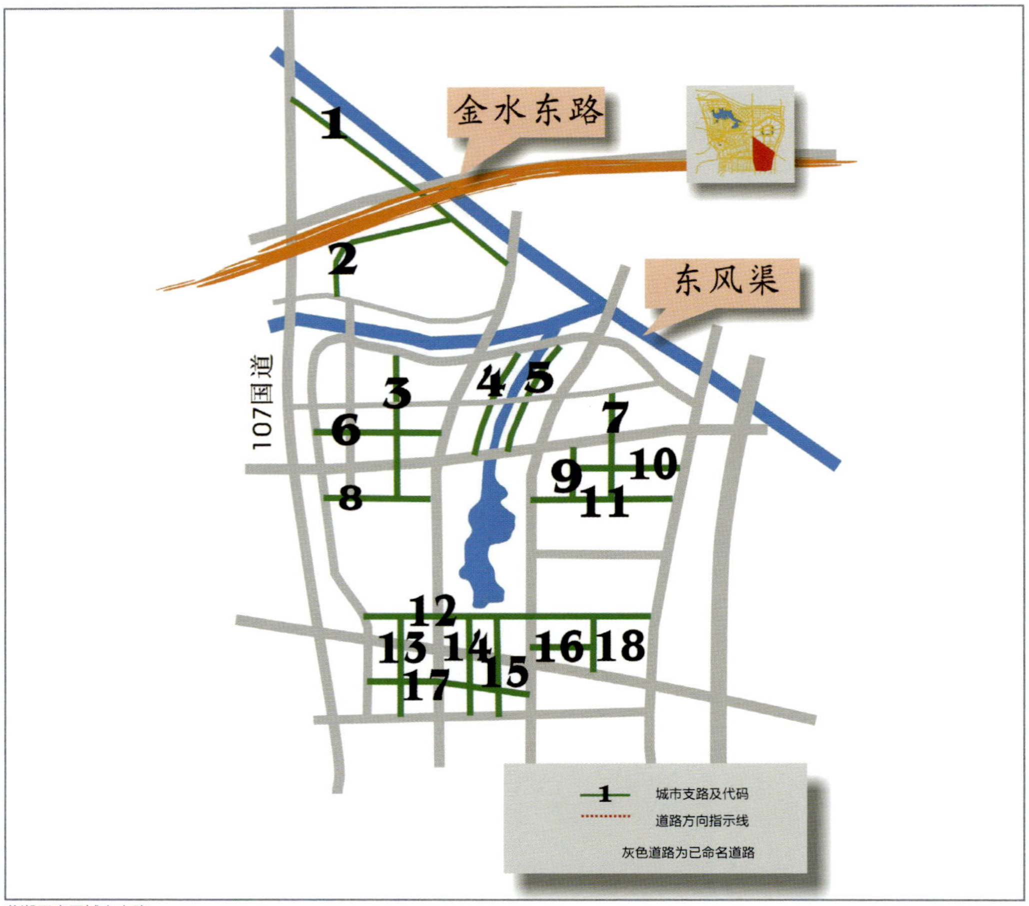

龙湖区南区城市支路

龙子湖板块南区

道路 1、6、7、9、10、16：规划名称分别为王新街、穆庄街、徐庄街、贾陈街、雁岭街、唐庄街。均系保留当地原村落名称。

道路 2：规划名称为清源路。地处污水处理场附近，以“清源”体现保护环境的愿望。

道路 3：规划名称为嘉苑东路。在嘉苑路以东，故名。

道路4、5：规划名称为思源西街、思源东街。用“思源”一词来暗指七里湖（莲湖）与七里河的关系。

道路 11、8：规划名称分别为七里湖东路（莲湖东路）、七里湖西路（莲湖西路）(也可简称湖西路、湖东路)。两路分别位于七里潭东、西两侧，故名。(若湖名用“莲湖”，则路名称湖东路、湖西路，下同)

道路 14、15：规划名称分别为湖南一街、湖南二街。均位于七里湖（莲湖）南侧，故名。围绕湖名派生街名，便于记忆、识别。

道路 12：规划名称为汉风路。在规划修建的汉风苑附近，故名。

道路 13、17：规划名称分别为二十五里铺西街、二十五里铺南街。保留当地原村落名称。

道路 18：规划名称分别为唐庄东街。

3.3 桥梁名称规划

3.3.1 规划区桥梁特点

(1)数量众多。跨河桥多达 91 座，立交桥 10 座。

(2)一路（河）多桥。规划区内的 4 湖 8 河与道路交叉、交错，不少桥梁并排分布，相距很近，命名极为不便。

3.3.2 桥梁命名原则

(1)派生组团命名。由于桥梁依附河流、湖泊、道路等地物而存在，所以命名应尽量由所在地已有的景观名称“派生”。桥梁众多时，应根据其规模和位置分成“组团”，以派生命名达到“好找易记”的目的。

(2)与他类地名互补。在大范围的新区开发中，水域、道路、桥梁等名称各有自身的局限性，只有相辅相成、拾遗补缺才能共同体现地名规划的初衷。例如，原祭（zhà）城镇消逝后，作为规划区最重要的古地名必须保留，在当地命名“祭城路”犹显势单力薄，于是又命名了“祭伯桥”。

(3)分类、分层命名。在地名规划中，对仅有交通功能的桥梁，采词主要体现其指位作用；对同时具有城市景观功能的桥梁，命名重点则是增加城市文化品位。对不同用途的桥梁（跨河桥、立交桥等），命名的着眼点也不同；对不同规模的桥梁，命名应按照“先大后小”的顺序。

3.3.3 桥梁命名方案

本规划根据郑东新区境内桥梁的实际情况，立交桥、跨河桥的通名统一为“桥”，个别桥名加注“立交”二字。

(1)立交桥命名

桥梁 1：规划名称为天一桥。规划区多河、湖，终需“水”支持。古有“天一生水于北”之说，故以“天一”命名规划区北端渠化路口的立交桥。

桥梁 2：规划名称为中州桥。位于龙湖西侧的规划路名“中州大道”北段，故名。

桥梁3、8：规划名称分别为广豫北桥、广豫南桥。两桥同为规划路名“三环东路”上规模较大的立交桥，冠名“广豫”以体现郑州的省会地位。

桥梁4、9：规划名称分别为文水北桥、文水南桥。两桥均位于规划路名“四环东路”上，所在龙子湖地名板块属水域文化群，故在桥名体现“文”与“水”。

桥梁 5：规划名称为农业路立交桥。位于贯通新、老市区的农业路上。

桥梁 6：规划名称为黄河路立交桥。位于贯通新、老市区的黄河路上，为避免与郑州黄河大桥混淆而在桥名保留“路”字。

桥梁 7：规划名称为金水路立交桥。桥因路名，属地名派生。

桥梁 10：规划名称为圃田桥。因处在规划路名的“圃田”组团得名，一同增强城市的历史文化内涵。

(2)跨河桥命名

桥梁1、2、3：规划名称分别为魏龙北桥、魏龙桥、魏龙南桥。三桥自北向南依次座落于魏河之上，南近龙湖，故名。

桥梁 5、6、9、10：规划名称分别为龙游桥、龙吟桥、龙行桥、龙飞桥。四桥分处龙湖湖心岛的四条道路上，故各自借用规划路名。

桥梁 4、11：规划名称分别为龙锋桥、龙卫桥。两桥分别位于龙湖之“龙”的前、后足部位，故以“前锋”展示前进的无畏开拓，以“后卫”体现创业的坚实根基。

桥梁 12、89：规划名称分别为育翔西桥、育翔东桥。两桥分别位于规划路名“育翔路”两端，以方位区别。

桥梁 13：规划名称为龙湖北桥。桥因路名，属地名派生。

桥梁 16、82、14、81：规划名称分别为明理北桥、明理南桥、博学北桥、博学南桥。纵向的规划路名“明理路”、“博学路”均连接魏河与东风渠，两端的四桥分别借用路名并以方位区别。

桥梁 15：规划名称为姚桥。位于原姚桥镇附近，故名。

桥梁 17、69：规划名称分别为文苑北一桥、文苑北二桥。两桥位于文苑北路（规划路名）上，桥因路名。

桥梁 18：规划名称为夏耘桥。因靠近规划路名“夏耘路”，故名。

桥梁 19：规划名称为公园桥。位于“森林公园南路”上而名。

桥梁 20：规划名称为点将台桥。位于古迹“点将台”附近。

桥梁 23、24：规划名称分别为龙趾北桥、龙趾南桥。两桥分别位于龙湖之“龙”的后“龙趾”部位，故名。

桥梁 7：规划名称为明珠桥。位于规划路名“明珠环路”上。

桥梁 8、21、22：规划名称分别为如雷桥、如涛桥、如虹桥。三桥自北向南依次坐落于如意河北段（东风渠以北），用“雷”、“涛”、“虹”烘托龙湖之“龙”的气势，并以共用字“如”与南段 4 桥的共用字“意”组成“如意”地名组团。

桥梁47、48、49、50：规划名称分别为春意桥、夏意桥、秋意桥、冬意桥。四桥自北向南依次坐落于如意河南段（东风渠以南），用 “春”、“夏”、“秋”、“冬”意会南北两湖的四季风光，并以共用字“意”与北段3桥的共用字“如”组成“如意”地名组团。

桥梁 51、52：规划名称分别为商务外桥、商务内桥。分别位于“商务外环”、“商务内环”，故名。

桥梁 27、37、38：规划名称分别为金汇北桥、金汇桥、金汇南桥。三桥横跨金汇东街和金汇西街，桥因路名。

桥梁 39：规划名称为金河桥。位于金水河得名。

桥梁25：规划名称为东风渠桥。位于东风渠得名。

桥梁 26：规划名称为马庄桥。位于原马庄附近，故名。

桥梁28、29：规划名称分别为众意西桥、众意桥。桥因路名。

桥梁 30、31：规划名称为如意西桥、如意东桥。桥因路名。

桥梁32、33：规划地名分别为九如桥、九如东桥。桥因路名。

桥梁 34、35：规划地名分别为彩云西桥、彩云东桥。因“彩云”地名组团得名。

桥梁 36：规划地名为熊耳桥。桥因河名。

桥梁 40、41、42、43、44、45、46：规划名称分别为一统桥、二圣桥、三才桥、四渎桥、五岳桥、六合桥、七贤桥。七桥自西向东依次座落在昆丽河上，故以显性序列采词增加新区的历史文化内涵。

桥梁 53：规划名称为通泰桥。桥因路名。

桥梁 54：规划名称为聚源桥。桥因路名。

桥梁 55：规划名称为畅通桥。因临近公交枢纽站得名。

桥梁 56：规划名称为祭（zhài）城西桥。因为祭伯镇遗址附近而名。

桥梁 64：规划名称为励农桥。“励农”为鼓励农业之意，与原路名含义相符，并与河南作为农业大省

郑东新区立交桥

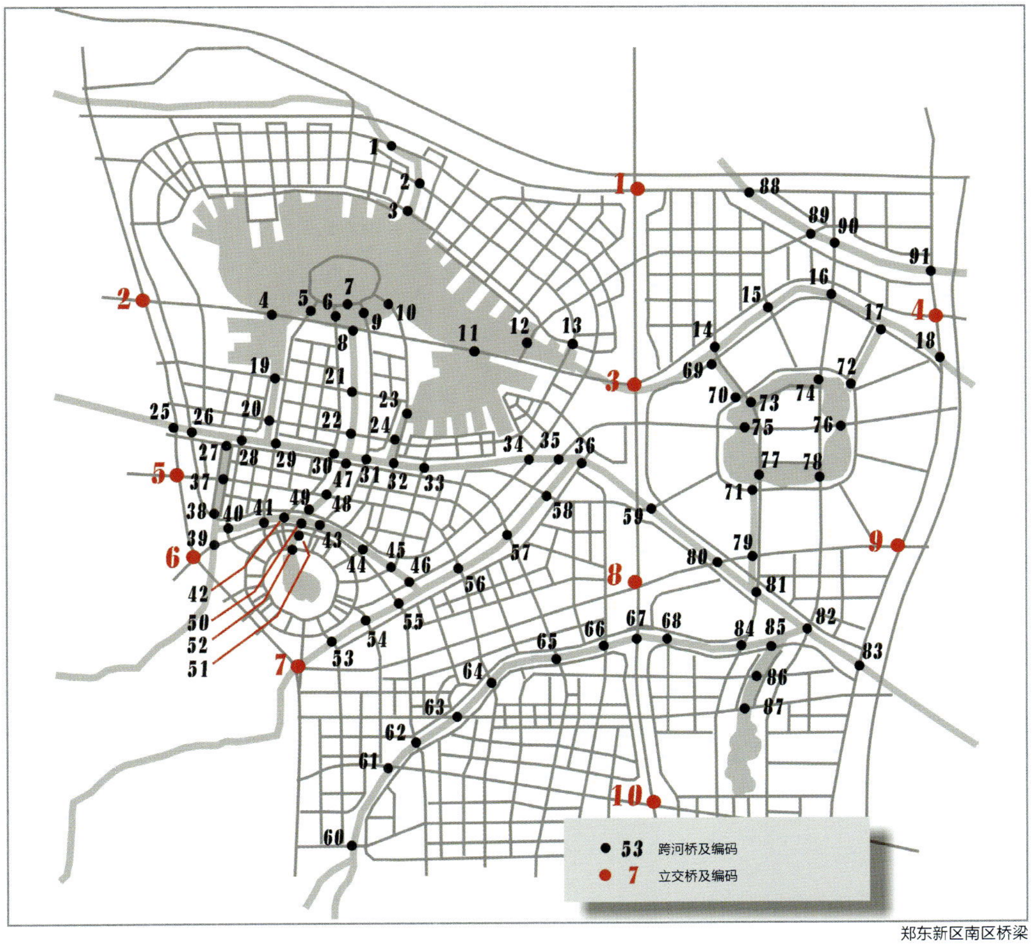

郑东新区南区桥梁

的状况相称。

桥梁 57：规划祭城东桥。由同一专名派生地名，强化了地名组团的主题——祭城。

桥梁 58、59：规划名称分别为相济（jì）西桥、相济（jì）东桥。桥因路名。

桥梁 60：规划名称为平安桥。取临近“永平路”、“安平路”各一字组成桥名。

桥梁 61、63：规划名称分别为商都桥、商鼎桥。桥因路名。

桥梁 62：规划名称为栖鹤桥。该桥横跨七里河，取“七”与“河”之谐音为名。

桥梁 65：规划名称为风河桥。系东风路横贯七里河之桥，路、河各取一字为桥名。

桥梁 66：规划名称为中兴桥。桥因路名。

桥梁 67：规划名称为七里河桥。桥因河名。

桥梁 68：规划名称为嘉苑桥。桥因路名。

桥梁 70、71、72：规划名称分别为环龙一桥、环龙二桥、环龙三桥。三桥位于龙子环路得名，形成显形序列。

桥梁 73、74：规划名称分别为崇德西桥、崇德东桥。桥因路名。

桥梁 75、76：规划名称分别为龙子西桥、龙子东桥。桥因路名。

桥梁 77、78：规划名称分别为尚贤西桥、尚贤东桥。桥因路名。

桥梁 79：规划名称为金溪桥。该桥横跨的小河沟通金水河与龙子湖，且靠近金水河一端，故名。

桥梁 80：规划名称为王新桥。因靠近原王新庄而名。

桥梁 83：规划名称为邢庄桥。靠近原村落邢庄而名。

桥梁 84：规划名称为相依桥。该桥坐落在七里河上，临近七里湖，以“相依”表现河、湖关系。

桥梁 85、86：规划名称分别为思源北桥、思源南桥。桥因路名。

桥梁 87：规划名称为七里湖桥。因靠近七里湖而名。（或“莲湖桥”）

桥梁 88、91：规划名称分别为贾鲁北桥、贾鲁南桥。桥因河名。

桥梁 90：规划名称为牛岗桥。因在原牛岗村附近而名。

4 标准地名标志设置

国家要求地方各级人民政府在必要的场所设置地名标志，推行经政府批准或审定的标准地名，为国家的行政管理、经济建设、内外交往和人民生活服务。

地名标志是标准地名直接应用于社会的重要载体，是法定的国家标识物。其内容关系国家主权、民族尊严和地方人民政府形象，其形式、材质、安装关系环境的美化、保护及人身安全，因此需要按照国家有关技术标准制作“标准地名标志”。

4.1 标准

4.1.1 文字内容准确规范，必须使用标准地名，其汉字书写及其罗马化拼写形式必须符合国家规范

4.1.2 制作地名标志主要遵从 1999 年 10 月 1 日实施的 GB 17733.1-1999《地名标牌 城乡》国家标准

4.1.3 设置醒目、坚固在地名标志设计上，文字内容应处于整体布局的主体位置，防止喧宾夺主。

4.1.4 造型实用美观

地名标志的造型应从实用出发，在与周围环境相和谐的前提下，尽力做到美观、精巧；也可尝试多样化和个性化，使“名称”与“实体”融为一体并相互补充，起到装点景观、美化环境的作用。

4.2 种类

在指示具体方位的“主地名标志”完成之后，还应建设以“完成引导”为职能的“辅助地名标志”，两者共同形成地名导向系统，引导城市人群高效地流动。

4.2.1 道路名称标志

（1）道路名称标志主要设置在街路的路口及桥梁与道路连接处，具体位置以便于提示车辆、行人，且不妨碍交通为宜。

（2）针对郑东新区的实际情况，有必要增设地名标志：两路口相距较远的路段，其间可增设；弯度较大的街路，可在转弯处增设。

（3）郑东新区的道路受水域路、城市规划等制约，斜、弯、环路多，不适用外地在道路名称标志上用绿色表示南北向、蓝色表示东西向的做法，以统一使用国家标准规定的蓝色为宜。

4.2.2 其他地名标志

（1）桥梁名称标志：立交桥的名称标志为标牌状，通常设置在桥身两侧的局中位置；跨河桥的名称标志设置在桥身的两端，可为标牌状，也可镶嵌于桥栏。

（2）水域名称标志：湖泊、河流名称标志均应作为水域景观的组成部分精心设计，形状可为碑、塔等样式，设置于中心景点。

4.3 书写

4.3.1 汉字。汉字是我国法定的通用文字，地名的汉字书写形式是标准地名标志的首要内容。

在标准地名标志上，地名的书写必须使用规范汉字，不得使用已废除的异体字、补规范简化字、自造字、代用字，更不得出现错别字；除景点、商业等名称标志的书法用字外，一般不使用繁体字。

4.3.2 拼写。根据国家有关法规，我国地名的罗马化拼写，采用汉语拼音方案（1984 年 12 月中国地名委员会等 3 部门颁发《中国地名汉语拼音字母拼写规则（汉语地名部分）》。）为国际标准。以汉语拼音字母拼写我国地名，不仅是国家主权、尊严的体现，而且给世界不同语种的使用者提供方便。

在城市道路、桥梁、湖泊、河流等名称标志上，地名的罗马化拼写必须以汉语拼音字母拼写，不允许将其通名直接译成外文。对其他引导性指示牌，允许在地名的汉语拼音拼写之后，括注“路、街、桥、湖、河”等通名的外文释义。

4.4 形式

地名标志的常见形式为立柱式、壁挂式、悬壁式、竖立式、横卧式、牌坊式，应因地制宜地尽量利用已有设施设计地名标志。

4.5 用材

制作地名标志的材料比较广泛，可以是单纯的木质、石质、金属质等，也可以是几种材质的综合体。常用的地名标牌中，有反光标牌、长余辉标牌、搪瓷标牌、场致发光标牌等，使用蓄光材料增加其夜视功能已经普及。在可能的情况下，应尽量采用以高质量材料和先进工艺技术生产的地名标牌，与城市未来的档次相适应。

4.6 施工

地名标志设置是当地政府直接面向社会与公众的民心工程，设置质量是第一位的。地名标志的制作，应通过公开招标的方式，选择经国家地名标准化部门认可的厂家承担。制作的样品，应由生产单位及时提交国家地名标志检测部门检测，保证各项指标符合国家标准。

4.7 管理

地名标志一经设立，即为具有法定意义的国家公共设施，应依据国家和地方的地名管理法规予以维护。日常管理应由市、区地名主管部门负责，依靠城市街道办事处和公安派出所等基层组织进行。应根据需要及时增设、更换、维修地名标志，依法处理擅自移动、遮盖、损坏、涂抹地名标志的错误行为。同时，建立地名标志档案，加强惯例的科学性、针对性。

4.8 门牌编码

目前，我国城市道路两侧的门牌编码方式主要有两种：一是“自然编码法”，一是“坐标量化法”。

一般说来，自然编码法适宜老城区，坐标量化法适宜新城区。郑东新区如采用自然编码法，可与老城区保持整体上的一致，但将来插号、断号现象不可避免，而且会在建筑物逐步到位的情况下更加突出。采用坐标量化法，比较适合本区“新”的特征，有利于长远发展，但需要和郑州市有关部门协商确定。

针对上述两种方法的特点和郑东新区的实际情况，可以考虑在不同的区域采用不同的编码方式。即：

主要道路、固定商业区的门牌号码，采取“坐标量化法”编排。

一般居民区的门牌号码，采用“自然编码法”编排。

5 地名规划的后续工作

5.1 推行地名规划成果

地名规划中的命名方案实施后，原有的旧地名、临时地名便应随之退出流通领域，新、旧地名会在一个时期内混杂、冲突。现在的主管部门应联合有关部门及新闻媒体，大力加强对新地名的推行、宣传，制止非标准地名的继续使用。同时，随着新区建设的进展，城市总体规划的局部调整在所难免，地名规划中已不适宜的内容也应及时修正。

5.2 建设地名档案和地名信息系统

目前，郑东新区尚属建设中的新开发区，还不是法定的一级行政区，行政机构也不健全。尽管如此，现在的主管部门应以本次地名规划为开端，汇集、整理有关资料，建立郑东新区地名档案，为迫在眉睫的地名管理、地名信息系统建设和地名公共服务的开展奠定物质基础。

在地名规划实施之后，应利用国家研制的专业软件，将全区新、旧地名归入地名数据库，方便地名动态管理和查询服务。随后，进一步充实自然地理实体（湖泊、河流等）、人文地理实体（街道、桥梁等）等相关要素，建立郑东新区地名信息系统。以道路名称为例，其信息包括名称、来历、位置、等级、长度、门牌编码范围、主要临靠单位、相接道路等。

5.3 开展地名公共服务

随着世界信息化、经济全球化的到来，地名作为各种信息的载体在社会和谐发展中的作用日益重要，向社会提供地名信息服务已成为国际发展趋势。在我国，“全国地名公共服务工程”已在 2005 年 5 月全面启动。郑东新区可随着建设进程，按照国家有关规范开展电话问路、道路名称网络查询等业务，为区域内外的交往提供便利，从一个侧面树立新区的良好形象。

郑州市郑东新区地名规划评审会议纪要

2005年 6月11日，郑州市郑东新区管委会土地规划局在管委会组织召开了《郑州市郑东新区地名规划》评审会。会议邀请了中国城市规划设计研究院、中国科学院地理科学与资源研究所、国家语委语言文字应用研究所、北京大学历史地理研究所、河南省民政厅、郑州市旅游局、郑州市规划局、郑州市民政局、郑州市文物考古研究所、河南地理研究所等国内规划、地名及相关专业的专家，组成了评审专家组；郑州市副市长兼郑东新区管委会主任王庆海、市政府副秘书长范强出席了会议，郑东新区管委会有关领导部门和人员参加了本次评审会。在听取了规划编制单位中国地名研究所的规划成果汇报后，专家组对规划成果进行了认真评议。现将会议确定的评审意见纪要如下：

一、新区地名规划是在广泛征集市民意见的基础上，由地名规划专业机构完成的，规划依据充分、思路清晰、内容全面、体系完整，用字、组词符合国家语言文字规范，综合运用城市规划、历史、地理等多学科的理念和方法，具有一定的创新性，达到国家领先水平，不仅对郑东新区规划体系的补充和完善，对促进郑东新区建设与管理具有重要价值，而且对当前全国的城市地名规划工作都有着重要的示范意义。

二、新区地名规划提出了“名副其实、规划有序、雅俗共赏、彰显文化、好找易记”的基本原则，发扬优秀文化传统，融合郑州之“古”与郑东之“新”，将原有的部分村镇、古迹名称应用于街道命名，保留了原有河流名称，延续了历史文脉。

三、专家组原则同意通过新区地名规划，并提出一下完善、修改意见。

1、进一步突出郑东新区地名的特色和个性，使其更具易辩识别性；

2、慎重以“方向”性为特征的地名命名，进一步提高道路名称的文化品位；

3、部分地名应考虑以郑东新区内标志性建筑物、著名文物古迹为特色进行命名，增强地名的标识性；

4、部分桥梁、道路名称可考虑分期向社会公布，以适应郑东新区发展的客观需要；

5、进一步细化标准地名标志设置、门牌编码方法、地名常规管理等方面的具体内容，补充规划实施措施，增强可操作性。

二〇〇五年六月十一日

评审专家名单：

王庆海：副市长兼郑东新区管委会主任
范　强：市政府秘书长
赵中枢：中国规划学会名城学术委员会秘书长、中国城市规划设计研究院教授级高级规划师
郭焕成：中国科学院地理与资源研究所研究员
历　兵：国家语委语言文字应用研究所研究员
武弘麟：北京大学历史地理研究所教授
胡爱平：省民政厅区划地名处副处长
刘荣增：郑州市旅游局副局长、博士
宋建华：郑州市规划局规划处处长
刘豫周：郑州市民政局区划地名处处长
顾万发：文物考古研究所副所长
赵永江：河南地理研究所 地理区域资源研究员
王东方：郑东新区管委会土地规划局局长 注册规划师
靳琳娣：郑州市公安局郑东新区分局副局长
李艳春：郑东新区管委会建设局副局长
卫志刚：郑东新区管委会招商局局长助理
刘大全：郑东新区管委会土地规划局副局长

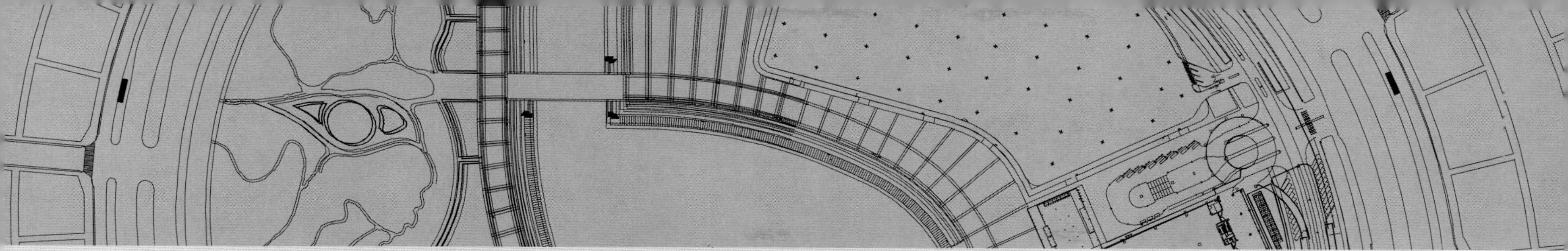

郑州市郑东新区城市夜景照明规划设计

Urban Lighting Planning & Design for Zhengdong New District

13

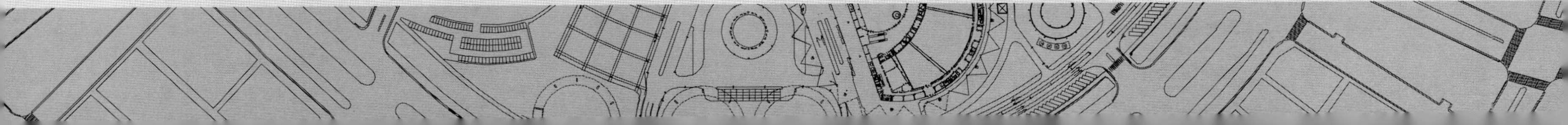

郑州市郑东新区城市夜景照明规划设计
Urban Lighting Planning & Design for Zhengdong New District

项目名称：郑东新区城市夜景照明规划设计

委托单位：郑州市规划局

编制单位：东芝照明（北京）有限公司照明设计分公司

1 总则

1.1 夜景照明规划区域

龙湖南区、CBD、拓展区、陇海铁路以北；龙子湖区。

1.2 夜景照明规划期限

规划期限为2005年~2020年，其中：规划期限近期为2005年~2010年；远期为2010年~2020年。

1.3 适用范围

本规划适用于龙湖南区、CBD、拓展区和龙子湖区四个区域内的建筑外观、户外广告、标志、商业街、橱窗、生活居住区、涉外迎宾区、文化休闲区、桥梁、广场及其各种配景、树木、花坛、水景、建筑小品的夜景照明。同时适用于庭院及一些休闲场所的甬道。

城市道路、体育场、栈场等等，照明应在遵照相关专业性规范的规定下，注意对周边环境的影响，如明暗的相对关系、光干扰问题等。

1.4 指导思想和原则

贯彻落实为郑东新区发展服务的夜景照明理念；以人为本的夜景照明理念；有序发展的照明理念；绿色、智能、安全的照明理念。

1.4.1依据城市总体规划塑造城市的夜景形象，从照明层面深化落实城市概念规划中共生城市、新陈代谢城市以及环形城市的理念，构建健康优美、富有生机的光环境。

1.4.2高起点、高标准、高水平规划，科学合理地安排规划设计范围内照度、色温等的分布及控制指标，通过夜景照明增强城市在夜间的服务功能和环境效益。

1.4.3本着近远结合的原则，根据城市规划中的分期建设安排，全面系统地规划城市夜景形象，以指导城市夜景照明设施的建设与开发。强调城市夜景规划在城市夜景发展中的宏观调控和综合协调作用，突出政府社会管理和公共服务职能。

1.4.4统一规划、综合开发、配套建设，提高城市建设的综合效益。

1.4.5贯彻建设资源节约型和生态保护型社会的原则。处理好城市夜景形象建设与资源利用、生态环境保护间的关系，正确处理城市化快速发展与资源环境的矛盾，充分考虑资源与环境的承载能力，提高资源利用效率，形成有利于节约资源、减少污染的城市夜景发展模式，实现城市可持续发展。

1.5 城市夜景空间布局

在夜景规划区域范围内，构建“如意形城市”和“三横三纵一河”的城市夜景空间结构。

如意形城市：指包括由夜景规划涉及的龙湖南区、起步区和夜景规划未涉及的龙湖中区、龙湖北区、龙湖城心区构成的区域。

三横三纵一河：拓展区横向的金水东路、中央大道、郑汴路；纵向的泰山路、太行路、衡山路以及西南一东北向斜穿拓展区的七里河。

1.6 夜景照明规划内容

（1）通过对郑东新区的自然环境、人文环境和城市建设现状特点的分析，结合城市的发展目标、功能及区域定位，确定城市灯光环境的总体发展方向。

（2）从宏观上确定和部署郑东新区的灯光骨架及重点地带，追求最佳的灯光环境总体效果并设定相应的解决方案，以指导郑东新区城市灯光的有序发展。从微观上划清郑东新区各地段灯光的分布及其之间的关系，追求最佳的经济与效益比，对艺术、技术、经济等因素进行综合限定。

（3）对郑东新区灯光体系构成系统，即空间系统、色彩系统、亮度系统和供电（控制）系统进行规划。

（4）结合郑东新区特点，参照国际、国内标准，提出照度、色温、光域的控制建议。

2 郑东新区夜景照明总体规划

2.1 夜景发展目标

2.1.1 夜景照明规划目标

利用灯光艺术，展现郑东新区城市人文景观特色，塑造良好的夜间视觉形象，美化城市夜景，提高郑东新区城市知名度，丰富市民生活，促进旅游业发展，宣传企业形象，增加商业效益，繁荣经济。郑东新区城市规划的夜景，将以24小时城市为夜景发展的目标。

（1）近期目标

近期初步完善城市街道、公园、广场、水景、建筑立面等外部环境的灯光设计，形成郑东新区的整体美，为实现水域看见城的目标奠定坚实的夜景环境基础。

（2）远期目标

建立和完善郑东新区夜景照明体系，达到夜景照明重点显目、明暗适宜、合理协调、和谐统一且富有郑东新区城市人文景观特色的效果，实现与老城区结合，突出城市整体特色的目标。

2.1.2 夜景照明规划策略

（1） 确定郑东新区夜景照明设计策略需考虑的因素

a.利用郑东新区已基本形成的道路系统、河流水系、广场、公园、绿地等，构建郑东新区夜景照明系统。

b.郑州市作为第八大古都，夜景照明规划设计要从历史传统出发，着眼于提高整个城市空间环境质量，处理好新与旧、传统与现代、功能与形式、革新与保护之间的矛盾。

c.郑州市布局为分散组团式的布局，被X形铁路分割，通过照明规划布局使夜间的新老城市相互呼应。

d.联系新老城区之间的城市中心轴线；进一步促进郑州夜景游览轴线向新区的延伸。

（2）照明规划设计策略

a.对郑东新区夜景照明做出总体规划。

b.对部分区域、景区、景点、河流以及道路的夜景照明提出规划意见。

c.增强对夜景照明管理和控制的力度。

d.根据城市的功能需求系统地规划确定照明的性质、特征。

2.1.3 新老城区夜景的协调

郑东新区概念规划为郑州城市发展勾画了城市西

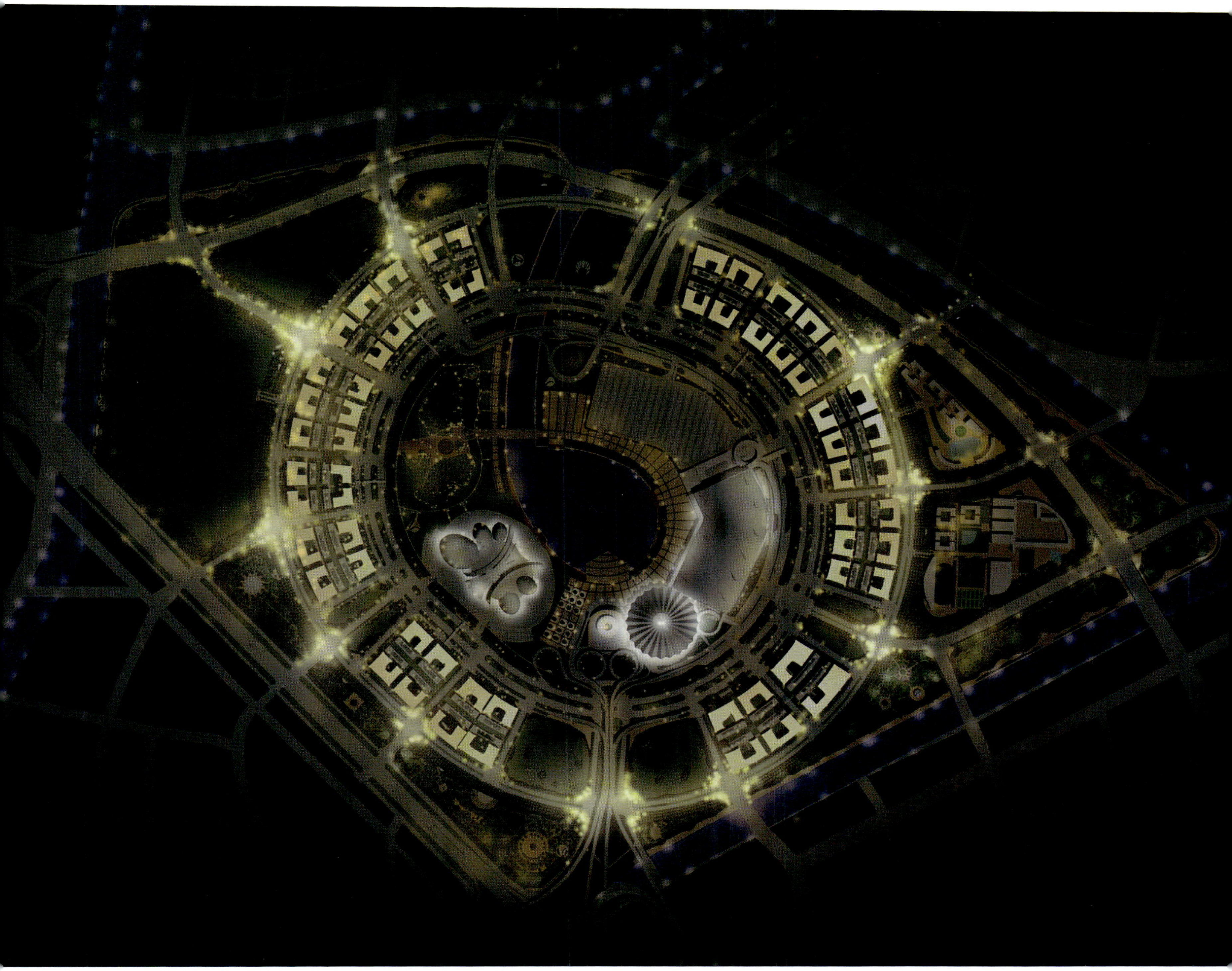

CBD夜景示意图

南一东北向的发展轴，城市夜景形象的营造也以这条发展轴为方向。整个城市的夜景从西南的老城区逐步向东北的新区推进，在龙湖区的“如意形”处达到高潮，并延续至龙子湖区逐渐淡出。通过城市的夜景形象向人们展现郑州城市的发展趋势。

2.2 夜景形象总体规划

2.2.1 郑东新区夜景总体规划概念

在城市规划中叙述的生态回廊和水路城市是围绕人与自然共生的思想考虑的，因此在照明设计上也基于此想法,从以人为中心的光、以水为中心的光、以地为中心的光三个方面构筑城市光环境。

2.2.2 分区夜景总体规划布局

通过郑东新区内几条新建道路的夜景规划来延续老城区金水路、中原路等道路夜景，达到新老城区夜景的和谐统一，并使新郑州宾馆与二七塔遥相呼应。通过规划将三个区域的夜景进行主题式划分定位：如意形区域——如意之光；拓展区——生活之光；大学城区——理性之光，使新区内部形成均衡的夜景黄金三角。

郑东新区夜景照明示意图

3 各区夜景照明详细规划

3.1 龙湖南区、新城中心区

3.1.1用地性质

郑东新区新城中心区与龙湖地区（含龙湖南区）是一个统一的整体，共同构筑出如意形城市形象。

如意形地区是郑东新区汇集办公、研究、教育文化、商业及住宅的重要地区。规划中的郑东新区图腾“如意”区域包含着主要的商业和旅游功能，在整个郑东新区中夜生活最为活跃。这一区域的夜景形象可以结合利用其使用功能，突出城市肌理中的“如意”造型，作为城市夜景的标志形象。周边区域则主要为居住区域，需保证照明的安全性和功能性，对光污染的控制也需加强。

中心区的夜景建设应在保证必要城市夜景形象的前提下严格控制照明规模。完善“如意形”布局，加快形成中心地区夜景核心功能聚集、边缘集团夜景功能完善、绿化隔离地区夜景环境优美、外围地区夜景协调的良好格局。

利用规划中对CBD内由60栋高度限制在80m以上、120m以下的高层建筑所组成的,两个同心环形的顶部照明及裙房的照明创造“环形城市”的夜景概念。

3.1.2 夜景照明空间布局

此区域与龙湖中心区、龙湖北区、龙湖东区、龙湖西区、龙湖中区一同构建“如意形”的区域夜景空间结构。

“如意形”：指由龙湖中心区、CBD、城市中心轴线运河及沿河区域所组成的如意形区域。

郑东新区夜景照明效果图1

郑东新区夜景照明效果图2

郑东新区夜景照明效果图3

3.1.3 夜景照明主要景点

（1）新郑州宾馆

新郑州宾馆是郑州乃至河南最高的建筑，建筑面积8~10万m^2，拥有700个客房，位于CBD中心，是一幢滨水建筑，其高大的体量和独特的造型是郑州夜间最突出的标志。它将是来郑州进行旅游和商务活动的人的首选宾馆。新郑州宾馆将以其纪念碑式的尖锥形态迎接八方客人。

夜景形象主题：

作为郑东新区的中心地标，拟用四季作为夜景形象的主题，将建筑定义为山，以四季来表现山的景色。四季的变化是丰富多彩的，借用四季的变化来设置灯光的变化，让建筑物融入自然之中。建筑丰富的色彩变化在城市中演绎时间的流动感。

通过灯光的变化来营造一种玄幻的感觉，在大都市中人为地制造出一个幻境，利用建筑本身具有的流畅线条和玻璃幕墙搭配多彩的灯光，形成魔幻灯塔。

照明设计基本思路：

为了突出新郑州宾馆的标志性，采取上部主题照明的方式，寻求一种变换的照明效果，突显郑州城市的夜景特色。下部以4200K色温的泛光灯进行照明。

（2）会展中心

郑州国际会展中心位于郑州市郑东新区中央商务区（CBD）的中心，总建筑面积183030m^2，分展览中心和会议中心两部分。

夜景形象主题：

内部照明利用临水侧的玻璃幕墙与外面灯光，实现光的相互沟通、内外渗透、动静结合。

照明设计基本思路：

会展中心采取上部和临水侧照明的方式，会展中心采用吊杆式的悬索屋盖，临水侧的外立面是采用轻快色调的玻璃幕墙。夜晚从远处观看会展中心，排列井然的吊杆构成了一种浪漫形态。

会展中心夜景照明效果图

（3）河南省艺术中心

河南省艺术中心总建筑面积7.5万m^2，造型取自中国古代乐器埙和排箫，文化底蕴深厚。

夜景形象主题：

作为新郑州宾馆的衬景，通过埙与排箫的古典、优雅形象与新郑州宾馆相呼应。

照明设计基本思路：

使用低色温的内透光照明体现蕴含埙与排箫古典、优雅元素的现代建筑造型。

河南艺术中心夜景照明效果图

（4）中心公园水景

中心公园水景水域规划面积为13.57hm²，四面环绕着新郑州宾馆、郑州国际会展中心和河南省艺术中心等标志性建筑。

夜景形象主题：

在中心公园水景照明的设计中，规划为两个场景：一是为平日场景准备的如镜的湖面，用以反射四周建筑夜景的美丽倒影；另一个是为一般节假日场景和特殊节假日场景准备的大型喷泉，用以烘托欢快盛大的节日气氛。

照明设计的基本要求：

为平日场景需要，建议喷泉采用可升降平台，在非节假日状态下降至水线以下，这样保持水面的完整性，承载四周建筑及环境的倒影。

为了节假日场景的需要，喷泉在设计时除考虑与音乐结合外，还要考虑与光的和谐统一。可在喷泉喷头部位设置防尘防水值IP68的彩色水下投光灯，光通过折射使水体成为彩色发光体；河湖边缘和阶梯可采用防水值大于IP67的光纤、地埋灯等形制与周围环境具有一定协调性的灯具来做一定的安全提示，光色应该与喷泉相呼应。

部分采用静态水的水池建议使用深色池底铺装池，设置端头发光光纤灯进行排列，在晚间若隐若现，与满天繁星的夜空遥相呼应。

3.2 拓展区

3.2.1 用地性质

拓展区规划用地面积1860.51hm²。是起步区与龙湖地区的功能支撑区，以行政、办公、物流为主体，是一个功能高度综合的区域，不同的功能区域被规划在相对独立的区域内，这些不同的功能区域又被“三横三纵”的6条交通干道有机结合在一起。

3.2.2 夜景照明空间布局

在拓展区范围内，构建“三横、三纵、一河”的区域夜景空间结构。

三横：指的是拓展区内金水东商鼎路、中央大道、商都路三条由北至南排列的东西向城市主要道路。

三纵：指的是拓展区内黄河东路、农业东路、东风东路三条由西至东排列的南北向城市主要道路。

一河：指拓展区内的七里河西段。

3.2.3 夜景照明主要景点

（1）客属文化中心

客属文化中心圆形的建筑结构展现了客家文化中建筑的特点，建筑外观照明要选择能突出建筑结构特点的方式；用3000K左右温暖的低色温体现客家人生活的一面。广场照明要根据人活动的动线安排交通照明；使用投光灯对广场景观小品进行重点照明，塑造夜间景观点；人群聚集的广场活动区域配置高杆灯及大型泛光灯，以满足大型室外集会活动的照明需求。

光彩大厦夜景照明效果图

（2）拓展区公园

拓展区公园是区内唯一的大型综合公园，近临拓展区文化广场，是居民夜间户外活动的主要区域之一。

照明设计思路

在确认照明设计方案时需符合对功能性、艺术性、安全性的基本要求，掌握相互之间的平衡。

（3）熊耳河

熊耳河是拓展区与如意形区域的共享景观区域，拥有景观航线，沿岸是对市民开放的滨水公园。

照明设计思路：

要充分照顾到河道中动态观察者与滨水码头、广场上静态观察者对夜景需求的不同之处，营造人性、开放的夜景空间氛围。

（4）七里河西段

因与城区关系密切而形成以连续性城市滨河广场绿地为主体的带状城市滨河公园，在对其夜景照明规划的考虑中，河道两旁交通照明用4000K以上色温的3~4m低杆灯进行照明，以15m为间距依次排列，强调河道的曲线和道路的引导性，具体造型应依据不同河段的景观主题选定，河道沿岸的滨河广场为了便于人们聚集活动可选用1m高的庭院灯进行辅助照明。对树木的局部照明可使用插入或埋入地下的投光灯具进行，如地埋灯、小型投光灯等。

奥林匹克大厦夜景照明效果图

海逸名门夜景照明效果图

广电大厦夜景照明效果图

（5）金水东路

金水东路规划红线80m，全长5104m，沿路两侧主要为政府办公用地。

照明设计思路：

建筑及景观照明应以大面积泛光为主要手段以配合庄重、威严、肃穆的政府形象。

起始点和终点：金水东路起点作为进入郑东新区起步区的标志性端口，在照明设计上希望结合景观设计，通过大面积投光强调出列植的高大乔木及林下尺度宏大的波浪式迎宾花带，局部乔木、灌木加入重点照明，显现的“紫气东来”的吉祥迎宾之兆。

日新月异广场：夜景照明将延续日新月异广场作为“翡翠明珠”带上点缀的两颗明珠的定位，并且考虑在夜间还原这一绿化的最大特点——色彩变化丰富，通过大面积投光辅以局部重点照明，形成大尺度的夜间景观效果。

金水广场：金水广场位于市政府办公段，作为构图的中心，景观呈放射状布置。它是金水路形象核心点，在夜景观中通过4个色彩稳重庄严的立体景观大灯塔来统领整个区域的夜景形象，放射性景观布置的照明灯具烘托出金水广场大气庄严的布局。广场放射性景观布局照明采用引导性强、造型简洁的低杆庭院灯，以保持视野的开阔，将人们的视线自然引向4个景观灯塔。喷泉需使用防水型灯具，参考景观照明概念将光效包含在喷泉设计中。

桥梁节点:金水东路沿途3座立交桥横跨日新、月异、金水3个广场之上，在夜景照明的设计中应考虑与广场夜景观设计风格的一致性，使其成为从拓展区内三条南北向主要道路通向金水路路程中的标志性景观点。

照明配置方针：

道路交通照明以发光效率高的2000K~2500K色温高压钠灯为光源，采用高12m路灯沿道路双侧对称布置于绿化隔离带中。

行人照明用设施拟以符合绿化带风格的现代式庭院灯为基础，通过漫反射为主的照明方式营造亲人的光环境氛围。路中的绿化隔离带及两旁20m绿化带内使用以地埋灯、草坪灯（1m）、庭院灯（3m、5m）及路灯（12m）为主的照明器具，根据空间特性区别使用。

金水路夜景照明效果图

（6）商都路

商都路规划红线60m，全长6030m，等级为主干道，沿路两侧主要为商业物流区域。

照明设计思路：

照明设计应能烘托商业区域繁华景象，并对不同商业性质建筑风格有一定的适应性，协调沿途景观风格。

西入口节点：西入口花坛作为商都路与老城区、中州大道相交的转盘，在夜景形象上要与中州大道和在其上空的立交桥夜景相呼应，提高该区域在夜间的层次感，易于司机辨识。

入园标识构架的园区主要公共标识部分，在夜景照明设计中应突出其标志性和引导性的作用。

主要景观节点：商都路与七里河相交段是其景观的亮点，在保障安全性的前提下通过照明设计创造更具休闲性的夜间亲水空间。道路交会处宜于营造出相互融合的光环境。

景观小品：景观小品的夜景照明设计应充分体现以人为本的思想，在保证功能照明前提下，营造舒适怡人的小环境。

照明配置方针：

道路交通照明以发光效率高的2000K~2500K色温高压钠灯为光源，采用高12m路灯沿道路双侧对称布置于绿化隔离带中。

行人照明用设施拟以符合绿化带风格的，带有文化韵味的庭院灯为基础，通过漫反射为主的照明方式营造亲人的光环境氛围。路中的绿化隔离带及两旁20m绿化带内使用以地埋灯、草坪灯（1m）、庭院灯（3m、5m）及路灯（12m）为主的照明器具，根据空间特性区别使用。

商都路夜景照明效果图

（7）熊耳河路

照明设计思路：

熊耳河路濒临熊耳河，市政建筑大多规划在这一区域中，因而市政照明灯具的选择应注重景观性，与熊耳河的绿化隔离带景观风格相协调。

（8）107辅道

107辅道规划红线80m，全长5440m，等级为快速路，并且从龙子湖区与龙湖区、起步区、拓展区的衔接处穿过。

照明设计思路：

107辅道是作为观赏郑州夜景的夜景轴线之一，照明风格要能够与各区域风格协调。

3.3 龙子湖区

3.3.1 用地性质

龙子湖区规划用地面积2326hm^2，整体由北部四个居住区、中部一个大学城区、南部一个科技园区和一个物流园区4部分组成，通过博学路和明理路串

联构成龙子湖地区组团式布局结构。

3.3.2 夜景照明空间布局

在龙子湖区范围内，构建“三横、两纵、一中心”的区域夜景空间结构。

三横：指由龙湖区和拓展区延伸至龙子湖区的龙子湖南路、金水东路和商都路三条东西向城市主要道路。

两纵：指龙子湖区内南北走向穿过居住、教学、科研、物流各区的博学路、明理路两条城市主要道路。

一中心：指的是在龙子湖区教学区内龙子湖公园所在的湖心岛。

3.3.3 夜景照明主要景点

（1）龙子湖公园

作为龙子湖区内人流活动量较大的公共开放区域，主要为教学园区的学生服务，龙子湖公园的照明设计应该体现可参与性、新颖性和时代感。

（2）贾鲁河

在教职工生活区内的贾鲁河主要为教职工及其家属夜间休闲娱乐生活服务，照明设计应人性、安全。

未来大厦夜景照明效果图

宏光奥林匹克大厦夜景照明效果图

环宇大厦夜景照明效果图

联合置业夜景照明效果图

蓝马大厦夜景照明效果图

金城东方夜景照明效果图

4 道路夜景照明规划

4.1 道路夜景照明规划思路

4.1.1 道路夜景照明规划原则

（1）符合城市规划要求的原则；（2）尊重自然环境的原则；（3）保障安全的原则；（4）创造城市景观的原则；（5）创造灿烂夜景的原则；（6）避免光污染的原则；（7）新科技的原则。

4.1.2 道路夜景照明规划概念

依托城市规划中的路网肌理，在夜间通过道路照明塑造城市夜景形象骨架，突出城市规划中“如意形”的城市夜景形象。

4.1.3 道路夜景照明等级划分

根据中华人民共和国建设部颁布的《城市道路照明设计标准》CJJ 45-91的相关内容及郑东新区的城市规划特点，将郑东新区道路夜景照明划分成6类：（1）城市夜景游览路线；（2）快速路；（3）主干路；（4）次干路；（5）支路；（6）主要供行人和非机动车通行的居住区道路和人行道。

4.2 道路夜景照明配置方针

4.2.1 风景旅游区

风景旅游区的道路照明应注重灯具造型与环境的结合，体现该风景区的人文内涵。位于主要夜景游览路线上的灯具造型应便于节假日、旅游旺季应季彩灯、挂件等设置的需要。次要游览路线上应有足够的安全照明。

4.2.2 商业、娱乐区

商业、娱乐区会设有较多的广告物、装饰灯饰，且建筑物自身多有夜景照明，因此通过此类区域的道路的照明相关参数应比行业标准中的有适当提高。灯具造型应简洁，风格与区域氛围协调。

4.2.3 办公区

该类区域夜间使用频率较低，道路照明满足相关行业规范最低要求即可，应选取与周围建筑风格相融的灯具造型。道路应使用截光型灯具，尽量减低对临街办公空间的不良影响。

4.2.4 教学、科研区

该类区域在夜间使用上，人流钟摆效应明显，除部分使用集中的时段外，使用频率很低，在一些非主要干道上的道路照明可考虑采用声控等手段进行控制，以节约用电。

4.2.5 居住区

该区域应使用截光型灯具，降低灯光对临街住户生活、休息的不良影响。在非使用高峰时段的非主要干道上，道路照明可考虑采用声控等手段控制，以节约用电。

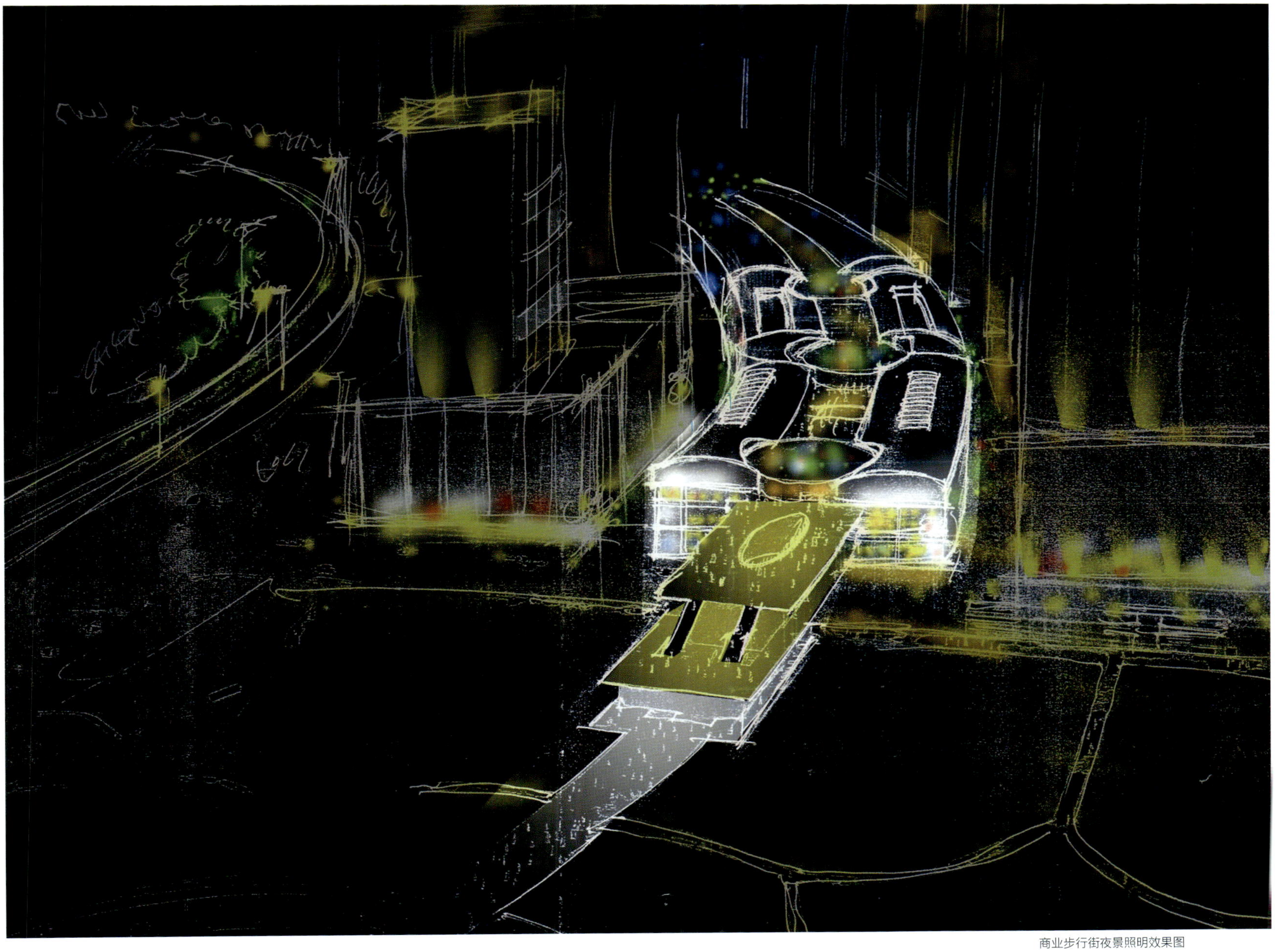

商业步行街夜景照明效果图

绿化夜景照明效果图1

绿化夜景照明效果图2

5 夜景游览路线规划

5.1 夜景游览路线设置思路

5.1.1 夜景游览路线规划原则

（1）综合调整夜景结构，规划城市夜景游览路线；

（2）提高城市个性与魅力

5.1.2 夜景游览路线规划概念

为游览者提供多种、可选路线组合，使来访者在的时间内尽可能全面地游赏到郑州老城和新区的夜景面貌。

5.1.3 夜景游览路线禁设区域

夜景游览有利于人们更深入、准确地了解郑州和郑东新区的城市面貌，促进旅游经济的发展，但是都不应以牺牲城市生态环境和居民的正常生活为前提，所以特将以下区域设置为夜景游览路线禁设区域：（1）国家森林公园；（2）居住区；（3）科技园区；（4）教育园区。

5.2 城市形象夜景游览规划

5.2.1 夜景游览线路规划

郑州老区、新区的夜景中每一处各有其亮点，它们同时为郑州新老城区居民的生活和城市夜景形象的塑造服务。规划将通过以下3条夜景游览路线构筑来访者心中郑州新老城区的夜景形象。

（1）郑东新区夜景游览线路

客属文化中心—熊耳河路（熊耳河夜景）—龙湖—城市中心轴线运河—CBD中央公园；

（2）如意区夜景游览线路

CBD中央公园—如意东路（第一城市中心轴线道路）—龙湖—城市中心轴线运河—CBD中央公园；

（3）新老城区夜景游览线路

金水路（大石桥节点、人民公园节点、紫荆山节点、光大广场节点）—CBD中央公园—如意东路（第一城市中心轴线道路）/城市中心轴线运河—龙湖。

如意形游线夜景照明效果图

6 户外广告及标识夜景照明规划

6.1 广告的夜景照明设置思路

6.1.1 广告夜景照明规划原则

（1）符合城市规划要求的原则；（2）尊重自然环境的原则；（3）保障安全的原则；（4）创造城市景观的原则；（5）创造灿烂夜景的原则；（6）避免光污染的原则；（7）新科技的原则；（8）保证公共收益的原则。

6.1.2 广告夜景照明规划概念

户外广告要想在夜间同样起到宣传的作用，必须保证广告在夜间的表面亮度，这就需要通过照明实现。

对广告照明的规划主要从形式、形态、安装位置、投光方式、照明质量等方面考虑。户外广告照明的表现方式有直接式、透过式、反射式。用于这类广告物的光源有白炽灯、荧光灯、水银灯、霓虹灯、钠灯、紫光灯等。各种光源的不同表现形式会产生不同的视觉效果。广告物利用照明的闪烁，能起到增强宣传效果的作用，因为灯光的闪烁使人产生视觉感受上的变化，使人产生驻足观看的愿望。此外，根据灯光的闪烁变化人们还可以掌握时间。

6.1.3 广告夜景照明禁设区域

虽然相关法律法规对户外广告在有可能会对正常生活、安全产生不良影响的情况下有禁设的要求，但为了避免白天没有不良影响的广告在夜间照明时产生负面影响，特针对广告的夜景照明做如下规划：

（1）广告夜景形象不得与交通安全设施、交通标志产生混淆；

（2）广告夜景照明不得妨碍夜间的生产和人民生活；

（3）广告夜景照明不得损害市容、破坏城市夜间天际线的完整协调；

（4）居住区、教学园区应限制广告夜景照明，广告夜景照明的设置应得到城市规划相关管理部门的审核许可；

（5）形成特定城市空间和城市氛围的商业步行街、繁华商业街，经城市规划相关管理部门的审核许可可鼓励加强广告及标识夜景照明力度。

6.2 广告、标识照明与城市环境、区域环境

户外广告及标识根据风景旅游区、购物区、交通区、娱乐区、办公区、工厂区等城市各功能区的不同特点，所呈现的广告物、标识的类型、形状、大小也各不相同，其夜间照明方式也应各有特点。

6.2.1 风景旅游区

风景旅游区不宜设置商业广告。标识系统应具有该风景区的标志特性，夜间照明的设计与灯具的选择应与该风景区的自然景观相融合，以着重体现该风景区的人文内涵。

6.2.2 商业区

商业区因为人群比较集中，企业及各自的广告物也较多，广告物和以商店、商场为主的建筑物的关系在规划中占据相当的比重。

许多商业建筑物从店铺的改装到建筑物的改建，由于使用年数与流行节奏的关系总是保持相对短的周期，因此也要求必须有与街道景观的变化相称的广告物，以及相对应夜景照明方式。

该地区广告物的设置及其夜间照明的设置主要取决于几个因素：广告物与建筑物本身大小、特点间的关系，与宣传内容间关系，与视觉距离的关系。此外，还要考虑各个店铺之间的关系，以及要处在散步者与顾客的立场上考虑到街道整体设置所表现出的氛围。所设的广告照明不仅要使人愉快，还应给人一种满足感。

在商业地区的广告规划中，如果不从整体上考虑广告物的存在，恐怕很难令人们为商业区整体魅力吸引而驻足。为了营造一种地区整体性的感觉，可以结合树木、路灯、玻璃橱窗、公共宣传、街道装饰等多种要素，设计出与广告物及其夜景共存的方案。

6.2.3 办公区

办公区的广告物内容以针对区域内职员和前来访问人员的，介绍本单位的广告居多。这些宣传广告要宣告企业的存在，并要有一定的内涵。宣传的主题和照明效果与企业形象紧密相接，所以内容要予人信赖感、亲切感，产生与建筑物的特点相得益彰的效果，夜间通过照明进一步烘托内容和企业整体形象。

6.2.4 娱乐区

娱乐区的广告物以聚集在此的人为吸引对象。人们汇集在此，就出现如何将人们聚集在一起的问题，地区整体形象将成为重要的背景。这里的整体形象设置不能忽视广告物具有的集中性特点，在夜间照明上强化此特点。巧妙地掌握好愉悦、繁华、明快三者的平衡。

6.2.5 科技园区

科技园区的广告物内容及其照明目的应多着眼于鼓励劳动者。这里的宣传象征着企业的价值观。这些公司广告应根据企业体现出宣传的价值，而绝不是由宣传来决定企业的价值。

科技园区的广告物的形状根据主观愿望展示宣传内容，并采用适合的表示方法。

6.2.6 教育园区

鉴于教育的特殊性，应尽量避免建筑物上的广告，可有选择地结合沿街市政设施设置广告物及其夜间照明方式，并且投入一部分力量设置社会公益广告，提高社会回报率。

6.3 广告的亮度控制与光污染

广告照明的艺术化要求不仅仅是将广告照亮，而且还要照得美，照得富有魅力。一件艺术构思巧妙、制作精美的广告作品，只有科学而艺术地进行照明设计，通过选用显色性好的光源和配光合理的灯具，按最佳的亮度水平和亮度分布确定布灯方案，从而艺术地将作品展现在观众面前。如果照明用光用色不当，或造成眩光，使观众感到难受，那么即使是优秀的广告作品也会失去艺术风采。

但值得注意的是设计不当的广告照明也会对环境产生不良影响。高功率泛光灯或闪烁的霓虹灯在夜间透过窗户，将室内照得通亮，会扰乱人正常的生物节律，使人昼夜不分，难以入睡。对生态环境来说，也使不少益虫和益鸟直接扑灯而丧命。因此在广告照明设计中也必须强调环境保护的概念，在照明方式上有所选择，尽可能减少户外广告照明对环境的不良影响。

6.4 广告照明与其他景观要素照明的关系

道路及人行道的广告在设置时应综合考虑城市道路各项设施的安排设置，不能草率地、等距离地沿街设置，以至于在某些重要路口各种设施及户外广告全部罗列，既占了人行通道的空间，广告设置其中也很难起到宣传目的。广告的设置适当避开街道设施集中的路段。建议此类广告的夜间照明设计在此基础上考虑，注意照明不可对交通产生不良影响。在满足功能照明前提下，与街道夜景相协调。使得城市街道呈现井然有序，视觉良好的效果。

建筑上的广告设置尤其要与建筑造型相协调。同时建议建筑在设计时也应考虑到必要的广告及其夜间照明的布设问题。

富有魅力的店招设计让人过目不忘，既宣扬了商家又美化了街道景观，应充分重视店招的设计。夜间照明更为张显其特色、招徕顾客提供了帮助，但应注意同一街道的店招及其夜间照明都应有所控制，做到既能发挥个性，又能相互协调统一，形成特色街道。

此外，强调避免盲目地追求短期经济效益而不顾及城市景观的做法。过多、过大、过于密集地设置广告只能使得广告的价值降低。合理地规划广告泊位和广告照明，既有利于城市景观，也有利于取得长远的经济效益。

7 水系夜景照明规划

7.1 水系夜景照明设置思路

水系夜景照明包括水路、桥梁和滨水区域3个有机部分组成。

7.1.1 水系夜景照明规划原则

（1）符合城市规划要求的原则；（2）尊重自然环境的原则；（3）保障安全的原则；（4）创造城市景观的原则；（5）创造灿烂夜景的原则；（6）避免光污染的原则；（7）新科技的原则。

7.1.2 水系夜景照明规划概念

水系夜景照明宏观上与城市路网照明一起构成城市的夜景骨架，微观上由于其亲水性而成为普通市民及游客的理想游览地，航道及河道沿岸是水系夜景照明的观赏点。所以规划上既要考虑到水系照明对城市夜景形象塑造上的作用，又要考虑到水系照明对人们夜间休闲娱乐生活的影响。

7.1.3 水系夜景照明等级划分

水系按照在城市规划中的功能规划设定分为可航行水系和不可航行水系两类，可航行水系的夜景照明要求应高于不可航行水系：

（1）可航行水系：龙湖及中心湖、CBD中心湖、龙子湖、金水河、东风渠西段、熊耳河、东西运河、城市中心轴线运河。

可航行水系的夜景照明在保证其交通功能的安全性照明外，还要形成良好的景观照明效果。其中，龙湖作为区域乃至城市的重要组成部分，在夜景照明中要进行重点照明，突出龙湖完整、优美的夜景观形象。

（2）不可航行水系：七里河、东风渠东段。

依据《郑州市城市防洪总体规划》，有水闸的水段不设通航，但设置小范围水路景观游览；七里河、东风渠东段为泄洪航道，不设通航。但在七里河、东风渠东段有小范围的游览航行路线。

7.2 水系夜景的亮度控制与光污染

不能影响航道的安全航行和水生生物的正常生长，应严格控制灯具的配光与安装投射方式，如无法避免则应加上遮光罩，尽量避免向河内投射灯光。

7.3 对水系夜景设施的其他要求

由于滨水区域的特殊性，所以在灯具的选择和使用上，中限水位以下的照明灯具防水等级应达到IP68以上，中限水位以上的照明灯具防水等级应达到IP67，且安装位置应尽量便于洪汛期间的拆卸。

水系夜景照明效果图

8 桥梁夜景照明规划

8.1 桥梁夜景照明规划思路

8.1.1 桥梁夜景照明规划原则

桥梁是夜景规划中的照明节点，由于同一水系的桥梁并不专属于同一区域，因此在夜景照明设计上既要照顾同一区域内桥梁的共有主题，使内部各有重点，风格上强调百花齐放，还要使同一水域上的桥梁风格能够遥相呼应。

8.1.2 桥梁夜景照明规划概念

（1）历史陈列橱窗主题组团

这一主题的桥梁夜景采用3000K～4200K的金卤灯作为主要照明光源——用温暖的低色温来展示对过去悠久历史的追忆，高显色性则适合在夜间还原桥梁上的彩色装饰纹理；每座桥上设置的中国古代艺术品的装饰物是景观照明的重点。

（2）未来走廊主题组团

4200K以上色温的光源具有强烈的时代感，所以最适合“时间如同水一般的流淌向前”这一主题，在由一道道桥梁组成的通往未来的走廊上，偶尔以温暖的低色温光源作为点缀可以更好地表达出如在时空隧道穿梭般的空间变换。

（3）大学城主题组团

“知识、科技、生活”是大学城组团桥梁的主题，高色温的光源、节奏强烈的线型灯光、具有工业美感的灯具都适合表现大学城“理性、现代、生机勃勃”的一面；照明细节上则选用低色温的光源制造适宜人尺度的夜景空间。

（4）城市公园主题组团

适宜生活的桥梁在夜景上要与周边环境融为一体。根据不同的桥梁主题，适当地采用不同色温的光源来体现城市温馨、人性的一面。

桥梁节点夜景照明效果图

8.2 桥梁夜景照明配置方针

<table>
<tr><th>序号</th><th>图片</th><th>设计概念</th><th>形态特征</th><th>照明方式建议</th></tr>
<tr><td>1</td><td></td><td rowspan="8">“生态回廊”的中心区域包含了郑州所有的历史性标志，它可以被看作郑州悠长历史与文化的陈列橱窗，就犹如一个开放的博物馆供市民与游客观赏</td><td rowspan="3">中国的彩绘文化，在红色的底色上着上黑色的线状图案，用写意图解的方式反映了这种设计方式与美学特征</td><td rowspan="8">这组桥梁的相同点是都具有优美的桥拱，在夜景照明中以体现桥梁结构美为设计主旨，建议选用色温在3000K左右的金卤灯。夜景照明重点突出拱形结构的美感，由于这组桥梁的拱形结构跨度很宽，建议选用投光照明器具照亮拱内壁。桥身侧面的照明依据每个桥自身结构，布置连续的荧光灯具作洗墙照明，以体现桥梁的整体气势。根据这组桥的主题，每座桥上放置的中国古代艺术品装饰物是景观照明的重点，要作为点睛之笔在装饰照明方面具体考虑。在节假日及庆典期间建议在桥身侧面进行光色的变换</td></tr>
<tr><td>2</td><td></td></tr>
<tr><td>3</td><td></td></tr>
<tr><td>4</td><td></td><td rowspan="2">中国的玄彩文化，这一个时期的艺术作品往往喜欢在表面上用摩擦样式的做法，在黑色的材料基地或边缘，饰以格栅或粗绳式的图案</td></tr>
<tr><td>5</td><td></td></tr>
<tr><td>6</td><td></td><td></td></tr>
<tr><td>7</td><td></td><td>青铜文化，青铜艺术作品以它简洁的做工与精确的尺寸展现了它精致的艺术特色</td></tr>
<tr><td>8</td><td></td><td></td></tr>
</table>

序号	图片	设计概念	形态特征	照明方式建议
9		“中轴”北方通道连接了整个新商务高层区及附属区，这是整个郑州新城的核心发展地带。通道两边上将有40m高的墙式建筑，并能创建某种城市氛围	“缘饰”，它们就像一串连续跳跃的线条，在细节上，桥的中心地方又有着“里外”有别的非对称性装饰设计	这组桥的主题是未来走廊，体现此主题应采用色温在4200K以上的光源来表达超时代的速度感。桥体两侧照明采取均匀照亮的方式，强调桥体的流线型美感，同时起到提示行车路线的作用
10				
11			在此中轴上，桥A 9、A 10、A 11、A 12、A 13、A 14、均根据这一“城市氛围”进行统一设计，并在体积与三维空间上相应的平衡与协调。3 5 m高的构造形式为主要的可供选的最佳“都市主义”空间的表现刻度	上拱形桥是这几座桥的共同特点。造型各异的拱形都是为了体现未来走廊这一主题。两侧的形态是照明的重点，因此在照明方式上应当注意突出两侧的立体感，可采取从下向上的投光方式，选用4200K以上色温的投光灯具，显示造型的体积感及结构美感。在节日庆典时，可根据各个桥上弧形的特点，用点光源创造星星闪烁、璀璨夺目，华丽的夜景效果与城市的美丽夜色相得益彰
12				
13				
14				
15				
16		“交通连接点”，位于城区的主要交通枢纽的连接处，如给排水循环系统，商务高层区的交通环道，城市中心的公路以及铁路和轻轨运输系统	为了要连接这些所有的交通运输，并为人们提供一种舒适的运转流程，因此整个大桥约有1／4的区域在轻性张拉膜下荫蔽	轻性拉膜可以使人产生半室内的心理感受，因此不妨借鉴室内常用的照明方式，给人以心理上的安全感

序号	图片	设计概念	形态特征	照明方式建议
17			“数码科技”桥，采用未来创意式设计，以适应现今的科技信息发展时代的需求	桥的功能决定了其照明方式，由于这组桥上有许多公共设施，因此应该采取重点照明与一般照明相结合的方式，尽量营造一种“知识、科技、生活”的主题。对桥上公共设施建筑采用高色温的光源整体打亮，体现现代感。对桥身、道路采用节奏强烈的线性灯光，可用不同颜色的 LED 灯带来实现现代的速度感。在节日及重大庆典时，这组桥可用控制系统操作其整体光色的多种变幻效果。将高科技新型灯具引入这组桥也和桥梁本身的主题相吻合
18			“生活”桥，在桥上设计了许多公共设施。例如学生可以在桥上的天文台及水上公园休闲学习	
19			“数码科技”桥，桥檐的连接部位以后可以为数码科技产品设备的使用，安装提供空间	
20			“生活”桥，在桥上设计了许多公共设施。例如学生可以在桥上的天文台及水上公园休闲学习	
21			“知识”桥，在桥上设计了一些可供学生交流的休闲地带，也许会有许多好的设想在这里产生	
22				
23		野营公园		这组桥以新型城市的休闲生活为主题，建议采用均匀的照明方式，适宜生活的桥梁在夜景上要与周边环境融为一体。在临河区域的桥身底部，采用钠灯作为照明灯具，给人
24		生态斑纹		

序号	图片	设计概念	形态特征	照明方式建议
25		三角花园		温暖的感觉。根据不同桥梁的主题及周边的环境，采用不同色温的光源点缀其中，力求在体现整体气势的同时，做到以人的尺度为本，表达城市温馨、人性的一面。在灯具的选择方面的建议：可选用内置LED光源埋地灯及自身就能形成一道风景线的造型灯具对桥梁人行活动区域进行装饰照明。在节日里，这些桥根据自身所处的位置的不同，可结合当地特色进行光色的变幻，随时间的不同，光色有不同的变幻方式
26		家庭野餐地		
27		儿童乐园		
28		周末运动场		
29		慢跑场		
30		运动混合体		
31				
32		观日台		
33		纸艺公园		

9 节能与环保

9.1 夜景照明节能的管理

9.1.1为了有效利用能源，防止光污染，新区建筑立面照度应严格按照规划执行，如有特殊需求应报相关主管部门批准通过并且进行备案。

9.1.2相关管理部门在对单项照明工程的审批上应鼓励优先选用节能型照明产品。

9.1.3由相关管理部门，对单项照明工程的方案及照明方式提供技术咨询及审核，避免因明显设计不当而引起的能源浪费和光污染。

9.2 夜景照明节能的技术措施

9.2.1 正确确定照明标准

（1）正确选择被照建（构）筑物按功能、场所及其背景的亮暗程度和表面装饰材料等情况所需要的照度或亮度的标准。

（2）正确选择被照建（构）筑物和相关夜景元素照明的照度均匀度。

（3）应尽量减少夜景照明中的眩光和光污染。室外照明的光污染（光干扰）不得超过国际照明委员会（CIE）规定的最大光度指标。

（4）正确选择夜景照明的最大功率密度（LPD）值。

（5）有关夜景照明的照度、亮度、均匀度、最大功率密度值及限制光污染的最大光度指标等参数。

9.2.2 正确选择照明方式

（1）建筑立面的泛光照明不宜均匀照亮，宜采用有明暗变化，主次突出，不但节能且艺术效果好的照明方式。

（2）借助现有室内照明的内透光照明方式可在一定程度节约前期投资。

（3）玻璃幕墙建筑立面照明不应采用投光照明方式。

9.2.3 正确选择光源

（1）夜景照明应选用气体放电灯，不应选用普通白炽灯。

（2）室外装饰照明应选用高强度气体放电灯，如采用金属卤化物灯和高压纳灯。

（3）室外装饰照明可采用T8或T5的荧光灯管。

（4）在室外场所（小于15oC场所）可采用紧凑型荧光灯，作为装饰照明或重点照明。

（5）室外各种标志牌、交通信号灯、广告装饰牌可采用LED作为光源。

（6）逐步减少高压汞灯的使用量，特别是不应采用光效低的自镇流高压汞灯。

（7）有条件的，可采用LED作标志或装饰照明。

（8）有条件的，可采用光导纤维或导光管照明。

（9）采用内透光照明时，宜采用荧光灯照明。

（10）采用轮廓照明时，宜用高亮度的LED或侧发光光纤照明。

（11）局部重点照明时可采用低功率的高强度气体放电灯、卤钨灯或PAR灯。

（12）在高空部位或维修困难的部位，宜采用高光效和长寿命的光源。

9.2.4 正确选择灯具

（1）在满足眩光限制和减少光污染的要求下，应采用高光效的灯具。

（2）高强度气体放电灯的投光灯具效率不应低于55%（带格栅或透光罩的灯具）。

（3）荧光灯灯具效率不应低于60%~65%，磨砂罩的效率不应低于50%~55%。

（4）应选用光通量维持率高、灯具反射器表面的反射比高、透光罩的透射比高的灯具。

（5）道路照明应采用截光型和半截光型灯具。

（6）采用控光合理的灯具，使灯具射出光线尽量照在照明场地上。

（7）采用光利用系数高的灯具。

9.2.5 正确选择光源附件

（1）应选择功耗低、性能好和安全可靠的镇流器。

（2）气体放电灯应加电容补偿，补偿后的功率因数应不小于0.85。

（3）优先采用节能型电感镇流器或电子镇流器，以节约电能。

9.2.6 正确选择照明控制方式

（1）道路、广场和庭院照明应采用自动控制，如光控、时控、程控或几种控制相结合的方式。

（2）建筑物夜景照明可采用平日、一般节假日和重大节假日的分档照明控制方式。

（3）道路照明可采用双光源灯，下半夜关掉一盏灯，或采用下半夜能自动降低灯泡功率的镇流器，以降低功率消耗。

（4）采用低电压供电时，宜用控制线或单电源控制方式。

9.2.7 加强照明维护与管理

（1）应定期进行照明维护，换下非燃点光源或光衰较大的光源。

（2）应定期清洗灯具，以保证有较高的光通量输出。

9.2.8 合理设计照明的供电系统

（1）配电箱位置应尽量设在靠近负荷中心，并靠近电源侧。

（2）三相配电干线的各相负荷应平衡分配，最大相负荷不应超过三相负荷平均值的110%。

（3）照明负荷宜采用三相供电，当负荷很小时，可采用单相供电，线路负荷电流不宜超过30A。

（4）照明单相分支回路负荷不宜超过16A，当采用大功率气体放电灯时，不宜超过30A。

（5）照明配电干线的功率因数不宜低于0.9；气体放电灯宜装设补偿电容，功率因数不宜低于标准值。

（6）功率在1000W以上的高强度气体放电灯宜采用电压为380V的灯泡。

（7）应有独立的配电线路供电，中间不宜连接其他用电负荷。

（8）大中型建筑的配电设计，应预留独立的供夜景照明配电回路。

（9）照明配电干线和分支线应选用铜芯绝缘导线或电缆。

（10）照明分支回路用铜芯绝缘导线的截面积不宜小于2.5mm^2。

（11）照明配电线路的截面积应满足载流容量和允许电压损失的要求，从配电变压器到灯头的电压损失值不宜大于额定电压的5%。

（12）照明单相回路及两相回路，其中性线截面应和相线截面相等；主要供电给气体放电灯三相配电线路，中性线截面不应小于相线截面。

10 保证规划实施的措施和建议

作为夜景照明设计及实现的基础，城市夜景照明规划被使用于指导城市夜间景观的建设，建（构）筑物夜景照明用光、用色必须符合城市夜景照明规划要求，并随建（构）筑物竣工时一起交付验收。

（1）建立完善的管理制度。

（2）建立多元化、稳定的夜景照明投资体系。

（3）理顺夜景照明管理体制，建立高效协调的综合管理机构。

郑东新区城市夜景照明规划设计会议纪要

2005年7月22日，郑州市规划局在郑东新区管委会组织召开了郑东新区城市夜景照明规划设计第二次评审会。省内外照明和规划专家参加了会议，并组成了专家评审委员会，与会专家对提交的方案进行了充分的评议，一致认为所提交的规划方案比第一次方案更加合理和完善，基本满足规划设计要求，原则通过。评审会提出如下修改意见：

1、郑东新区夜景照明的文本需补充详细的控制性指标、建议和要求，以便于指导后期的管理和建设单位的实施；

2、金水广场周围的景观灯塔会影响夜晚车辆司机的视线，应进一步考虑其设置位置；

3、应进一步深化水系、桥梁等市政设施的照明规划；

4、对管理机构职能提出建议，如可采用分段分体的电量计量方式，更有利于节能；

5、应补充户外广告照明的控制性规划；

6、在CBD应特别重视建筑第五立面的夜景照明处理，理手法应有选择性，有利于操作；

7、应在20天以内做出最终方案报有关部门审批。

二○○五年七月二十二日

评审专家名单：

崔元日：信息大学测绘学院教授

于　冰：河南省照明学会副理事长兼秘书长

兰天一：河南省电业局教授级高工

郭凤春：河南省建设厅处长

张　凯：郑州市规划局总工

王广国：郑东新区管委会副主任、教授、博士

王东方：郑东新区管委会土地规划局局长、注册规划师、高工

郑东新区(起步区)城市雕塑专项规划
Special Planning of Urban Sculptures for Zhengdong New district (start–up area)

项目名称：郑州市郑东新区城市雕塑专项规划
委托单位：郑州市郑东新区管理委员会土地规划局
编制单位：郑州市环境艺术设计事务所

1 总则

1.1 编制目的

为适应郑州市郑东新区雕塑规划、设计、建设、管理的需要，整体提升郑东新区的城市形象，更好地服务于社会，增强在建设过程中的统筹规划和控管力度，根据国家、河南省和郑州市颁布的有关法规和政策，特编制本规划。

1.2 指导思想

本次规划在中央提出的中部崛起大战略的指导下,以中原文化的“复兴 · 崛起”为宗旨，融合国际国内先进城市文化发展理念，加快省会郑州文化建设；结合郑州市雕塑总体规划，突出郑州在中部城市群中艺术核心城市的作用。贯彻《郑东新区总体发展概念规划》提出的共生城市和新陈代谢城市的思想；坚持雕塑创作“原生”、“原创”的艺术主张；注重以人为本。把郑州建设成为国内外知名，具有中原城市特色和历史文化传统的适宜创业发展与生活居住的艺术之都。

1.3 规划目标

近期目标：与城市结构呼应，建设能够表现物质文化、制度文化及精神文化三个层次的城市雕塑。实践部分雕塑规划的多用途、多目标，积累“新雕塑”建设经验。形成多元开放性的雕塑建设评估反馈机制，为进一步的雕塑建设、规划和管理提供有效的技术支持。

远期目标：完善城市文化结构，健全城市雕塑体系，全面提升城市形象、美誉度，形成中原地区最有影响力的艺术核心城市。形成可持续发展的雕塑文化系统。

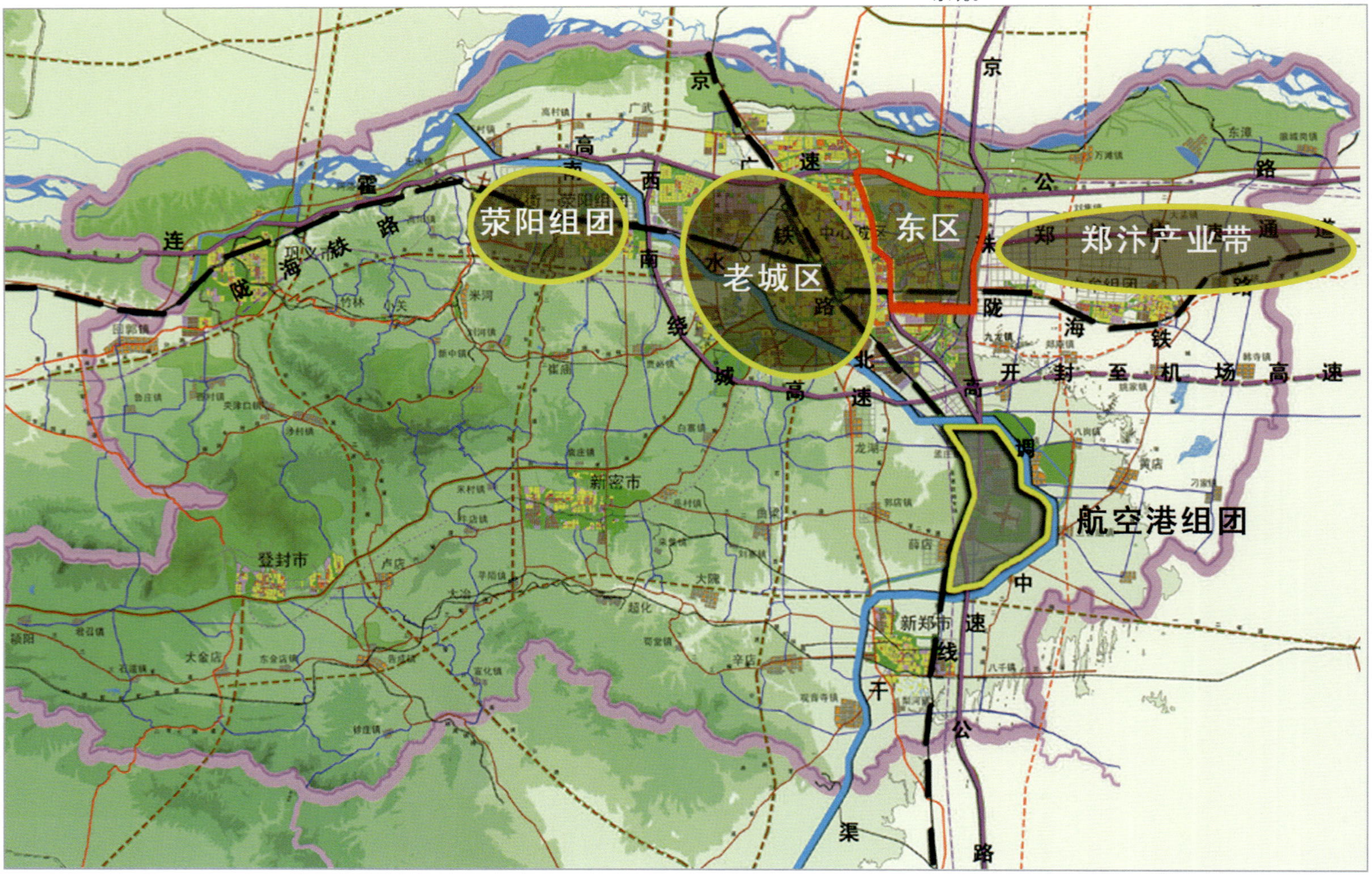

郑东新区区位示意图

2 规划范围、期限

西起中州大道，东至新107国道，北起东风渠，南至陇海铁路，为郑东新区起步区，总面积约33km^2。

近期：2007年~2010年；远期：2010年~2015年

3 郑东新区区位及城市形态研究

3.1 区位分析

郑州为河南省政治、经济、文化中心，地处中原腹地，是中原城市群的核心城市，全国重要的综合性交通、通讯枢纽；新亚欧大陆桥上的重要城市；国家开放城市和历史文化名城，中国八大古都之首；国务院确定的3个商贸中心试点城市之一。

郑东新区位于国务院批准的郑州市总体规划的城市东部圃田组团，处于荥阳组团、老城区、航空港组团、郑汴产业带夹合之中；西起中州大道，东至京珠高速公路，北起连霍高速公路，南至机场快速路，距新郑机场仅半小时的车程，距郑州老火车站约7km路程。

3.2 东区形态

3.2.1郑东新区现状

郑东新区总体发展概念规划引入了生态城市、环形城市、新陈代谢城市、地域文化城市等先进的城市发展理念。其采取组团开发的模式，把城市结构分为CBD、商住物流区、龙湖地区、龙子湖区、科技园区、经济技术开发区等若干组团，风格独特，亮点突出。

根据概念规划编制的郑东新区总体规划，使未来的郑州具有历史与现代、新城与老城、自然与城市“共生”的理念，成为世界城市之林中富有魅力和特色的现代化城市。随着郑东新区建设进程的加快，运河、人工湿地、如意湖岸“群英会”雕塑系列、河南艺术中心等新看点不断涌现，郑东新区作为中原城市群的龙头作用正渐渐体现。

3.2.2郑东新区特色交通

东区的道路组织与老城区的不同，从老城区的环放状公路向环形公路发展，东区的6个组团内都由环形公路连接，而商业、行政、服务中心沿着环形公路布置，并通过环形公路的相互联通来联系组团。

3.2.3郑东新区文物古迹保护专项规划

本规划将郑东新区文物纳入郑州市域文物体系进行系统规划。结合郑东新区建设现状及总体规划要求，对文物古迹提出了相应的保护方案和措施。

3.2.4城市绿地体系

以“绿环围绕、绿线穿插、绿点均布”为布局特色，形成“六环相生、绿廊相连、六心镶嵌、多点均布”的绿地结构，实现“碧水与长天一色、自然与城市共生”的景观形象。

3.2.5城市水系

郑东新区范围内不仅有“三河一渠”金水河、七里河、熊耳河、东风渠，还有新开挖的“东西运河”昆丽河、“南北运河”如意河，共同形成环抱城区的生态走廊。

人工湖：现有如意湖以及正在改造中的龙湖。通过运河将龙湖与新区的CBD连接起来。把历史景观中的人工湖和运河景观作为主题。水中映射出新城中心的风景将向世界展示独一无二的具有郑州特色的城市形象。

3.2.6东区桥梁

截止2006年底，起步区已开工建设桥梁33座。郑东新区水系上的大小桥梁，不但发挥着连结交通的功能，还以各具特色的造型、结构特征，成为郑东新区景观体系的重要元素。

郑东新区文物古迹分布图

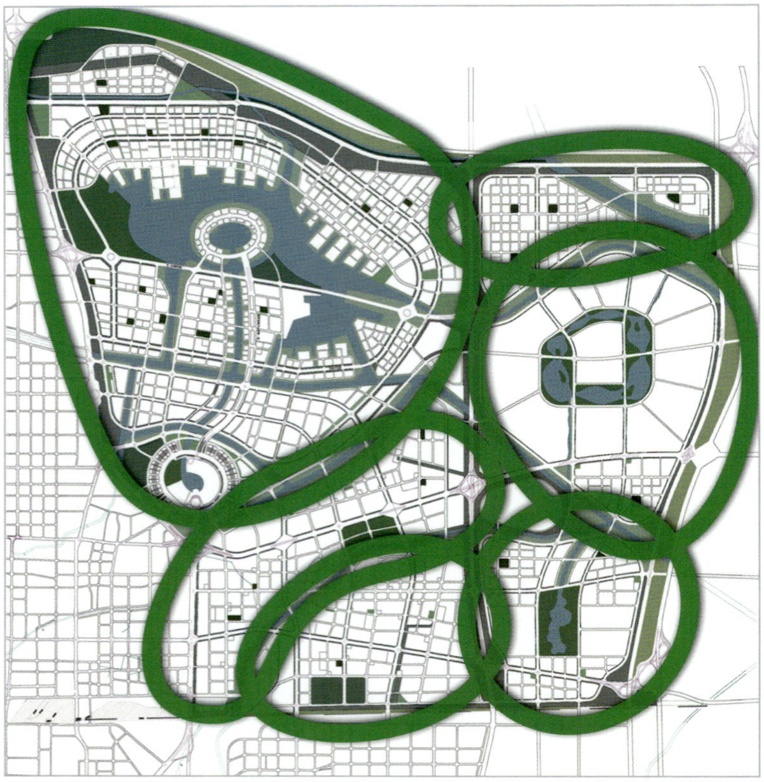

郑东新区城市绿地体系示意图

六环相生：
围绕起步区、拓展北区、拓展南区、龙子湖北区、龙子湖中心区、龙子湖南区6个区由滨河公园、防护林带等形成的6个生态回廊。

郑东新区城市绿地体系示意图

六心镶嵌：
由龙湖及周边绿地、CBD中心公园、龙子湖公园、拓展区公园、科研区公园、东周城遗址公园苑共同构成的6个生态核心。

郑东新区城市绿地体系示意图

绿廊相连：
绿廊是由带状公园和带状防护绿地共同构成的生态廊道。滨河带状公园、从龙湖向外放射的带状公园形成郑东新区最具特色的绿廊；沿主要道路的防护绿地是绿廊的另一构成元素。

郑东新区城市绿地体系示意图

多点均布：
由众多块状的街旁绿地、社区公园共同构成的生态节点。

4 郑东新区发展方向分析

能领导一定区域范围内的城市形成整体合作，最终成为在中部崛起中承担应有责任和义务的领导型城市。

以区域性金融中心和现代服务业中心为发展重点的服务型城市。

以现代综合交通体系为主的物流运输平台和以邮电通讯及网络为主的物流信息平台，“以区域交通物流为基础，以国际物流为目标”，逐步发展成为全球化、多功能、高效率的现代交通物流枢纽城市。

以高新技术产业为支撑, 先进制造业为基础, 有较强品牌优势的产业城市。

以科技创新、企业创新、文化创新、管理创新、生活创新、艺术创新，行为创新和环境创新等全方位、多层次的创新型城市。

构建人与社会和谐、人与自然生态和谐, 多元文化和谐, 历史的传承性和未来的发展和谐的城市。

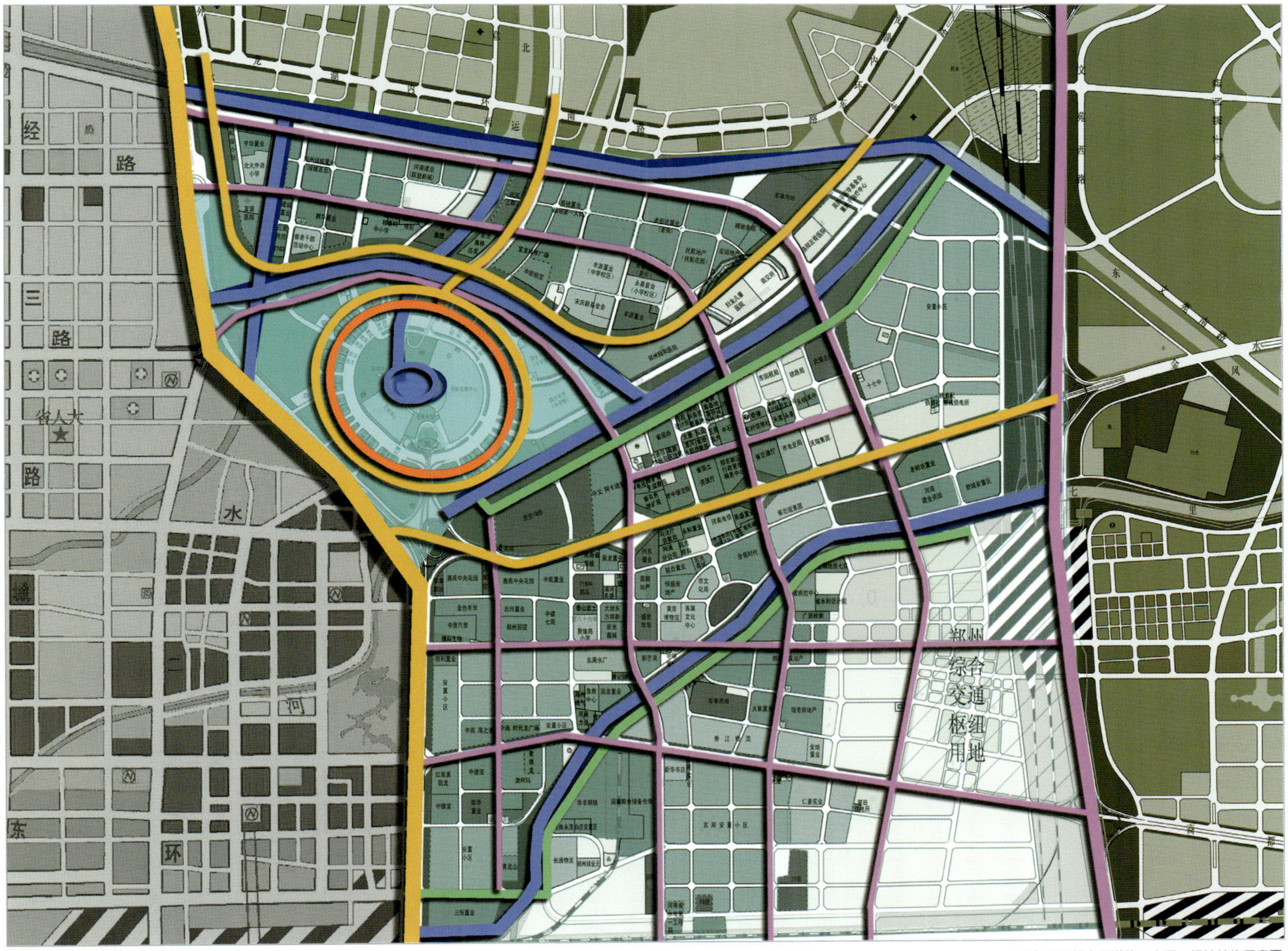

郑东新区起步区道路、水系、绿地结构示意图

5 郑东新区“城市雕塑”规划

5.1 东区雕塑现状

5.1.1一组“群英会”，共计45件，位于中央商务区（CBD）如意湖畔落。利用了两种传统的文化资源，一是古今中外的柱型雕刻；二是世界各国不同时期的“头冠”和帽子的形象符号。象征着来自不同时间和空间的人群会聚CBD，在一种自然、和谐、平等的环境中对话、交流、象征了多元文化的共生。

5.1.2一组风动雕塑，共计3件，位于CBD中央湖西北侧，不仅在雕塑创作中体现了科学的发展观，能源观，而且风动雕塑的高科技含量和创新性，将成为新区的一个亮点，同时它对中国雕塑的发展也将是一个有力的推动。

5.1.3位于农业东路、商鼎路路口顺驰中央特区售房部前。

5.2 雕塑规划的结构

5.2.1雕塑规划的文化结构

东区作为先进理念规划的城市，具有诸多优势和良好的发展前景。但其城市文化的结构仍可大致区化为在技术系统上的物质文化、社会系统上的制度文化及意识形态基础上的精神文化三个层次。东区雕塑规划所要反映的也可大致区分为这三个层次，或者说建设反映或综合反映这三个层次等的雕塑，从而形成具有东区特色与独特的吸引力的“雕塑文化”。

5.2.2文化结构的实现方式——以艺术设计为载体

（1）对于物质文化

艺术设计可以有效进行技术整合，使技术获得并完善其社会属性。

艺术设计赋予技术以社会形象，增强社会公众对技术的了解认知和体验。

（2）对于制度文化、精神文化

制度文化、精神文化实现的途径之一是通过艺术设计获得现实形态，呈现为具体的物质形象与活动，公众才有了对两者的切身感受、认知、体验的载体和途径。

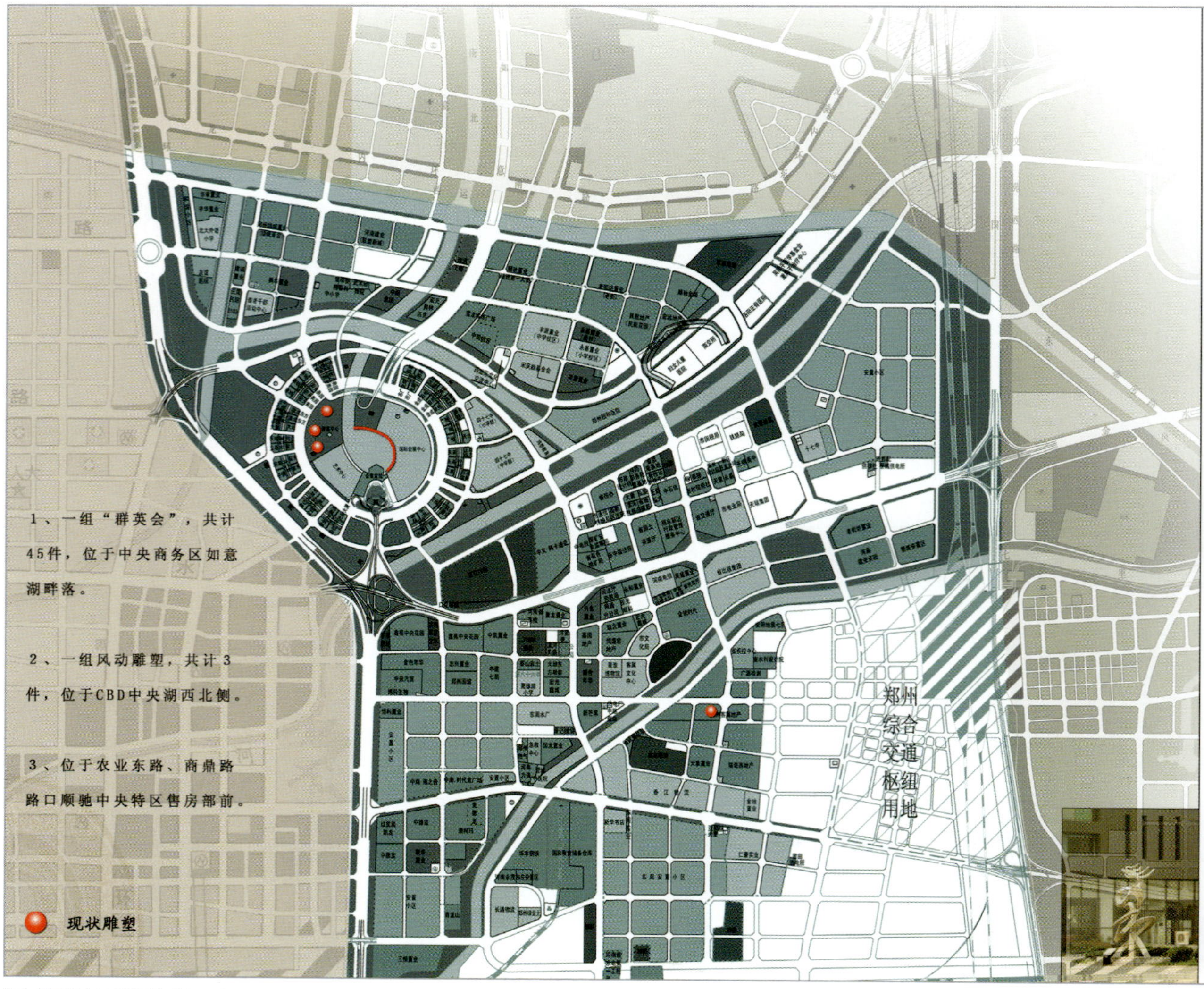

郑东新区起步区现状雕塑分布示意图

5.2.3雕塑规划的空间结构

（1）基于环形城市、簇团式结构的新型城市格局，宏观地看：城市若干核心区与中心区（CBD）大致位于A区；城市居民区，商贸区大致位于B区；生产、保障区大致位于C区，这样，概念地讲，偏重于精神文化表现的雕塑适合人文环境较好的A区以内；偏重于制度文化表现的雕塑适合居住生活的B区以内；偏重于物质文化表现的雕塑宜建造在的C区以内。

（2）由于每个簇团都有相对独立的城市功能与自己的核心，为显现其特征，应在其核心位置（区域的、视觉的、交通的等）建立大型识别性雕塑，其区域内宜建设与主题相应的雕塑，在簇团内形成总体特色。

（3）每个簇团都通过主干道、环放式道路与其它簇团相联系，簇团间的交界、缓冲地带为城市的节点，是交流、流动的区域，是多样性发生的地带，雕塑宜根据周边具体环境建设，宜注重多目标、多用途及宜人性。

（4）为方便生活，某些簇团、区块内配套设有商业金融区、文化娱乐区、体育区、城市广场、医疗卫生等，在此区域内要有适当的雕塑作品，尤其是雕塑小品。

（5）基于东区路网的结构特色——东区的环放型道路网使得城市主干道如同城市的“客厅”，其上雕塑设计需要庄重大方、有气魄，展示一座城市对外的特征形象，过于随意自由的小品设计是不合适的；而各条次干道、支路如同城市的“卧室”；步行街、滨河步道、小径等则宛如私密化程度显著的“单人间”，次干道支路的雕塑景观可以进行多样化的设计，使之成为展示一座城市地域特色的绝佳地点；而滨河步道附近的雕塑景观正是我们要工作的重点区域。

5.2.4雕塑母题的展现与分布

源自城市概念规划思想主题（共生与新陈代谢）

共生与新陈代谢是东区概念规划构思中最核心的思想，是城市得以确立的思想基石，应借助雕塑的手段得到深入、准确的传达。

（1）新区（未来）与现城区（历史）的共生

中州大道是新老城区交汇、相叠的城市主动脉。金水路是政府行政部门密布并且是贯穿新老城区的主干道，同时也是郑州市目前现有的一条雕塑景观路。中州大道、金水路立交处建设大型雕塑来反映出城市中心区的联系、转移与进步。

（2）自然与城市的共生

通过人工湖、运河、绿化网络与自然共生这一思想与本土自然观、天人合一的思想相沟通，在水路的节点建设一些水体“雕塑”、水岸雕塑，灯光雕塑、达到景观上的水陆交融；塑造独有的四季分明的具有中原特色的滨河雕塑景观。要充分考虑多重视点的景观效果。

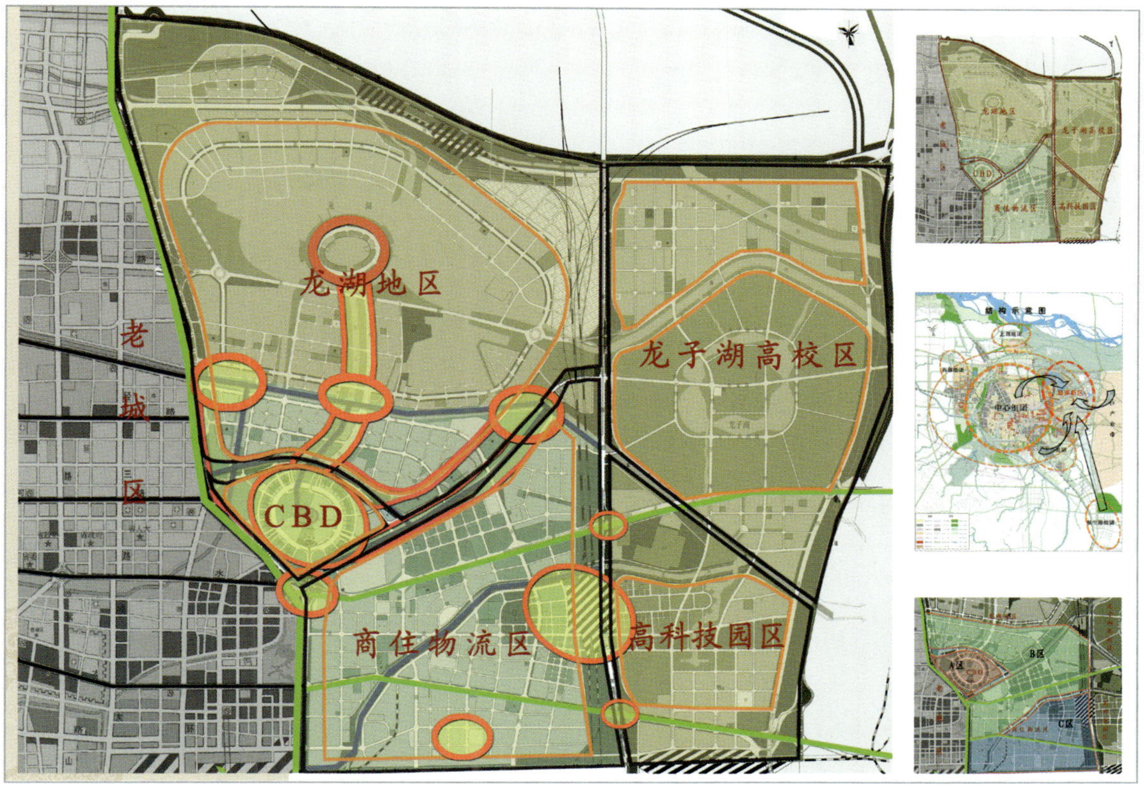

郑东新区城市雕塑专项规划框架示意图

类别	区域位置	表现内容
A	CBD	偏重于精神文化
B	商住物流区（商都路、七里河以北）	偏重于制度文化
C	商住物流区（商都路、七里河以南）	偏重于物质文化

（3）产业（经济）与生活（文化）的共生

主要通过在商业步行街建立情趣雕塑等来提升生活品质，展现现代商贸城的精神面貌注重精神文化与现代商业文化的和谐共生。注意与步行街建筑风格的和谐一致，选址上充分与公共服务设施结合。建议设立可移动式花坛花架，平时可作为花坛花架使用也可作为雕塑展示使用。

（4）国际性与历史传统的共生

东区的发展需要多元文化的交流、多元文化的碰撞、多元文化的和谐，设计的撞击来使它充满创造的活力。一方面在开放、竞争、民主的现代精神指引下深入挖掘本土、中原文化的精粹，尤其是对本土文化、传统造物等的再认识、再设计，再利用，并且保护好、发展好、传播好自己的优秀文化，使它“活”在当代。另一方面切实地吸取国外优秀文化来充实、发展自己，使它“活”在当地。

（5）人与其他生物种的共生（生态回廊）

生态城市

生态城市作为郑州东区城市规划的一个重要理念，需要通过多种媒体和途径，广泛宣传、普及生态系统知识，还需要认真研究分析本地的城市生态系统特征，要运用生态系统理论研究本城市生态系统内在规律，在深入研究的基础上指导“生态城市”建设的实践。这些要求要城市雕塑具有公众物质与文化教育功能，这些要求把城市雕塑建设当作一个与社会沟通的过程，这个过程要比雕塑自身起到的作用更多。

初步规划先于CBD公园“学习林”内设立生态主题性雕塑展示区。先就生态议题面向研究机构、学校与社会征文，向艺术设计院校、雕塑家征集具有地域特色的设计作品。随着科研成果的深入、公众认识水平的提高，不断优选作品、创作建成雕塑，从而持续推动生态城市的建设实践过程和内容。尽快设立提倡健康生活方式的作品。

大学城化将高等教育从原有城市相对分散的地域中剥离并重新集聚，迅速改变了原有城市郊区的生态面貌，在城市生态系统中，大学校园作为一个独特的子系统应进行探索、建设。它可以保护城市生态系统的多样性，有利于城市可持续发展；它本身就是教育、科研机构，有巨大的社会影响力，可带给参观者生态体验以及由此产生的生态教化作用。可借鉴生态公园的经验建设生态大学校园，形成特色的生态大学城。

环形城市

独特的环形交通体系与独特的环形交通景观为步行、车行、船行观看雕塑、环湖运动与赛事创造了良好的背景环境。可以尝试在不影响交通安全的情况下，设立特色雕塑，活跃城市景观。

郑东新区起步区城市雕塑总体布局点

编号	类别	区域位置
D	地标、标识、纪念性	簇团核心；簇团交界节点；特定及有历史纪念意义的处所
Q	公共活动雕塑景观区	CBD 中央公园；中州大道、商务外环路、黄河东路间湿地
S	滨水雕塑景观带	东风渠、熊耳河、南北运河滨河公园
Z	雕塑展示平台	CBD 商业步行街；龙湖外环路绿化带
L	雕塑景观路	金水东路；商都路；商务外环路；如意东路
XP	生活小品；装置类	社区内；街头游园；休憩绿地；大型主体建筑、公共建筑等周边

5.2.5可持续发展——文化与人

东区的建设是个奇迹，建设上的成功为城市管理、城市设计、文化建设提供了巨大空间也提出了巨大挑战。可持续发展战略在立足于东区特色的同时也应借鉴城建上政府与民间合作的成功经验，通过找到利益契合点引导民间对文化、艺术的热情及积极参与。

东区居民、开发商、政府是文化发展的主要建设力量，整合他们的能量是实现可持续发展的根本途径：首先，发挥东区政府管理、引导与组织的功能，活跃文化生活、促进社区经济；其次，发展社区内的“就业”机会，发展妇女艺术、儿童艺术等。推行共同协作，提高整体生活质量；再次，企业赞助健康的文化入住社区，扩大品牌影响力的同时促进社区文化的多样性建设。

未来副都的建设，首先应在物质环境上为社区文娱活动提供公共室内空间，其次，开发商自己或邀请其他企业应结合自身优势建设公益项目促进生活交流、文化互动。随着社区文化特色的形成与变化，政府应邀请艺术家进行相关创作或邀请理论家主持并优选、实施。

东区是旅游城市、会展中心，可组织家庭接待国内外的背包客、会议者等。一方面，旅游者、与会者可真切体验当地生活；另一方面，家庭获得一定经济利益也获得相互的交流。政府可借机宣传自己的城市、扩大城市美誉度。为艺术、知识界人士提供讲学与免费住宿的机会，与大学开展多方位的合作，使得城市逐渐成为文化的容器、文明的孕育所等。

5.3 城市雕塑建设

各类雕塑总计选址62处，建设各类雕塑62组件：其中大型标志性雕塑、纪念碑雕塑9 组件，各类主题雕塑21 组件，其他贴近群众生活的人物雕塑、装置性、园林小品雕塑 32 组件。

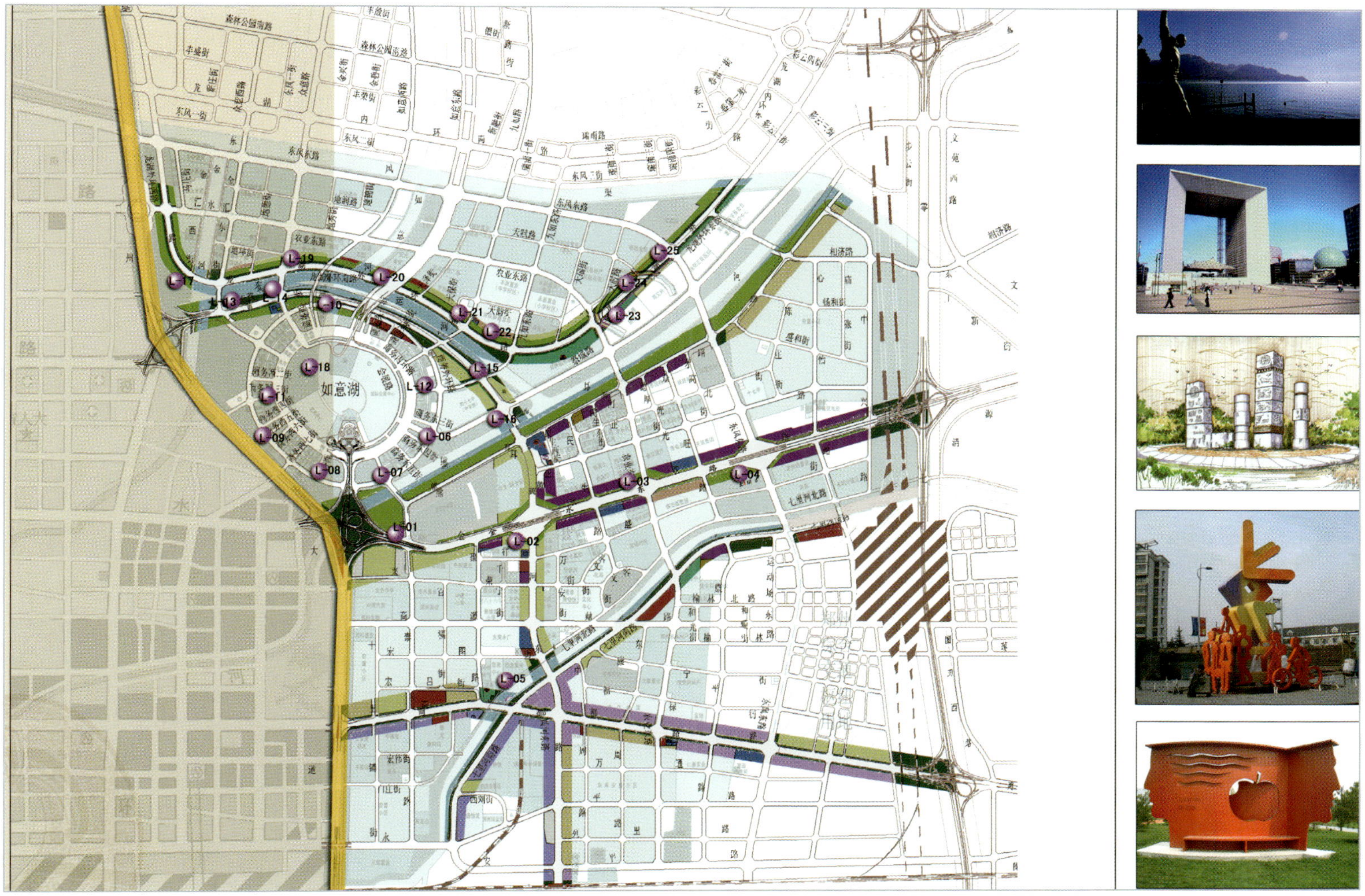

郑东新区起步区雕塑分布道路索引图

郑东新区城市雕塑专项规划雕塑景观路布点图　黄河东路（金水路——陇海铁路）

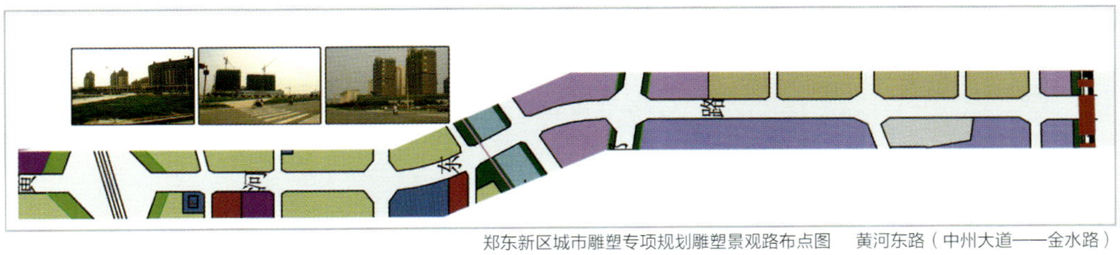

郑东新区城市雕塑专项规划雕塑景观路布点图　黄河东路（中州大道——金水路）

编号	位置	表现内容宜为	类别宜为	尺度宜为	材质宜为
D-01	中州大道（金水立交内）	守望相助新老城的共生	地标类	25m 以上	
L-01	金水东路、通泰路	新老城的共生	雕塑景观路		
L-03	金水东路、东风东路西南		雕塑景观路		

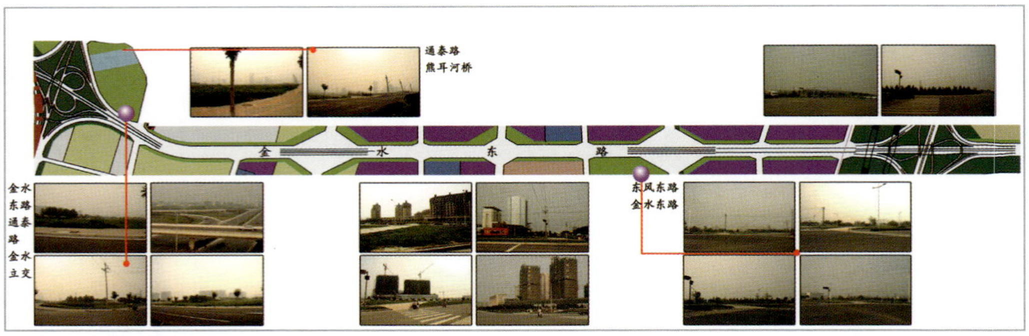

郑东新区城市雕塑专项规划雕塑景观路布点图　（金水东路沿线）

郑东新区城市雕塑专项规划雕塑景观路布点图　（商都路沿线）

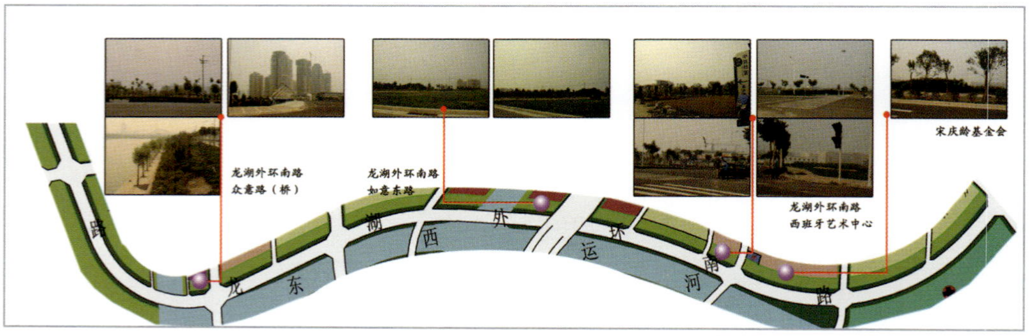

郑东新区城市雕塑专项规划雕塑景观路布点图　（龙湖外环南路沿线）

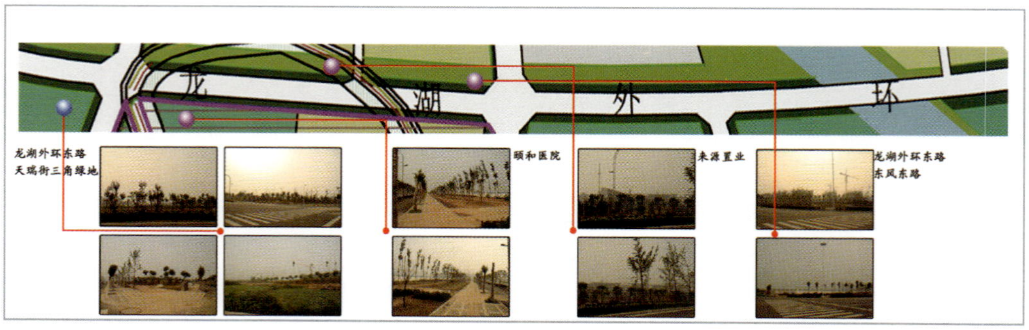

郑东新区城市雕塑专项规划雕塑景观路布点图　（龙湖外环东路沿线）

郑东新区城市雕塑专项规划滨河路布点图 （熊耳河路沿线）

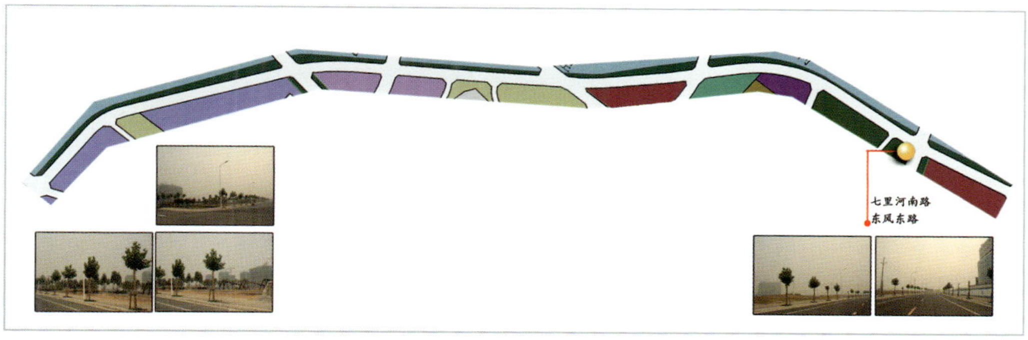

郑东新区城市雕塑专项规划滨河路布点图 （七里河南路沿线）

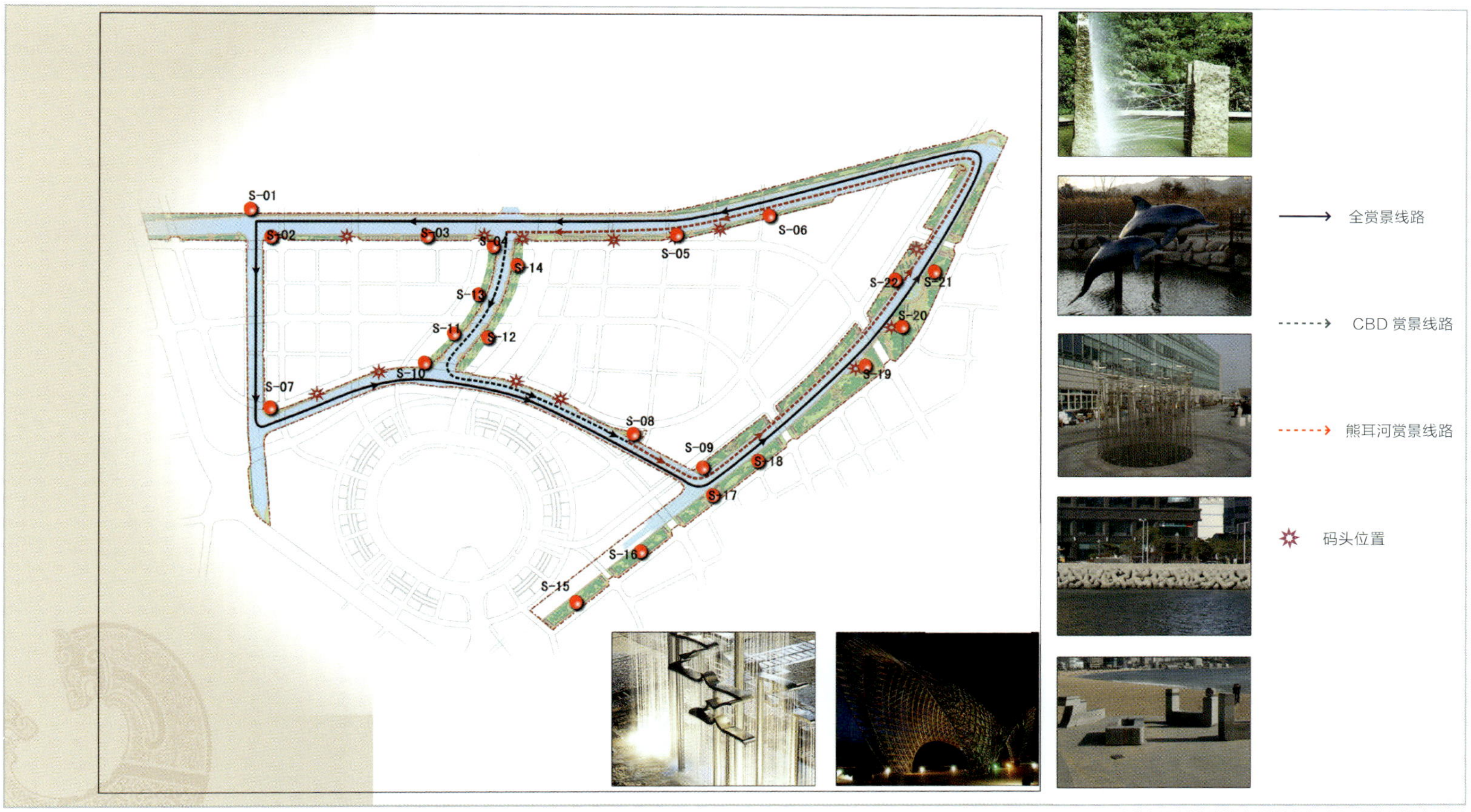

郑东新区城市雕塑专项规划“四河一渠”雕塑布点图

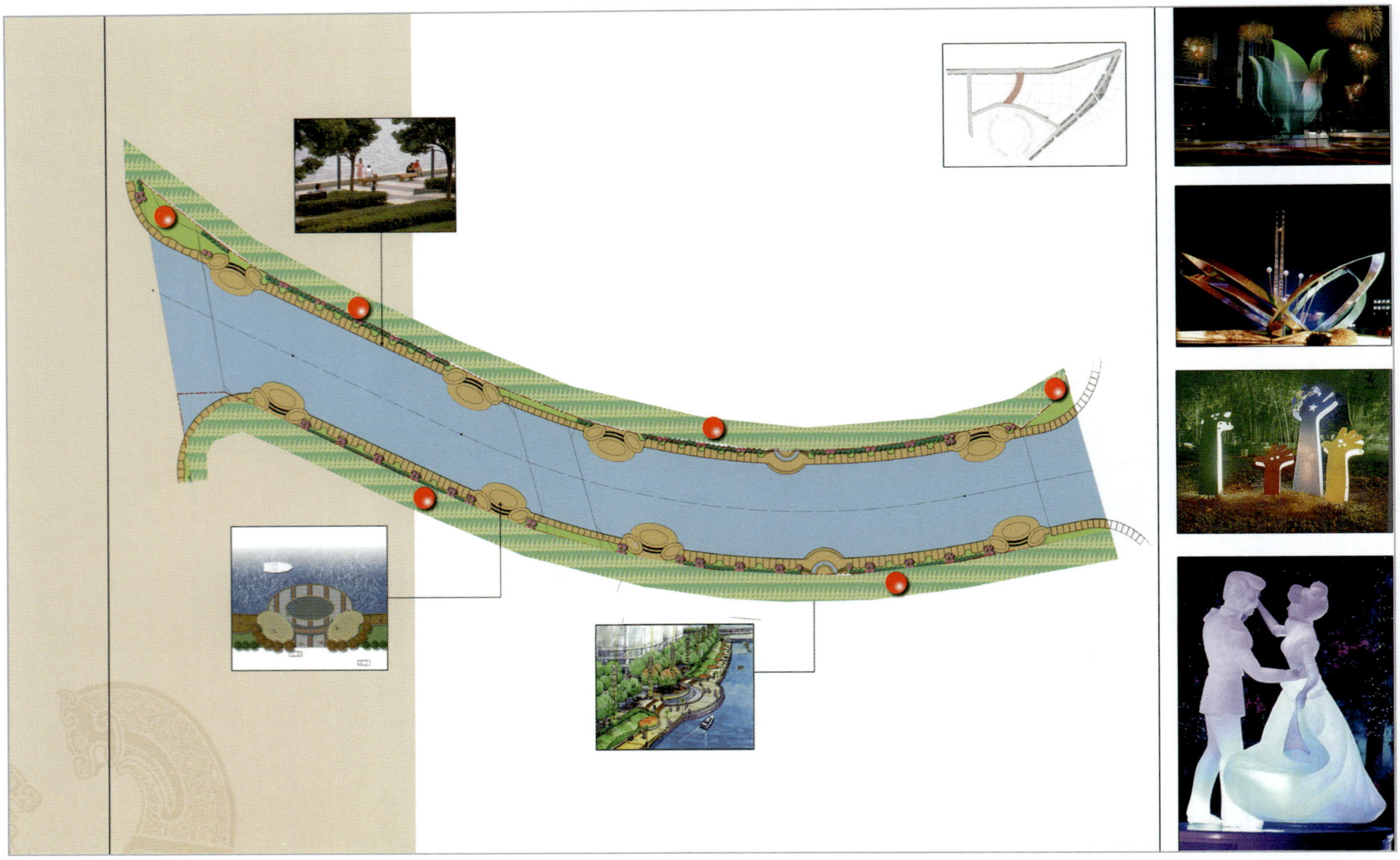

雕塑布点　赏景线路　CBD 赏景线路　熊耳河赏景线路　码头位置

郑东新区城市雕塑专项规划南北运河雕塑布点图

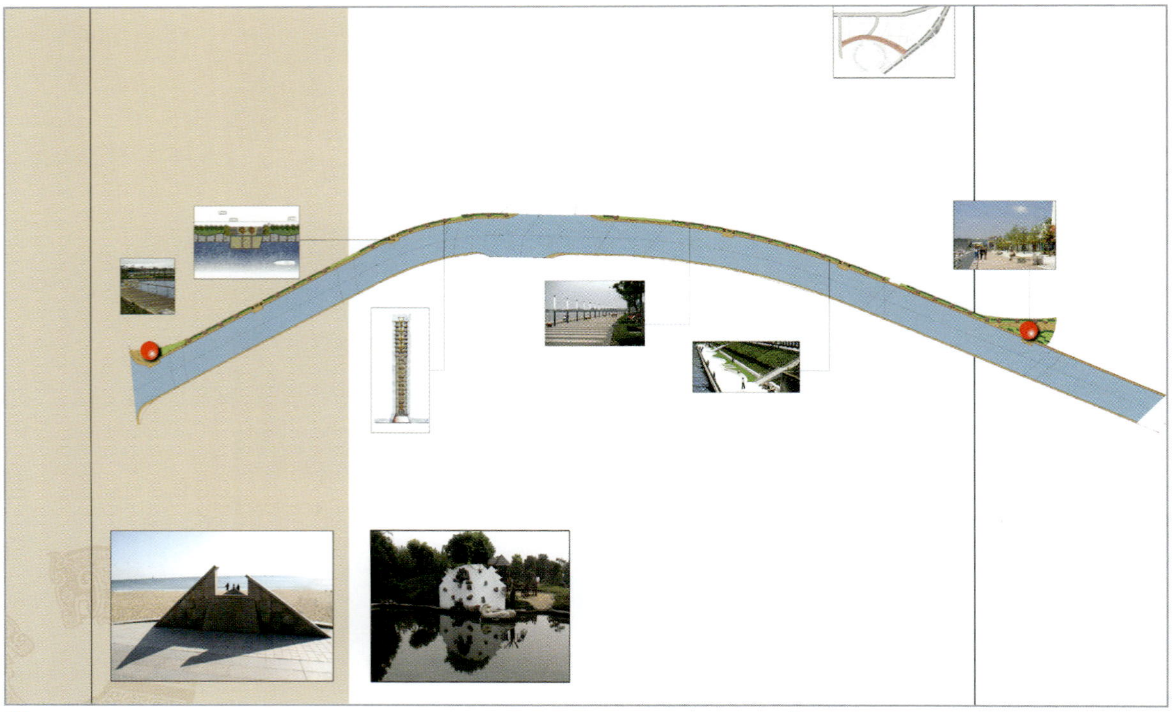

雕塑布点　赏景线路　CBD 赏景线路　熊耳河赏景线路　码头位置

乔木种植　混合林木区　草坪 / 灌木种植区　广场 / 步径

郑东新区城市雕塑专项规划东西运河雕塑布点图

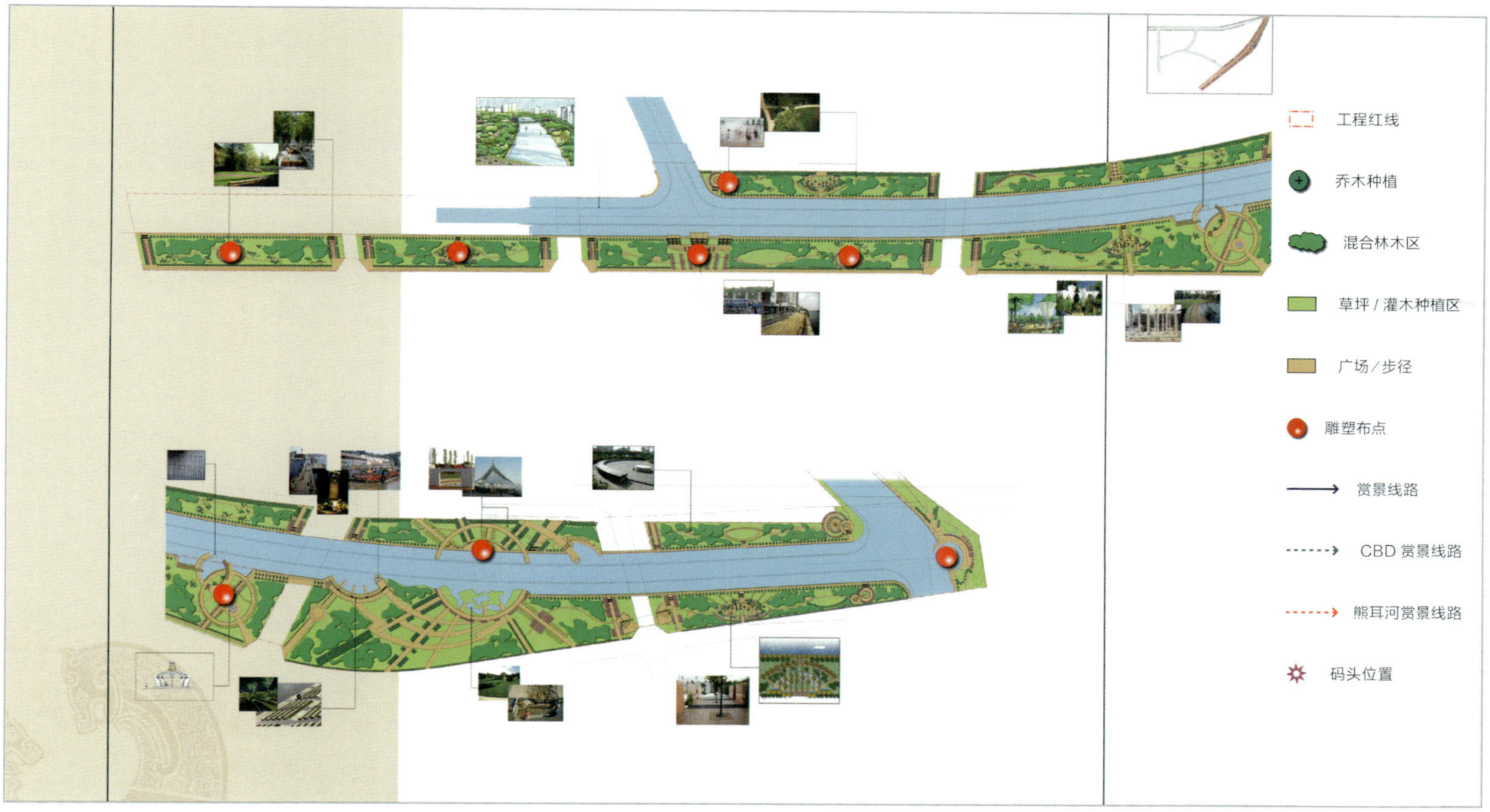

郑东新区城市雕塑专项规划熊耳河雕塑布点图

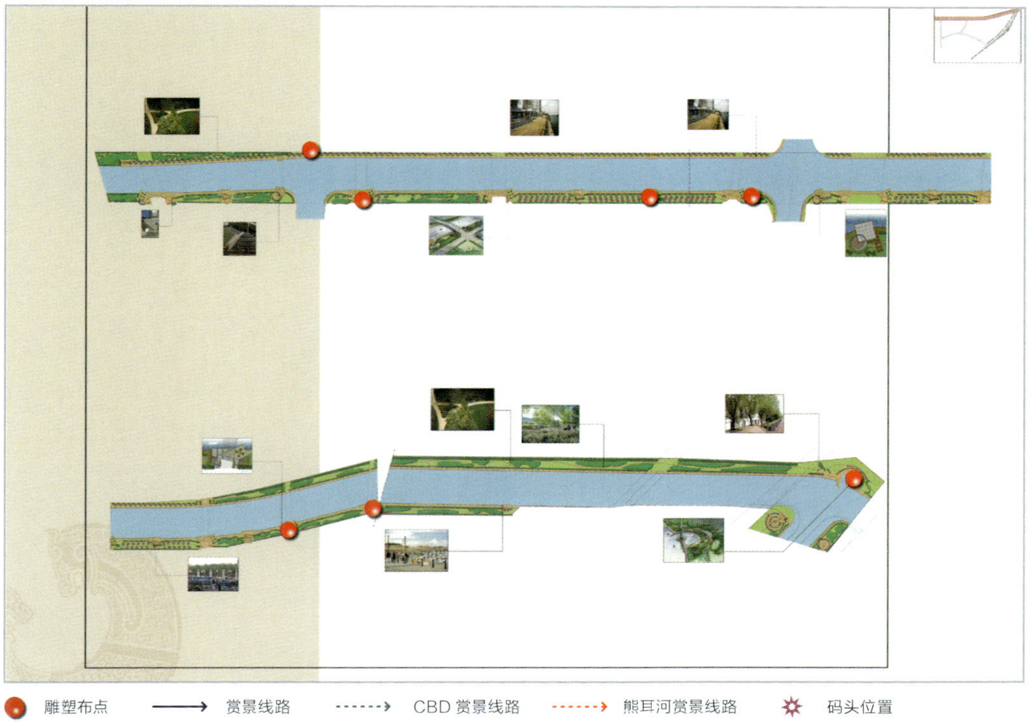

郑东新区城市雕塑专项规划东风渠雕塑布点图

编号	位置	表现内容宜为	类别宜为	尺度宜为	材质宜为
S-01	熊耳河南岸 95m 绿化带	人与自然共生	滨水景观雕塑	2 ~ 5m	
S-02	熊耳河南岸 95m 绿化带	人与自然共生	滨水景观雕塑		
S-03	熊耳河南岸 95m 绿化带	人与自然共生	滨水景观雕塑		
S-04	熊耳河南岸 95m 绿化带		滨水景观雕塑		
S-05	熊耳河南岸 95m 绿化带	人与自然共生	滨水景观雕塑		
S-06	熊耳河北岸 65m 绿化带	人与自然共生	滨水景观雕塑		
S-07	熊耳河北岸 65m 绿化带	人与自然共生	滨水景观雕塑		
S-08	东风渠南岸 25m 绿化带		滨水景观雕塑		
S-09	东风渠南岸 25m 绿化带		滨水景观雕塑		
S-10	东风渠南岸 25m 绿化带		滨水景观雕塑		
S-11	东风渠南岸 25m 绿化带		滨水景观雕塑		
S-12	东风渠北岸 65m 绿化带		滨水景观雕塑		
S-13	东西运河转向处防护绿地		滨水景观雕塑		
S-14	东西运河转向处防护绿地		滨水景观雕塑		
D-04	南北运河、如意东路东风渠北绿地	城市自然共生	城市特征		
D-05	东西运河、熊耳河交汇处，接龙子湖高校区		地标类		

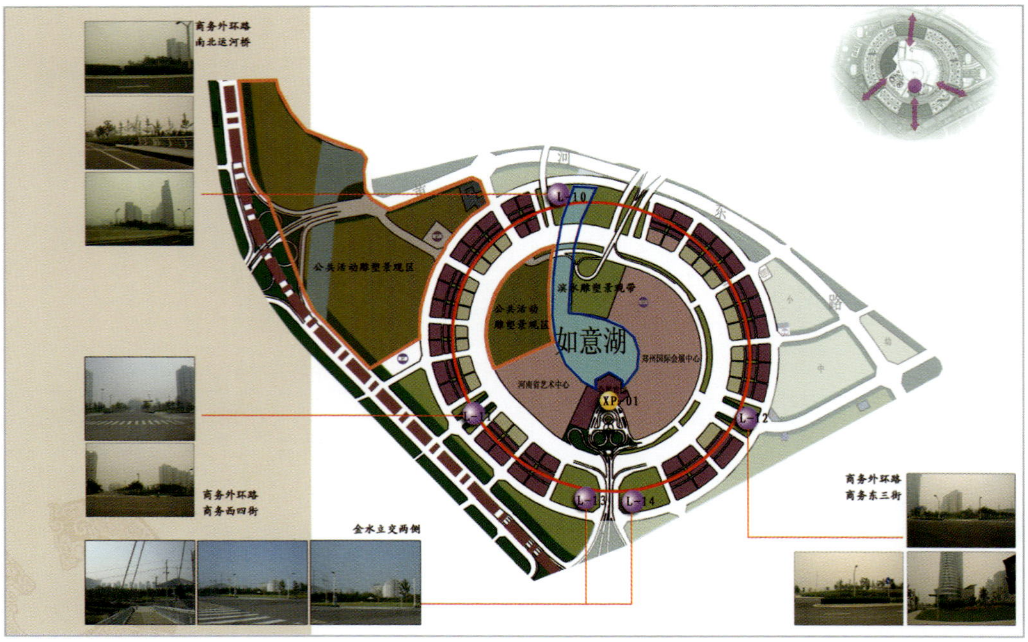

郑东新区城市雕塑CBD雕塑布点图

编号	位置	表现内容宜为	类别宜为	尺度宜为	材质宜为
Z-01	CBD 商业步行街		雕塑展示（组）	2m	
Z-02	CBD 商业步行街		雕塑展示（组）		

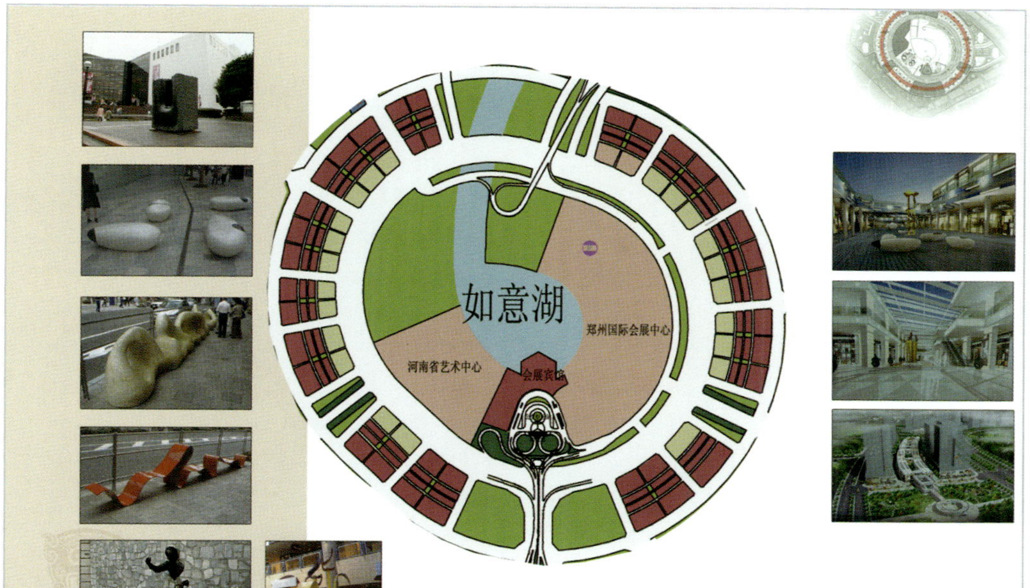

主要通过在商业步行街建立情趣雕塑等来提升生活品质，展现现代商贸城的精神面貌注重精神文化与现代商业文化的和谐共生。注意与步行街建筑风格的和谐一致，选址上充分与公共服务设施结合（如休憩座椅、自动扶梯、饮水处、吸烟处等）。建设设立可移动式花坛花架，平时可作为花坛花架使用也可作为雕塑展示使用。成为世界文化交流融合的场所。

郑东新区城市雕塑专项规划CBD商业步行街雕塑示意图

编号	位置	表现内容宜为	类别宜为	尺度宜为	材质宜为
D-01	中州大道（金水立交内）	守望相助（新、老城的共生）	地标类	25m 以上	
D-02	中州大道、商务外环路、黄河东路间湿地	人与自然的共生	标识类		
D-03	中州大道、龙湖外环西路、东西运河湿地	人与自然的共生	纪念类		
D-04	南北运河、如意东路东风渠北绿地	城市特性	地标类		
D-05	东西运河、熊耳河交汇处，连接龙子湖高校区	城市特性	生活类		
D-06	祭伯城遗址	周文化	历史题材		
D-07	新郑州综合交通枢纽	核心城市	地标类		
D-08	客属文化广场	历史与现代共生	纪念类		
D-09	东周城遗址	周文化	历史题材		

编号	位置	表现内容宜为	类别宜为	尺度宜为	材质宜为
Q-02	中州大道、商务外环路、龙湖外环西路湿地	人与自然共生	公共活动（组）		
Z-04	龙湖外环路	人与自然共生	行为艺术		

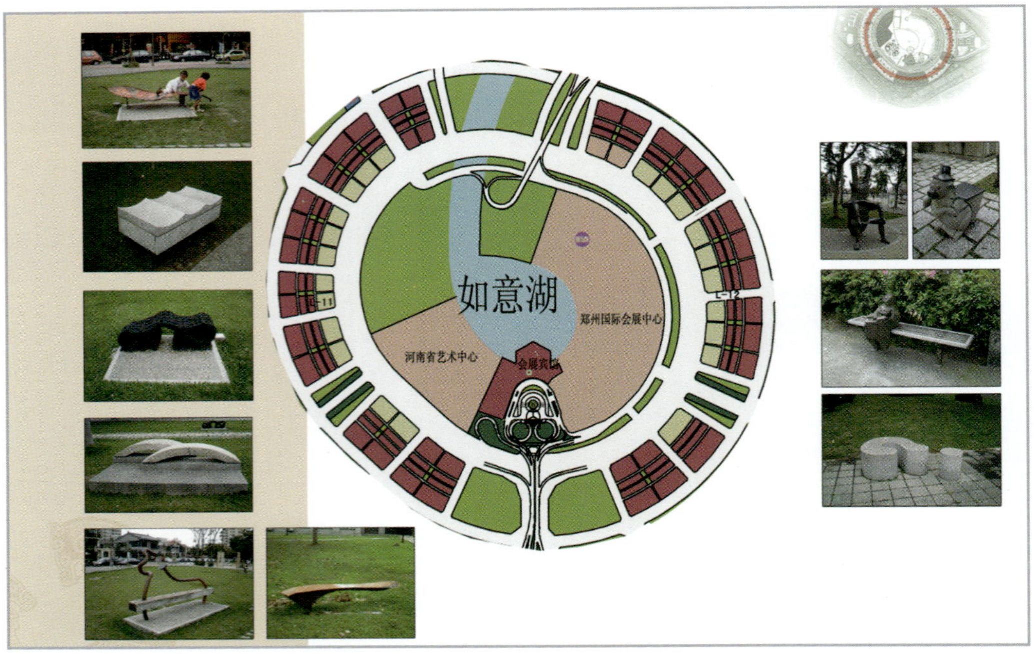

郑东新区城市雕塑专项规划CBD商业步行街雕塑示意图

编号	位置	表现内容宜为	类别宜为	尺度宜为	材质宜为
D-06	周代祭伯城遗址	周文化	历史题材		
D-10	客属文化广场	历史与现代共生	纪念类	20m	
D-11	东周城遗址	周文化	历史题材		
Z-06	龙湖外环南路、西班牙艺术中心	西班牙文化	雕塑展示		
S-15	南北运河西侧步行街及绿地	多元文化	滨水景观雕塑	2m	
S-16	南北运河西侧步行街及绿地	多元文化	滨水景观雕塑		
S-17	南北运河西侧步行街及绿地	多元文化	滨水景观雕塑		
S-18	南北运河西侧步行街及绿地	多元文化	滨水景观雕塑		
S-19	南北运河东侧步行街及绿地	多元文化	滨水景观雕塑		
S-20	南北运河东侧步行街及绿地	多元文化	滨水景观雕塑		

5.4 建设时序

5.4.1近期以CBD4个门户为初始，然后逐步在CBD区域范围内逐步展开。

5.4.2结合商务内环路、商务外环路间商业步行街的建设开展表现精神文化与现代商业文化和谐共生的雕塑展示路的建设。

5.4.3结合南北运河两侧步行街的建设开展滨河雕塑景观带的建设。

5.5 雕塑建设应遵循的原则

依据总规纲把郑州建设成为国内外知名、富有中原城市特色和历史文化传统的城市，同时也是适宜创业发展和生活居住、有较强经济竞争力的现代化大都市的要求。

5.5.1地方特色原则

5.5.2树立精品原则

艺术性是城市雕塑的重要特性，是衡量城市雕塑成败的重要因素。城市雕塑作为空间艺术品，它不仅是为广大群众提供审美与阅读对象，它还是一座城市文化情趣的反映。我们建议创作的作品，要不断提高作品的艺术水准，使文化内涵能够在每一件作品中得到充分的体现。

5.5.3持久性原则

城市雕塑由于绝大多数是露天摆放的，而且不可避免地要受到人为行动的影响。因此，在城市雕塑建设的物质选材上，要采用经久耐用的材料，如铜、钢、石材等等。此外，还应当大胆引用国外的先进材料与惯用材料，增强城市雕塑的稳定性与持久性；在其精神内涵上，则要选择较为恒久的题材，使城市雕塑能够经得起时代变迁的考验，能够与现实和未来不断发展着的环境空间相协调，能够与城市的整体艺术氛围及文化底蕴相协调。应当尽量避免一些应时应景的短时性作品及一哄而上的“快餐式”作品。

5.5.4公众参与原则

城市雕塑的公众特性是现代社会民主、平等、自由观念发展的必然结果，它标志着城市雕塑不再只是艺术家“为艺术而艺术”的个人创作，而是艺术家与公众充分沟通的结果。为此，必须明确公众利益才是城市雕塑建设的出发地点和回归点，城市雕塑只有与公众活动相结合才能完成其环境艺术价值的充分实现。并且，公众参与必须融入城市雕塑发展建设的全过程，而不仅仅存在于某一局部阶段。

5.5.5全面规划、分批实施、适度发展，明确近期实施计划，注重保持其连续性的原则。

5.5.6严格按照规划，做到环境、建筑、雕塑风格的协调统一，同时宜采用多样、轻松的表现手法，注重雕塑自身的审美功能，潜移默化的给广大市民以体味；起到传扬文化精神、提升环境品位的作用。

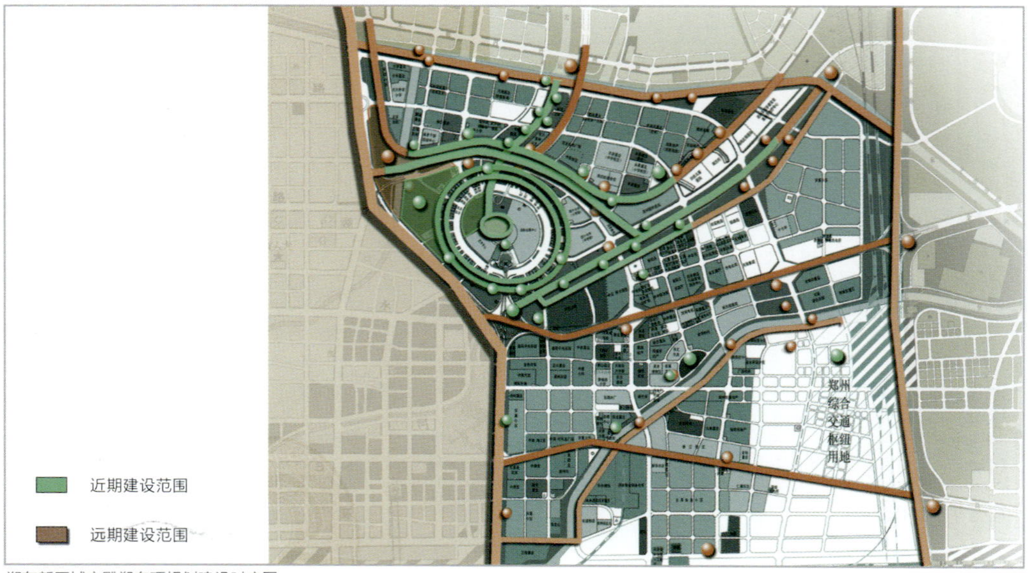

郑东新区城市雕塑专项规划建设时序图

近期雕塑建设一览表

编号	雕塑名称	尺度宜为	材质宜为	题材宜为	位置	类别
001	L-01				金水东路、通泰路	
002	L-04				商都路、七里河桥	
003	L-10				商务外环路、南北运河桥西绿地	
004	L-11				商务外环路、商务西四街，西六街绿地	
005	L-12				商务外环路、商务东三街前绿地	
006	L-13				商务外环路、金水立交绿地	
007	L-14				商务外环路、金水立交绿地	
008	Q-01			人与自然的共生	CBD 中央公园	公共活动（组）
009	Q-02			人与自然的共生	金水河、商务外环路、黄河东路间湿地	公共活动（组）
010	D-01			新老城的共生	中州大道（金水立交内）	地标类
011	D-02			人与自然的共生	中州大道、商务外环路、黄河东路间湿地	标识类
012	D-06			周文化	祭伯城遗址	历史题材
013	D-09			核心城市	郑州综合交通枢纽	地标类
014	D-10			历史与现代共生	客属文化广场	纪念类
015	XP-01			配套装置性雕塑	会展宾馆前	标识类
016	XP-02			制度文化	正光路、民生西街绿地	生活类
017	XP-08			原住民	商鼎路安置小区，中州大道绿地	生活类
018	XP-12			中原文化	客属文化中心	历史文化
019	S-01				熊耳河南岸 95m 绿化带	滨水景观雕塑
020	S-02				熊耳河南岸 95m 绿化带	滨水景观雕塑
021	S-03				熊耳河南岸 95m 绿化带	滨水景观雕塑
022	S-04				熊耳河南岸 95m 绿化带	滨水景观雕塑
023	S-06				熊耳河北岸 65m 绿化带	滨水景观雕塑
024	S-13				东西运河转向处防护绿地	滨水景观雕塑
025	S-14				东西运河转向处防护绿地	滨水景观雕塑
026	S-15				南北运河西侧步行街及绿地	滨水景观雕塑
027	S-16				南北运河西侧步行街及绿地	滨水景观雕塑
028	S-17				南北运河西侧步行街及绿地	滨水景观雕塑
029	S-18				南北运河西侧步行街及绿地	滨水景观雕塑
030	S-19				南北运河东侧步行街及绿地	滨水景观雕塑
031	S-20				南北运河东侧步行街及绿地	滨水景观雕塑
032	Z-01				CBD 商业步行街（公用设施、饮水处）	雕塑展示
033	Z-02				CBD 商业步行街（2 组 18 件）	雕塑展示
034	Z-04				龙湖外环南路、众意路（桥）	雕塑展示
035	Z-06				龙湖外环南路、西班牙艺术中心	雕塑展示

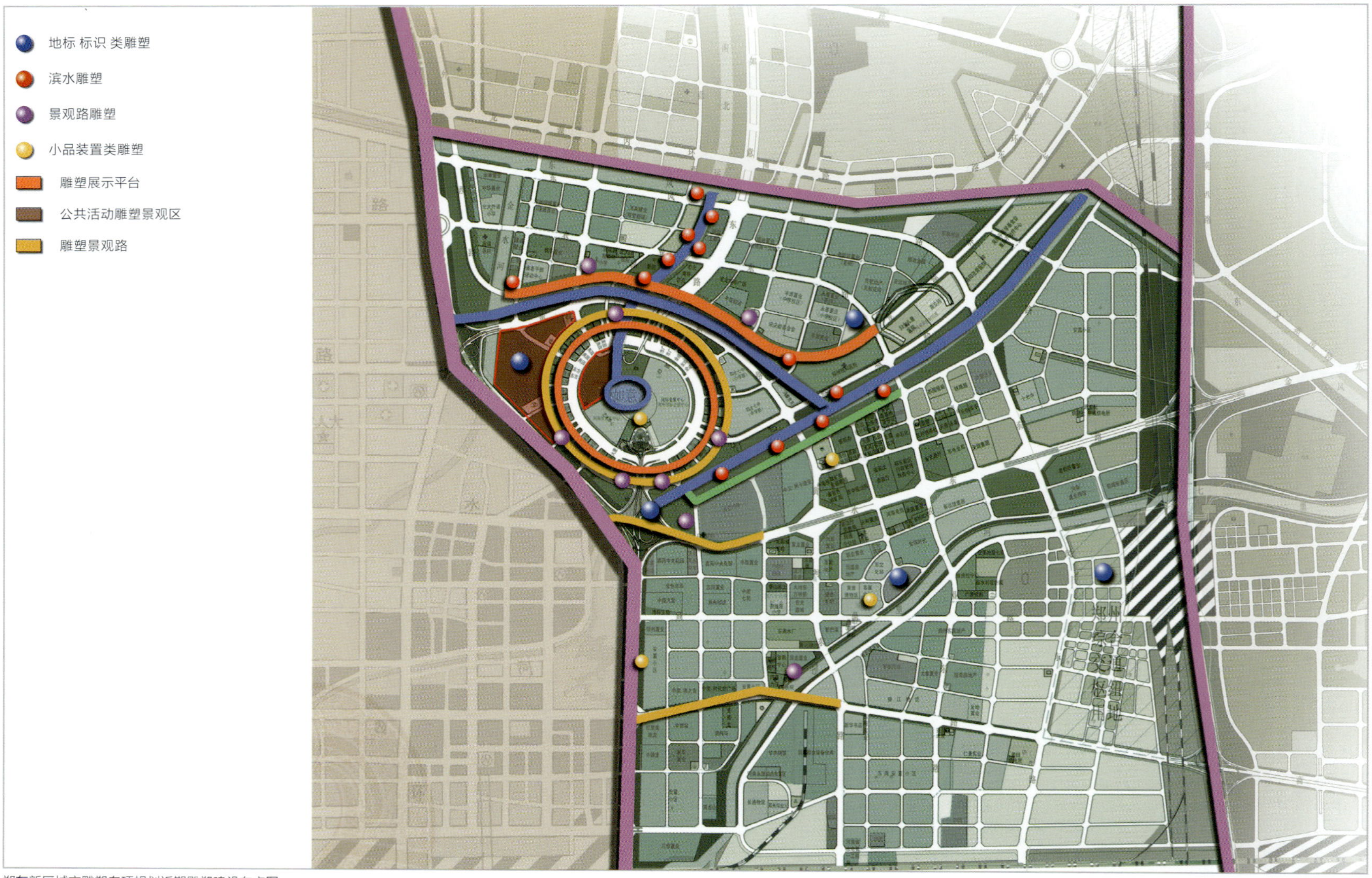

郑东新区城市雕塑专项规划近期雕塑建设布点图

6 实施措施及制度保障

6.1 实施方法

6.1.1公开招标

景观小品雕塑、装饰性雕塑等小尺度雕塑，利用多种媒体、 广为宣传；大量征集作品，有专家小组初选、最终通过民意选评确定作品。

6.1.2定向委托

特定题材作品、特定历史事件等中等尺度雕塑可选择在此领域有独到见解的雕塑大家、大院。充分相信其能力。

6.1.3邀请招标

对城市中大型标志性雕塑或重大历史事件纪念性雕塑，在国际上、国内一流大家、大院选择3~5家招标，广集民意，最终由专家领导小组确定作品。

6.2 制度保障

6.2.1雕塑建设应像建筑一样在城建档案馆中统一备案。

6.2.2凡在规划范围内的主要道路包括迎宾大道、精品街、交通干道等城市道路两侧建设高层建筑时，按照建设高度退足建筑红线，留出足够的公共空间以用来建设城市雕塑。资金来源可考虑由建设方出资、待建设完成后，政府有关部门可根据建设情况给予配套金的返还或减免。

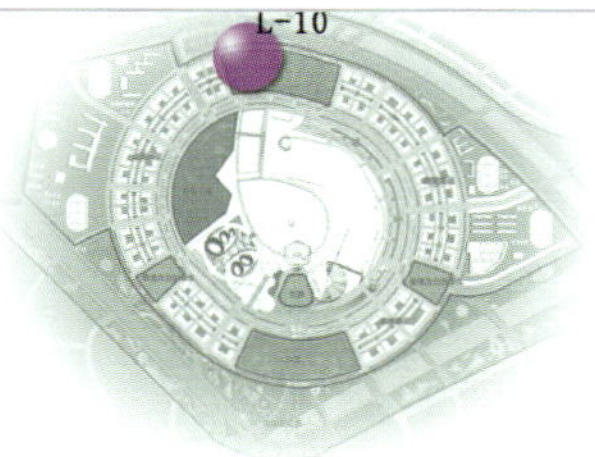

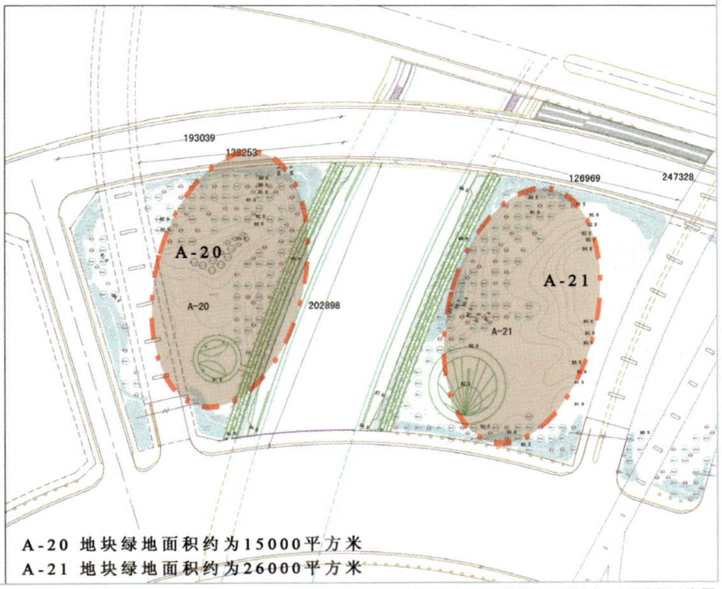

郑东新区城市雕塑专项规划L-10雕塑示意图

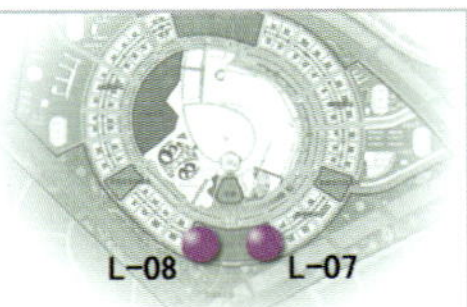

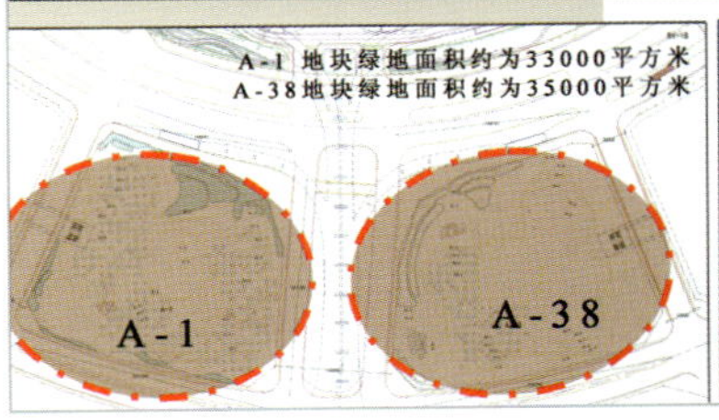

郑东新区城市雕塑专项规划L-13 L-14雕塑示意图

郑东新区城市雕塑专项规划L-11雕塑示意图

郑东新区城市雕塑专项规划L-12雕塑示意图

雕塑名称	作　者	材质	规 格（米）	建设地点
《如意》	中央美术学院教授孙伟	不锈钢	高40米	郑州之林西北角

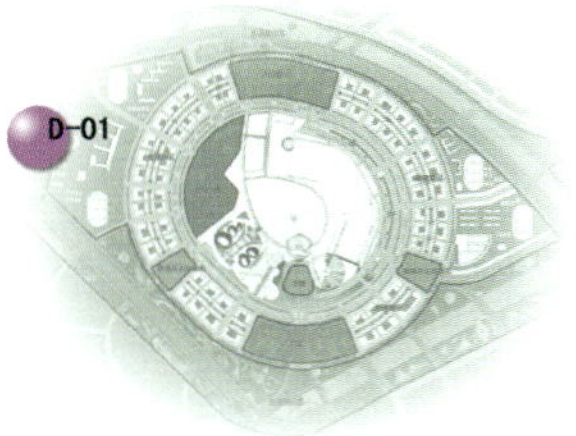

郑东新区城市雕塑专项规划如意雕塑示意图

雕塑名称	作　者	材质	规 格（米）	建设地点
《龙舟》	清华大学美术学院曾成钢	铸铁或锻铜	长18米，高5.1米	黄河东路与众意西路交叉口东北角

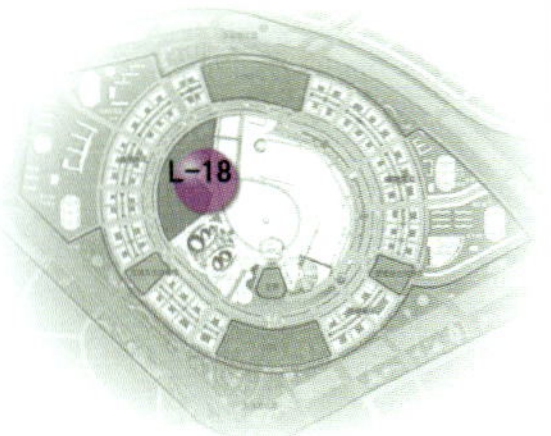

郑东新区城市雕塑专项规划龙舟雕塑示意图

雕塑名称	作　者	材质	规 格（米）	建设地点
《国舞—御风行》	西安美术学院 陈云岗	铸铜	高8米	金水东路与通泰路交叉口西北角

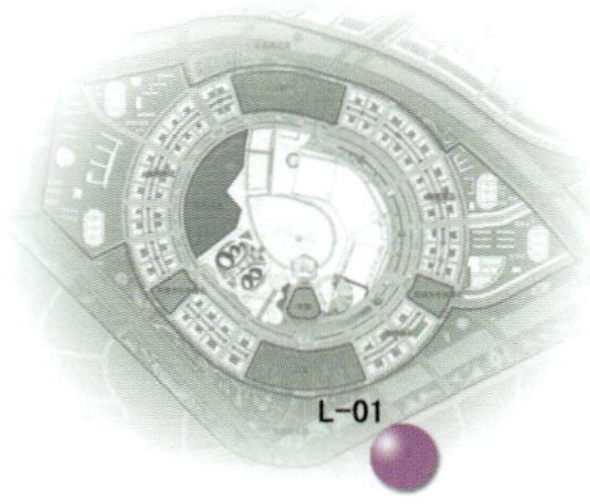

郑东新区城市雕塑专项规划《国舞—御风行》雕塑示意图

雕塑名称	作　者	材质	规 格（米）	建设地点
《起步》	中国美术学院 刘杰勇	铸铜	高2.1米	祭城路与商务内环路交叉口西

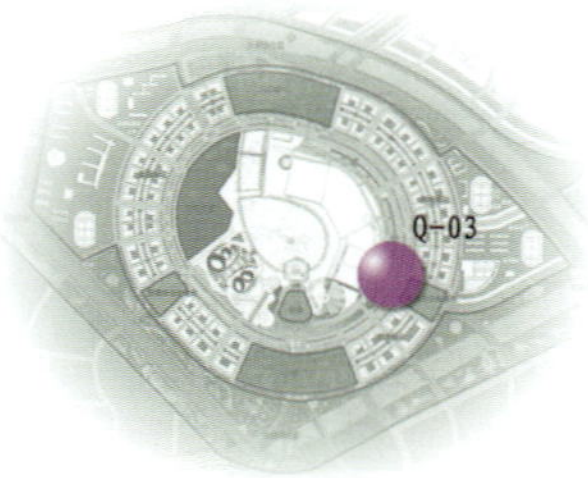

郑东新区城市雕塑专项规划《起步》雕塑示意图

郑东新区起步区城市雕塑专项规划方案验收会议纪要

由郑东新区管理委员会委托、郑州市环境艺术设计事务所编制的《郑州市郑东新区城市雕塑专项规划》（以下简称《雕塑规划》）评审会，于2007年9月29日下午在郑东新区管理委员会举行。

与会评审委员就新区城市雕塑专项规划进行了认真评审，形成评审意见如下：

1、关于“城市雕塑”建设的指导思想，应该强调前瞻性，强调可持续发展。目前在国内雕塑界，比较一致的共识是强调少而精，审慎决策，注重质量，掌握“宁缺毋滥”的原则。特别是大型标志性雕塑的数量要加强控制，不宜过多。

2、本次规划的名称是否应采用“专项规划”的还可以考虑，城市雕塑否能够规划得这么具体和实在，是否具有这么强的规定性，这些问题还可以研究。本次规划要与郑州市城市雕塑总体规划相衔接。

3、在规划的时间上，是否可以延展到2020年，它覆盖范围应该包括如下城市公共空间，道路和广场、景观水系，公共绿地，大型公共建筑物这四个大的系统。

4、在城市雕塑建设上，应更多地强调“公共艺术”的观念，可以站在公共艺术的立场来规划城市雕塑。因此，要强调城市雕塑的公共性和公众的参与，强调雕塑在形态上的与时俱进和多样性的变化，强调城市雕塑与城市设施的结合，让城市雕塑与人的活动更密切，具有更广泛的功能性。

5、规划还应加强调查和研究，目前这方面的内容还相对单薄；在规划的方法上，应强调对不同社会层面的意见的采集，反映出社会不同人群对雕塑的要求；问题的梳理要更加清晰。特别是要反映出郑东新区的城市空间特色，有利于发挥雕塑家的创造性，不能流于千篇一律。

6、制定城市雕塑规划要更深入地分析规划区域的人口构成。雕塑的布局还不是雕塑本身的问题，它不可能脱离城市的公共空间。在不同等级的公共空间，规划的强度和要求也应有区别。对于门户、中心区域的要求都应有不同的要求。

7、在郑东新区城市雕塑的建设组织方式上，规划应更多进行制度化的思考和设计，在城市雕塑建设的程序上，提出更具体的建议，例如，是否应有具体的城市雕塑的组织管理和艺术评议机构，是否应有资金来源方式的建议等等。

二〇〇七年七月二十九

专家委员会名单：

郭景涵：河南省美术馆艺术研究部主任、河南省美术家协会雕塑艺术委员会副主任兼秘书长

张松正：郑州市雕塑壁画院院长、副研究馆员

张建涛：郑州大学建筑学院院长

段　勇：郑州轻工业学院艺术设计学院环境艺术设计系主任、副教授

冯银安：郑州市市政管理局科技处处长

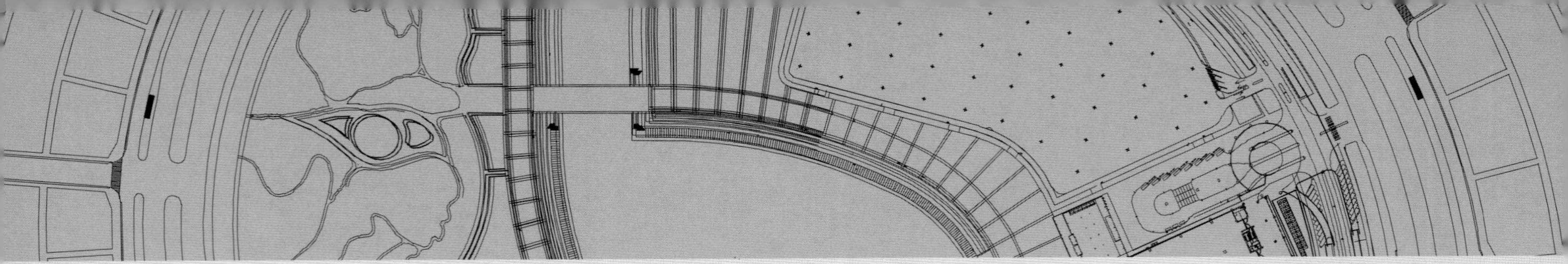

15 郑东新区城市消防专项规划（2004~2020年）

Special Planning of Urban Fire Control for Zhengdong New district（2004-2020年）

郑东新区城市消防专项规划（2004~2020年）
Special Planning of Urban Fire Control for Zhengdong New district（2004–2020年）

项目名称：郑州市郑东新区城市消防专项规划
委托单位：郑州市郑东新区管理委员会土地规划局
编制单位：郑州市规划勘测设计研究院

1 郑东新区概况

1.1 规划范围及区位条件

郑东新区规划范围西起中州大道，东至京珠高速公路，北起连霍高速公路，南至陇海铁路，总面积115km^2。该区位于郑州市中心城区的东部，西距市中心约6km，南距郑州新郑机场26km，北距黄河9km，行政区划上分属郑州市金水区的祭城镇、柳林镇、姚桥乡及管城区的圃田乡。该区现状紧邻中州大道、连霍高速公路和陇海铁路，中间有郑汴路穿越，交通便捷，区位条件优越。

1.2 现状概况

1.2.1 地形地貌

区内现状地势平坦，地貌类型属黄河冲积平原，北部河道、灌渠纵横交错，水利条件良好，现状大部分为农业用地，主要种植水稻和小麦，另外还有相当数量的鱼塘和水果园。区内总的地势西南高、东北低，平均地形坡度约0.1%左右。

1.2.2 水文地质

区内地面水系有贾鲁河、金水河、熊耳河、七里河、东风渠、魏河等河渠，均为贾鲁河支流，属淮河水系，为季节性河流。河流两岸缺乏堤防，雨季较易形成内涝。区内地下水属第四纪孔隙潜水，地下水位较浅，埋深约2~3m。地下水受大气降水影响明显，水量较小。

该区地质构造上位于嵩山隆起与开封盆地间的边坡，其地表类型为第四纪冲洪积和淤积物，地基承载力在1~1.5kg/cm^2之间。北部连霍高速附近有断裂构造分布，称为中牟北断层，该断层为中生代断层，新生代以来未发现有任何活动迹象。区域内地震基本设防烈度为七度。

1.2.3 气象

该区气候属温带大陆性气候，四季分明，雨热同期。年平均气温14.2℃~14.6℃，1月最低，7月最高，具有明显的大陆性气候特征，无霜期205~235天。全年降水量640mm左右，降水分配季节性明显，春秋两季易形成少雨干旱天气。年平均风速2.8~3.2m/s，最大风速为18~22m/，以春季最大，秋季最小，风频较大的有NE，EES，WNW。

2 城市消防规划

2.1 规划总则

2.1.1 规划目标

近期按照国家现行的有关法律、法规和技术规范的规定，依据郑东新区城市规划，与东区其它规划相互协调，从实际出发，统一规划，从消防安全上完善郑东新区的城市布局规划和消防基础设施。逐步建立起消防法制健全、宣传教育普及、监督管理有效、基础配套完善、技术装备良好、体制合理、队伍强大、训练有素、保障有力、适应郑东新区城市经济发展和新区特点的区域消防安全体系。

在此基础上，远期建成适应社会主义现代化商贸城市特点，具有全国先进水平的城市消防安全体系，并为建立接近世界发达国家水平的高标准的城市消防安全体系创造条件。实现消防队伍和设施向多功能发展，对外成为郑州的消防工作的示范窗口，对内成为郑东新区防火、灭火和紧急处置各种灾害事故、抢险救援的重要保障力量。

2.1.2 规划期限

近期 2005～2010年

远期 2011～2020年

2.1.3 规划范围

中州大道以东、连霍高速以南、京珠高速以西、陇海铁路以北，郑东新区115km^2范围。

2.1.4 指导思想

依据消防改革与发展纲要的要求，坚持以“预防为主、防消结合”的方针，从新区的实际情况出发，结合郑东新区概念规划和控制性详细规划，充分调查、分析东区消防现状，科学、合理的编制城市消防专项规划，形成一个能够适应现代化城市消防需要，近、远期有机结合，具有较强的可操作性和能够适应城市不同发展模式的，有一定弹性的专项规划；与郑州市消防规划有机结合，建成统一的通信、调度、指挥、管理系统。

重点加强城市消防基础设施的规划和建设,逐步完善城市消防体系，采用先进的消防科技装备和手段，推动东区消防事业的起步，提高城市综合抵御火灾能力，有效地预防、减少和控制城市火灾危害，保障城市人民生命财产的安全，促进城市经济与社会的可持续发展。

2.1.5基本原则

（1）坚持以“预防为主、防消结合”的消防工作方针。

（2）努力贯彻规划的先进性、科学性和远瞻性的基本理念。

（3）在城市总体规划的指导下，结合城市的空间结构布局与城市发展方向和总体目标，树立全局观念，突出重点，解决主要问题。

（4）与城市总体规划相适应，坚持近期与远期相结合，分期分步实施的原则，做到规划的近期可操作性强，远期能够适应城市的发展需求。

（5）坚持积极推进消防工作社会化的原则，提高城市消防的综合减灾能力。

（6）严格控制预留城市消防站建设用地。

2.2 城市消防总体布局规划

城市消防总体布局规划是从消防安全的角度对总体布局规划的完善补充，将易燃易爆品规划在城市边缘的独立安全地区、提出旧城区的消防改造规划、划分重点保护单位并提出相关安全要求等等。其包括城市用地消防分类规划、消防安全布局规划、消防重点保护规划。

2.2.1 城市用地消防分类规划

为了明确郑东新区消防安全的重点区域，合理配置消防力量，根据城市用地性质、布局情况、火灾危险性和消防安全保卫的需要，将郑东新区划分为甲、乙、丙三类消防安全保护区。

（1）甲类消防安全保护区

甲乙类生产（储存）火灾危险性的企业区、大型物质仓库区、人员密集的地下建筑、重点文物建筑集中区、首脑机关地区、砖木结构和木质结构的易燃建筑集中区以及人口密集、街道狭窄地区等。人口集中的商贸区及娱乐场所。

包括：省国土资源厅、省有色矿产厅、市中级法院、市国税局、市档案局等行政办公区；CBD商务中心区与CBD副中心及其相连接的南北运河两岸商住混合高层建筑群；龙湖北区两处商业圈；熊耳河北侧热力颐和医院、同仁医院；中央大道两侧规划商业金融区；龙湖南区物流中心、仓储用地；军事用地区域。

（2）乙类消防安全保护区

丙类生产火灾危险性的工业企业区、科研单位集中区、大中专院校集中区、高层建筑集中区等。

包括：龙子湖地区高校区、科研教育用地；龙子湖南区规划科研教育用地；熊耳河北侧郑州市第47中学、科研教育用地；王新庄污水处理厂。

（3）丙类消防安全保护区

甲乙类消防安全保护区以外的其他地区。

2.2.2 消防安全布局规划

（1）易燃易爆危险品安全规划

按照《郑州市城市消防专项规划》，甲、乙类大、中型易燃易爆品生产、储存，集中放置在郑州东南的小李庄组团；其他小型易燃易爆品生产、储存的布局，规划如下：

a.加油站与加气站：

郑东新区没有加油（气）站布局规划，着重从消防安全角度出发提出如下布局意见：

加油气站布局规划应与城市总体规划、消防规划、绿地规划、道路交通及停车场规划相结合，满足城市建设发展需要及城市空间布局要求，与周边城市建设用地相协调。

加油（气）站布局规划应根据加油（气）站行业发展规划确定本区内的加油（气）站的数量和标准，以满足城市交通对加油（气）站的需求。

服务半径：加油（气）站的服务半径一般为1km左右，城市中心区域和居住区内的加油（气）站的服务半径可适当减少为0.8km，且宜布置在中心区域、居住区域与其他用地的主要联系道路交叉口附近以及该区域的外围地带。龙子湖教育科研区内的加油（气）站服务半径以1.4km为宜。

甲类消防安全保护区内设置加油（气）站，等级限制为三级站。乙类消防安全保护区加油（气）站的设置以三级站为主，允许设置少量二级站。丙类保护区无特殊限制。

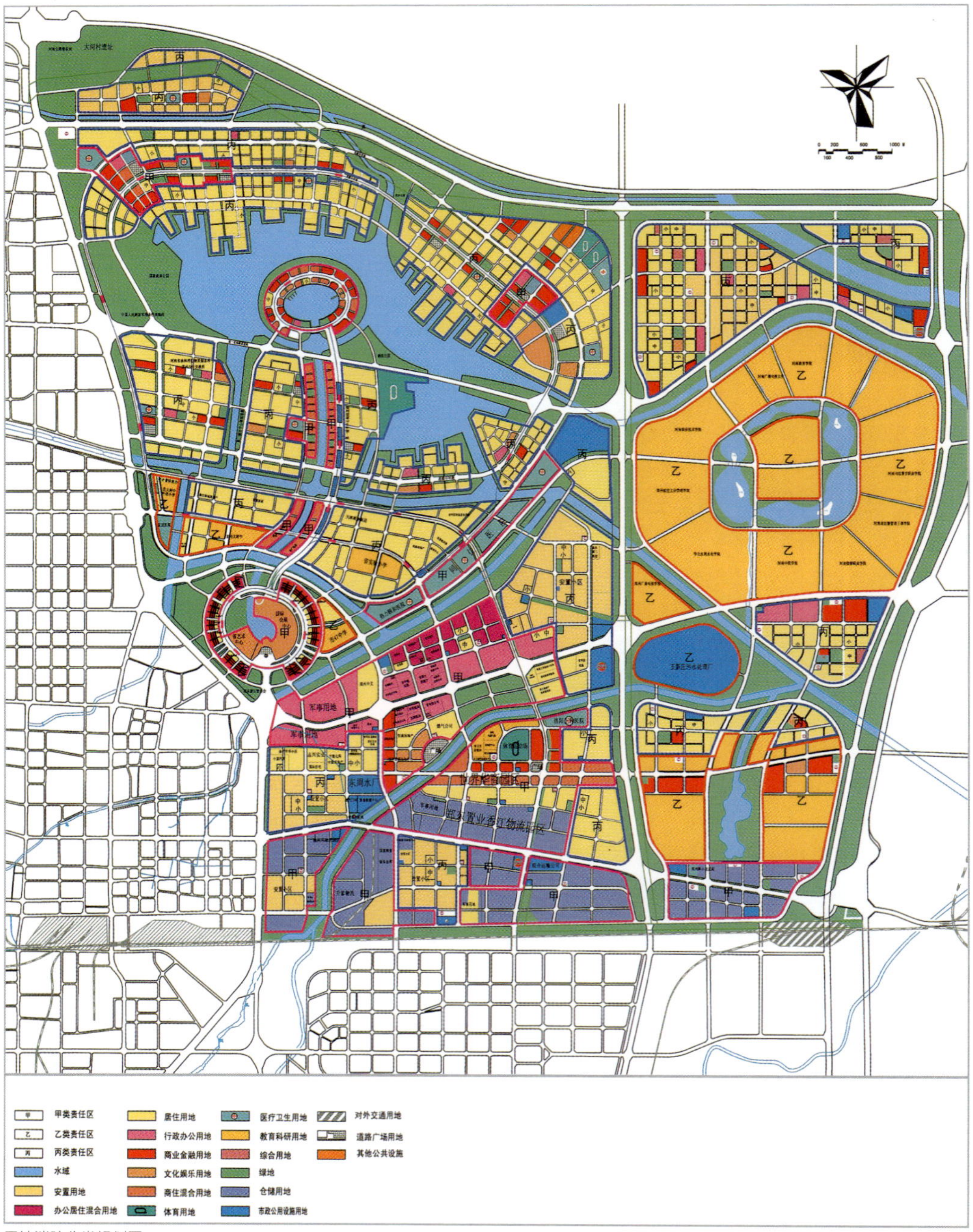

用地消防分类规划图

建成区内不宜布置一级加油（气）站。重要公共建筑周边不宜布设二级以上加油（气）站。对于人流交汇点以及人口密集程度高的区域，不宜布置二级及以上的加油（气）站。可布置无人值守加油站以及自助式小型加油站。

高压走廊、架空电力线、架空通信线下不得布置加油（气）站。距高压燃气管道的安全距离应满足《汽车加油加气设计与施工规范（GB 50156-2002）》之相关规定。

主要对外交通点、重要过境道路以及客运站对加油（气）站有较大的需求，布置加油（气）站等级可为二级以上。加油（气）站宜布置在次干路上。快速路与周边区域交通联系点可布设一级或二级站，其他交通流量较大的点布设以二级站为主。加油（气）站的机动车出入口距离城市干道交叉口不得小于100m，距离城市支路交叉口不得小于50m。

b. 丙类易燃物流品区

规划黄山路、郑汴路、107辅道、珠江三路围成的四个街坊为丙类易燃物流品区（包括动植物油，纸张，棉、麻、丝、毛及其织物，面粉，竹、木制品，电视机等）。它地处规划区边缘，依靠周边道路和绿地作为防火隔离带与其它物流区隔离，规划的危险品运输路线环绕其周边，方便其运输。它也远离规划的居住区，邻近危险品运输路线（郑汴路），便于物资流通。邻近消防主干道，便于事故时救助。

物流区的货物要进行分区存放，属于易燃易爆类型的比如棉花、粮油、易燃装饰装修材料、化工原料等等，规划放入该区。

同时该区内部也要做好消防安全工作。留够安全间距、建设消防通道、完善消防设施。

（2）城市重要基础设施安全布局

a. 变电站布局

根据《郑州市郑东新区基础设施总体规划》，在京珠高速公路以东新建500kV郑东变电站（主变规模3×75万kVA），建成后将成为郑东新区的主要电源。

规划区内建设9座220kV变电站，每座变电站主变规模3×18万kVA。

b. 高压线路布局

规划3条高压走廊分别是：

现状斜穿龙子湖地区的四回架空高压线路移位，向东沿连霍高速公路南侧，过京珠高速公路后向南与原有线路相接；规划区内高压走廊宽度：东三环以西为180m，东三环以东为120m。

东三环东侧架空高压线路，高压走廊宽度80m。

陇海铁路北侧架空高压线路，高压走廊宽度80～100m。

区内其他高压线路规划采用电缆隧道或电缆排管敷设。电缆隧道及排管应与相应道路的各种管线统筹考虑。

c. 城市燃气设施安全布局

规划将位于管城中医院北边的现状天然气门站搬迁出郑东新区，放置于京珠高速路以东。

（3）防火隔离地带、避难疏散场地规划

a. 防火隔离带

为切断火势蔓延，防火绿带的宽度应考虑为100m～300m。郑东新区水系发达，规划河道宽度在100m左右，加上两侧的绿化带，其宽度达200～300m，是城市防火最佳的隔离带。因此，应该严格控制在水系及其绿化带范围建设构筑物，使其真正发挥隔离带的重要作用。

b. 避难疏散场地

规划公共绿地、体育用地、大学运动场、城市广场均为避难疏散场地，其设施建设应符合有关标准的要求。

2.2.3 消防安全重点保护规划

根据郑东新区现状建设情况，并依据《河南省消防安全重点单位界定标准》，规划将以下单位列入重点保护单位并提出针对性的消防安全导则：

（1）大型公共聚集场所

国际会展中心、世界客属文化中心、省艺术中心、郑州宾馆等列为重点保护单位。

（2）重要基础设施

省人防指挥所、王新庄污水处理厂、东周水厂、天然气门站等列为重点保护单位。

（3）政府首脑机关

省交通厅、省劳保局、省国土资源厅，市国税局、市中级人民法院、市档案局、郑东新区管委会等列为重点保护单位。

（4）重要科研单位、大专院校、医院

热力颐和医院、同仁医院、管城中医院、洛阳正骨医院、友谊医院、市紧急救援中心、郑州航院、市电播电视大学、华北水利水电学院、河南中医学院等大专院校列为重点保护单位。

（5）高层建筑

CBD中心、副中心高层商住混合建筑群、高层电视发射塔等列为重点保护单位。

（6）易燃品大型仓库

国家粮食储备库、中原图书批销中心、物流园区等列为重点保护单位。

（7）大型工程施工现场

CBD高层建筑群施工现场、国际会展中心施工现场、中南建材家居城施工现场等均列为重点保护单位。

（8）文物古迹

大河村遗址等列为消防重点保护单位。

安全布局规划图

2.3 公共消防设施规划

2.3.1 消防站规划

（1）消防站责任区划分

依据郑东新区总体规划，结合河流、道路等自然界线，将郑东新区划分为18个消防站责任区。

（2）消防站布局原则

消防站应设在责任区内适中位置和便于车辆迅速出动的临街地段。宜避开主要道路交叉口，一来避免城市交通对消防车出动造成不便，另外避免造成了街坊边角的零星用地。

（3）消防站用地选择

郑东新区此次共规划18个消防站。与郑东新区的城市规划功能分区类似，郑东新区的消防站也分为若干区域来布置。

a．CBD区——高层建筑居多，布置有CBD特勤站，因此站同时是空勤站，要进行直升机起降和维修，故用地面积取8000m^2。

b．龙湖地区——拥有郑东新区点睛之笔的龙湖，围绕龙湖是低密度住宅区，绿化所占用地比例较大。围绕龙湖布置龙湖一站、龙湖二站、龙湖三站、龙湖四站、龙湖五站、龙湖六站，因龙湖六站责任区较小，周边又有水系分割，不便划入其它消防站的责任区，因此规划为小型站。其余均为标准站，濒临着龙湖地区的环路，在发生火灾时，消防车能迅速驶入主要消防通道，快速到达现场。

郑东新区拥有面积达8km^{2}的水系，按照黑川纪章的概念规划，水系应能满足通航要求，并建有船舶停靠的码头；龙湖周边居住区为亲水建筑，居民会在水边嬉戏玩耍，冬季湖面结冰后会有人在冰上活动，如不慎落水，应有专业化的救助人员及时赶到，保障安全。考虑到以上多种水上消防救助的需要，设置一座水上消防站——龙湖站，用地3000m^2，位于滨湖公园的北端，面对龙湖的东部地区，同时能通过运河快速到达龙湖的西部以及南北运河等通航水系。

c．起步区——这个地区规划要素较多，重要单位集中，南部是大规模的物流区。如此大规模的物流区需要一座特勤消防站，而选择的位置必然位于整个物流区的中心，也就是衡山路和郑汴路交叉口附近，最终选择在郑汴路以北两个街坊紧邻衡山路的位置，称为漓江站。金水路附近是重要单位集中区，在金水路北一个街坊紧邻衡山路规划一座标准站，称为衡山站。在金水路泰山路交叉口西南角规划一座标准站，成为庐山站。以上3处消防站都沿袭了控制规划中的消防站的位置，在用地上更易于安排。南部根据责任区的划分，形成了一个较小的区域，规划一座小型站，称为珠江站。

d．龙子湖北区（姚桥地区）——本区建设了大量的村民拆迁安置小区和高校教职工生活园区，在居住区的内部基本上是中心位置规划一座标准站，称为姚桥站。

e．龙子湖高校园区——这个地区集中了14所高校。围绕这个区域，均匀布置三座标准站，分别是校园一站、校园二站、校园三站，其中因用地紧张，校园二站和三站位于高校园区外围，但紧邻园区。

f．龙子湖科研园区——科研产业集中区，南部有一部分物流区。首先在南部物流区，郑汴路北规划一座标准站，称为汉水站。根据责任区的划分情况，向北和校园三站的责任区之间有一片较小的区域，并且有较大的绿化带和水系，因此这里规划一座小型站，称为天山站。

消防站布局规划图

2.3.2 消防装备规划

（1）消防装备配备原则

消防装备应当体现“预防为主、防消结合、抢险与救援并重”的指导思想。

（2）基本消防装备

a．消防车配备

消防车辆是灭火救援的最重要装备。目前配备如下，可供参考。

所有消防站车船装备见右表：

b．消防站灭火器材

按国家标准配备。

c．消防站抢险救援器材配备

按国家标准配备。

e．消防站消防人员护器材配备

按国家标准配备。

（3）消防发展装备

a．空中消防力量

与老城区结合考虑，建立空勤消防站，配备消防直升机2～3架。其站点的选择应全市统一考虑。

b．水上消防装备

在龙湖站配备消防艇2艘，巡逻快艇5艘。为应对水下打捞救援等多种需要，在龙湖站配备潜水装备5套。

c．消防员个人防护装备

开发附带报警呼救及安全识别等装置与功能的消防员防护服。根据美国消防部门资深人士的分析，在对各种装备研究改进时，特别要着重研制一种轻便型自给式呼吸器的面罩。其重量最好在4～7kg以内，并能为消防员供氧超过1小时。（北京消防局最近购置了170台自动循环氧气呼吸器，这种呼吸器用的是氧气，而不是一般的压缩空气，装满可维持一个消防队员4小时的需要）

d．消防机器人

配备进入火场或其他易燃易爆有毒等危险场所，进行灭火、救援、冷却、洗消、侦察、探测、破拆等作业的消防机器人。

消防站车船装备一览表

		标准型普通消防站								
		1	2	3	4	5	6	7	8	9
		龙湖一站	龙湖二站	龙湖三站	龙湖四站	龙湖五站	庐山站	衡山站	姚桥站	汉水站
消防车配备	水罐消防车	2	2	2	2	2	2	3	3	2
	泵浦消防车	1	1	1	1	1				
	泡沫干粉联用消防车	1		1			1			1
	抢险救援消防车		1		1		1			1
	举高喷射消防车							1		
	登高平台消防车					1				
	云梯消防车									
	照明消防车									
	排烟消防车									
	化学事故救援洗消车									
	车船总数	4	4	4	4	4	4	4	3	4

续表

		标准型普通消防站			小型普通消防站			特勤消防站		水上站
		10	11	12	13	14	15	16	17	18
		校园一站	校园二站	校园三站	龙湖六站	珠江站	天山站	CBD站	漓江站	龙湖站
消防车配备	水罐消防车	2	3	3	1	2	2	2	2	
	泵浦消防车				1					2
	泡沫干粉联用消防车	1						1	1	
	抢险救援消防车		1	1				1	1	
	举高喷射消防车	1						1	1	
	登高平台消防车			1				1		
	云梯消防车							1		
	照明消防车							1	1	
	排烟消防车								1	
	二氧化碳消防车	1								
	化学事故救援洗消车								1	
	器材消防车							1		
	供水消防车								1	
	消防艇									2
	巡逻快艇									5
	车船总数	5	4	5	2	2	2	9	9	9

2.3.3 消防供水规划

（1）市政供水规划

a．消防水量

根据消防规范按同一时间发生火灾三处考虑，每处用水量100L/S，火灾持续时间2小时，为0.22万吨/日，消防水量主要储存在水厂的清水池中。

b．消防水压

郑东新区新规划建设的给水管道最小管径不应小于100mm,最不利点市政消火栓的压力不应小于0.1Mpa。

c．自来水水厂规划

区内现状东周水厂水源是北郊水源地地下水，供水能力为20万t/d。规划在龙湖北区、东三环西侧新规划一座龙湖水厂，其水源来自南水北调干渠水，供水规模30万t/d。

d．自来水供水管网规划

东周水厂和新规划的龙湖水厂联网供水，供水干管成环状，起步区、龙湖北区、龙子湖地区以及老城区都通过供水干管连通。

起步区在东西向的第二、三、四东西横贯道路、金水路、中央大道、郑汴路和南北向的泰山路、太行路、衡山路已修建DN500-DN1200给水干管，这些干管形成本区供水管网的骨架，在此基础上修建DN300-DN400配水环状管网。

龙湖北区在龙湖中环路、第三城市中心轴线、第四城市中心轴线，龙湖四、十一路规划DN500-DN800给水干管，在其他道路上敷设DN300-DN400配水管形成本区的供水管网。

龙子湖地区主要通过第一东西横贯道路上DN600、金水东路DN600、中央大道DN400-DN500、郑汴路DN600给水管加上南北向薛岗西路DN600、龙子湖纵贯一路DN500给水管形成龙子湖地区的主干管，在其他道路上敷设DN300-DN400配水管形成本区的供水管网。

e．消火栓规划

郑东新区规划新建消火栓约2700个。现有的地下式消火栓应在地表面或就近设置明显的标志。在重点地区考虑设置水鹤，以满足消防车快速加水的需要。

（2）天然水源取水点规划

本次规划结合东区的重点建筑及城市消防分区，在区内共设置14个天然水源取水点。

另外，根据重点建筑和单位的建设情况，设置喷泉、游泳池各类水池等人工水源，这对于缺乏天然水源区域的消防供水也可以起到很好的补充。除设置消防车取水口外，还应设置消防车取水通道。

消防供水规划

2.3.4 消防车通道规划

（1）城市道路系统

消防车通道是城市消防体系中的重要组成部分，其主要依赖于城市道路系统。郑东新区包括龙湖南区、龙湖北区、拓展区、龙子湖地区等，其中龙湖南区、龙湖北区及龙子湖地区路网格局依据日本黑川纪章设计事务所完成的“郑东新区概念性规划”及“龙子湖地区规划成果”，为环形式路网系统，适应组团式的规划结构，组团外围布置环路，组团间则通过2条以上城市快速路或城市主、次干道进行联系，保证组团间交通联系的顺畅；拓展区路网布局为方格网式路网系统，它们之间则通过泰山路、衡山路进行联系。

以郑东新区总体规划为基础，通过对规划区路网梯次结构的合理搭配，道路断面的合理设置，道路交叉口的合理渠化，使道路网络更加完善，从而为消防车的安全通行打下良好的基础。

郑东新区消防车通道的主体应该是新区内规划次干道和支路。因此，应将新区消防车通道与新区的道路建设与管理紧密结合，确保消防车道通畅。目前新区建设主要集中在主干路，今后应逐步加大次干道及支路的建设力度。

（2）单位内部通道

郑东新区规划范围内新建小区或单位的规划设计中，应以周边城市道路为基础，同时根据其自身功能分区、建筑布局、车流与人流的数量等因素合理规划内部道路系统，力求达到短捷畅通合理；道路走向、坡度、宽度、交叉、拐弯等，要根据自然地形和现状条件，按国家建筑设计防火规范的规定进行合理设计，保证消防通道的畅通，使消防车通道建设不留后患。

（3）水上通道

沿南北运河、东西运河两侧均规划有城市道路，可作为消防车取水用的消防车通道。

2.3.5 消防通信规划

消防通信贯穿于灭火救援行动的全过程，是灭火救援行动的神经系统。加强现代化消防通信建设与发展，是做好消防部队执勤备战、完成各项消防保卫任务的基本保证，是灭火救援成功的必要条件。消防通信指挥系统的现代化程度和技术应用水平也是建设一支现代化消防队伍的重要标志之一。

郑州市数字联动报警指挥中心是联系消防（队）站、移动通讯指挥中心、消防重点保护单位及救灾相关部门等环节的中枢系统，为整个消防安全体系提供了信息平台。从根本上提高了消防通信整体上的作战配合能力，为迅速有效扑救城市火灾提供可靠的通信保证。

消防车通道规划

（2）城市通信规划

根据《郑州市郑东新区基础设施总体规划》，预计规划区内电话交换机总容量为78.1万门，其中：龙湖北区30.7万门，龙子湖地区为21.0万门，龙湖中心区26.4万门。程控电话普及率为60部/百人。

规划建设电讯网络服务站16座，集中设置电信、有线电视、宽带网、无线等各种通信设施。其中，龙湖地区6座，分别为：新城电讯站、龙南电讯站、庐山电讯站、衡山电讯站、郑汴电讯站、黄山电讯站（原祭城电信支局搬迁扩容）；龙湖地区6座，分别是安庄电讯站、魏庄电讯站、禄庄电讯站、龙湖电讯站、湖南电讯站、梅岭电讯站；龙子湖地区有4座,分别是：子湖北电讯站、子湖电讯站、子湖南电讯站及郑东电讯站。每座电讯站程控交换机容量为5～6万门，通过电讯光缆于市区电信分局连接。

（3）消防通信指挥系统建设目标

消防通信指挥系统建设以中华人民共和国《消防通信指挥系统设计规范》为设计依据，充分采用现代计算机、通信、控制与信息综合决策的先进技术，集有线和无线通信、计算机网络通信、计算机辅助决策、视听多媒体、地理信息处理、数据库管理等于一体，能“快速、准确、实用、可靠并成系统化”地进行通信调度指挥。

近期规划郑州市数字联动报警指挥系统在现有基础上，将2个火警受理席位扩充为4个，实现同时接警4起；确保从接警到消防站接到出动命令的时间不超过45秒。建立指挥训练模拟工作站，配备火警管理训练模拟、灭火救援指挥训练等应用软件模块；进行灭火救援实战过程的指挥训练模拟，提高实战能力。

远期随着郑东新区的建设、郑州市消防管区的扩大、郑州市消防站数量的增长，严格按照规范建设。实现“接处警方式计算机化，灾情判断智能化，指挥系统网络化，指令下达自动化，力量调度集群化，辅助功能联动化，各种信息实时化，信息档案标准化”的目标。

（4）系统技术构成

消防防通信指挥系统分为火警受理子系统、消防有线（无线）通信子系统、火场指挥子系统、消防信息综合管理子系统、训练模拟子系统五个部分，技术构成及主要组成如下图：

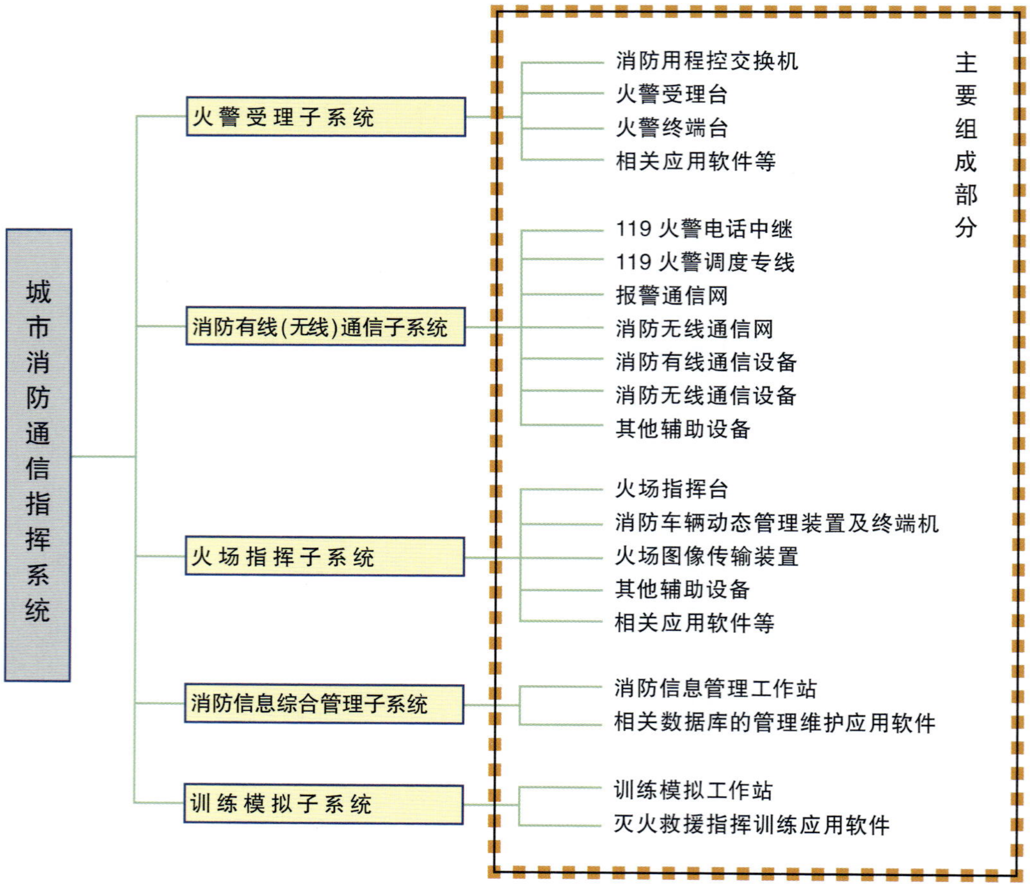

（5）郑东新区需重点完善的通信指挥子系统

本次规划对象为郑东新区，其消防通信为郑州市消防通信指挥系统中的一部分，故本次规划的重点是郑东新区范围内的消防通信子系统，主要反映在消防有线（无线）通信子系统中。而系统技术构成中另外四个子系统必须由消防通信指挥中心、移动消防指挥中心、消防站、协作单位等共同完成，郑东新区的消防站、消防中（大）队主要通过配备相应的通信装备和软件来达到系统要求。

a. 消防有线通信子系统

规划采用一级接警，一级出警的方式。将郑州市现状数字联动报警指挥系统扩容。报警电话通过二七路电信分局、文化路电信分局汇接。

b. 消防无线通信子系统

根据《城市消防通信指挥系统设计规范》：城市消防无线通信网由以下三级网组成：

消防一级组网（城市消防管区覆盖网）；

消防二级组网（火场指挥网）；

消防三级组网（灭火战斗网）；

规划区内结合新建消防站，设立3个移动消防通信基站，保证郑东新区消防通信覆盖区达到100%。

（6）郑东新区需重点完善的消防通信指挥系统扩展功能

a. GPS卫星定位

b. 城市火灾报警服务机构与高空嘹望哨

c. 城市空中消防及水域消防通信

（7）消防通信主要装备

根据《消防通信指挥系统设计规范》，配备设备分为Ⅰ类、Ⅱ类、Ⅲ类，其中直辖市、省会市及国家计划单列市应按Ⅰ类标准配备，故郑州市消防通信设备应按Ⅰ类配置。

2.3.6 消防供电规划

（1）消防指挥中心、消防站（队）应采用双回路供电，负荷等级不低于二级负荷，必要时应配备发电机。系统供电线路导线应采用经阻燃处理的铜芯电缆，交流中性线应采用与相线截面相等的同类型电缆。

（2）建筑物的设计、施工、运行、管理应严格执行“用电负荷等级分类”的有关规定，保障建筑消防供电的可靠性，切实做好消防供电设备的维护和管理。

（3）严格按照《电力线路防护规程》、《电力设施保护条例》和电力规划控制要求，保护高压线路和变电站等电力设施。任何单位和个人不得在依法划定的电力设施保护区内修建可能危及电力设施安全的建筑物、构筑物，不得种植可能危及电力设施安全的植物，不得堆放可能危及电力设施安全的物品。

（4）加强电力线路的管理和维护，有效防范电气火灾隐患。

消防通信规划图

2.4 交通运输消防安全规划

2.4.1 公路的消防安全

郑汴路与规划东四环路为十字形货运道路骨架，同时结合郑汴路两侧物流中心的需要，与珠江路等道路共同构成新区货运道路系统，引导货运车辆通行，避免对新区产生干扰。从城市消防安全出发，对危险品运输线路应加以明确界定，由政府协调消防、公安、市政等部门制定相应措施和规定，坚决杜绝危险品车辆穿越新区重要地段，如CBD主副中心商务区、居住区、安置小区、行政区等。在重要的主干道，易燃易爆车辆限时通过，其它道路则禁止在高峰期通行。运输车辆必须办理《易燃易爆运输通行证》，切实保证城市消防和人民财产的安全。

根据有关规划，确定危险品运输主要线路为：新龙路、郑汴路、中州大道、107辅道及西四环；这几条道路规划红线较宽，车道较多，红线外有较宽的绿华隔离带，易于保障城市消防和人民财产的安全。

根据郑东新区基础设施总体规划，在龙湖、龙子湖地区分别规划1处长途客运站及1处货运站场，客货运站场由于人流集中，周转货物多，属于消防重点保护单位，其选址均处在新区内交通便利的位置，易于消防车辆的通行。

新区内公共加油站应大中小结合，以小型为主，服务半径为0.9~1.2km，可结合停车场的规划布置统筹考虑，每处用地约$0.25hm^2$，进出口宜设置在次干道上。加油站的选址及规划设计应遵循相关国家技术规范的规定，满足消防要求。

2.4.2 铁路的消防安全

目前郑东新区范围内现状铁路站场为圃田车站，它是集装箱节点站；同时规划的国家高速客运专线从郑东新区东部穿过，为缓解现状火车站的交通压力，在郑东新区新增设一高速客运站，客运专线与新区内道路交叉应依照有关国家技术规范满足消防车辆通行的净空要求，保证消防车辆通过。泰山路、衡山路向南下穿陇海铁路立交应尽快通车，加强与南部经济技术开发区的交通联系，利于消防车辆的通行。

根据郑州市轨道交通规划，未来的城市轨道交通一号线、三号线从东区通过；同时郑东新区内部规划环形轻轨线路(LRT系统)作为城市轨道交通系统的接驳系统。

轨道交通消防安全设计原则应遵照国家“以防为主，防消结合”的方针。

车站出入口的数量及宽度设计，应保证在客流高峰小时发生灾害事故时，能将一列车乘客加上候车乘客及车站工作人员在6分钟内疏散完毕；

全线消防给水能力按同一时间发生一次火灾考虑。车站、区间隧道及停车折返线等均设消火栓给水系统。指挥中心、车辆段等按《建筑防火设计规范》布置室内外消火栓，消火栓栓口压力应保证水栓充实水柱不小于10m。

地下车站及区间隧道消防采用消火栓系统；地下车站变电所采用气体灭火器；车站站台、管理用房、值班室、变电所、车辆段等建筑物均应按国家规定配置灭火器，列车上也应配置灭火器。

地下车站及区间隧道应有完善通风排烟系统。当发生火灾时，正常通风系统应及时转换为事故排烟系统，保证乘客迎着新鲜空气疏散到安全地点；

防灾管理系统采用中心一车站两级管理模式，消防设备实行现场、车站两级控制，消防中心原则上只对全线设备起监视作用，不对现场设备进行直接控制。

按同一时间内发生一次火灾考虑。

2.4.3 水上交通消防安全

龙湖水上通道包括金水河(东风渠--东西运河)、东西运河、熊耳河(东西运河一东风渠)、南北运河以及龙湖(人工湖)等水域。根据水上消防的实际需要，结合船舶停靠码头规划设计水上消防站，购置水上消防船艇等装备，并设置消防船艇靠泊的河岸线。

郑东新区道路跨越水上通道桥梁净空为3.5m，河道控制宽度为100m，为保证水上交通的安全，航道控制范围内桥梁净空不得低于3.5m，在航道上修建航道桥梁、水闸、铺设电缆、管道、取（排）水口、修建隧道和码头等设施，必须符合国家相关规范标准和设置相应的助航标志，不得侵占主航道水域。

交通安全分析图

2.5 社会消防救援体系

2.5.1 企业消防队

根据国家《消防法》等有关规定，郑东新区内单位符合下列条件之一的应建立企业专职消防队：

（1）火灾危险性大，距离消防站较远的大中型企事业单位；

（2）生产、储存易燃易爆危险物品的大型企业；

（3）储备可燃的重要物质的大型仓库、基地；

（4）国家级或者列为重点文物保护的建筑群；

为保障本企业单位的消防安全，其他企业单位应根据自己单位的情况在必要时建立企业消防队。

企业消防队必须贯彻“预防为主，防消结合”的方针，切实做好本单位的防火、灭火工作。需要时，应协同公安消防队扑救外单位火灾。

2.5.2 灭火救援预案

郑东新区的灭火救援预案以建筑类为主。

郑东新区郑汴路两侧有大量的物流区，规划有郑东置业香江物流园区，另外还有大量的物流区预留地。由此预案的内容还包括大型勤务类。

2.5.3 社会救援体系

社会相关救援体系包括医院、部队、警察等。

郑州市郑东新区现状救援医院主要有管城中医院、姚桥乡卫生院，祭城卫生院。还有几所规划医院如热力颐和医院，同仁医院，金水第二医院，友谊医院，洛阳正骨医院。

郑东新区救援部队现在主要有中国人民解放军预备役高炮师，规划有省军区战勤处。

郑东新区救援警察主要有郑州市公安分局，各乡镇派出所。

2.5.4 社区消防

（1）社区消防工作应当结合社区综合治理建设同步实施

（2）以健全的组织为依托，推进消防安全责任制的落实，形成自上而下的社区消防工作网络

（3）坚持以人为本开展全民消防宣传教育，努力提高社会整体消防素质，做好消防宣传教育工作

3 近期建设

3.1 近期建设范围与期限

3.1.1 范围

CBD区、龙湖南区、拓展区、姚桥安置区、龙子湖高校园区为近期建设的范围。

3.1.2 期限

2005～2010年

3.2 近期消防设施建设

3.2.1 消防站

近期消防站建设分为两批，第一批结合郑东新区目前的建设情况主要是：CBD区两环已经有几十幢高层建筑接近封顶，国际会展中心也将近期完工。其次，大学园区的建设也热火朝天，今年有不少学校要进行招生。郑汴路物流区建设进展迅速，中南最大的郑东建材家居城主体工程已经出现。因此，近期第一批建设的消防站是：CBD站、校园一站、漓江站。

第二批消防站应与东区近期发展情况相适应。第一批三个站初步形成了东区灭火救援力量的三角形分布，近期的第二批消防站应该是填补增强第一批消防站的控制力量，随着金水东路两侧地块的建设情况，在拓展区建设庐山站和衡山站。随着高校园区的扩招与运行，姚桥安置区的入住，高校教职园区的建设，姚桥地区将逐渐形成较大的居住区，因此建设姚桥站。

每批内的消防站建设时序可根据东区建设发展情况灵活调整。

3.2.2 消防给水

（1）供水管网及消火栓建设

依据郑东新区近期建设规划，结合新区消防布局要求，以及消防站和消防通道的建设，近期供水管网主要是完善CBD区、拓展区的给水支管系统，按规划进行龙子湖地区、龙子湖西北姚桥地区的给水管网建设。在进行市政给水管网建设时，要按标准配套建设消火栓。

近期需建给水管网160公里，消火栓约1330个。

（2）天然水源取水点建设

在近期建设规划的范围内，需建天然水源取水点5处。

3.2.3 消防车通道

近期建设范围内的主要城市道路包括金水东路、龙湖外环、龙子湖外环、龙子湖内环、龙子湖纵贯一路、龙子湖纵贯三路、第一城市中心轴线、珠江路、珠江三路、滨河南路等等，详见附表。同时应配套建设次干路和支路。

3.2.4 消防通信

按照《消防通信指挥系统设计规范》，以现状郑州市数字联动报警指挥系统为依托，结合郑东新区近期消防站点的规划建设，基本建成郑东新区消防通信指挥系统。

（1）建立区内消防站、重点保护单位、企事业专职消防队、联动单位与郑州市数字联动报警指挥中心的消防有（无）线通信子系统；

（2）按照城市消防通信指挥系统设备Ⅰ类标准配备要求，重点加强消防站（队）、消防人员、消防车辆的消防通信装备；

（3）尽快完善郑东新区消防信息数据库，为郑东新区的消防救灾提供高水平、多层次、全方位的信息技术平台；

（4）在区内高层密集区等重点消防区域内设置3～4处高空嘹望哨，采用电子或人工方式对近期建成区的火情、灾情等进行监控。

3.3 投资估算

近期消防设施建设总投资13950万元，从2005～2010年平均每年投资2325万元。

3.4 村镇消防

针对暂时不能拆迁的村庄，在抓消防工作上应遵循因地制宜、综合治理、标本兼治、防消并举的原则，从行为管理、基础预防、技术防范三个方面有计划、有步骤、有重点地进行治理。

主要抓好以下工作：

（1）切实加强消防工作的领导；

（2）加强义务消防队建设；

（3）充分发挥基层派出所的消防监督职能；

（4）强化防火宣传教育，提高村民防火意识；

（5）结合农田水利建设，搞好消防水源建设；

（6）利用有线广播建立消防呼救网络；

（7）利用小型水利机械作灭火器材；

（8）引导村民改变用火方式和生活习惯；

（9）建立“防火、防盗”联户联防制度。

（10）加强电器设备安装、使用、管理；

（11）改造炉灶和烟囱。

4 规划实施措施

4.1 重视规划，加强管理

必须将规划成果转化为指导性和操作性很强的政府文件，同时根据《中华人民共和国消防条例》及其实施细则的有关规定以及《城市消防规划建设管理规定》，对与消防安全有关的城市建设工程项目，公安消防监督机构应全程参与，实施依法管理。另外要建立城市消防设施建设项目库，将“近期建设规划”提出的建设项目进一步深化具体，明确项目的规模、建设方式、投资估算、筹资方式、实施时序等，建立近五年的消防建设项目库，并加强对实施情况跟踪反馈，根据变化及时进行调整修正。

同时应严格落实《河南省城市公共消防设施建设管理规定》，郑东新区行政管理机关应对郑东新区消防规划的实施负主体法律责任。

4.2 保证经费

经费不足严重影响城市公共消防设施的建设。由于公共消防设施的建设属于地方财政拨给、专款专用，没有建立和完善经费投入渠道，加上地方经济发展的制约，经费往往得不到保证。

因此必须建立政策资金保障机制，保障规划实施的政策体系，应由人口政策、产业政策、土地政策、交通政策、住房政策、环境政策、城市建设投资融资政策和税收政策等组成。要深化城市建设系统，特别是基础设施建设投资系统的体制改革；制定相应政策，吸引城市建设资金，多渠道筹集落实经费，增加城市建设投资渠道，为城市消防规划的实施建立起良性循环的运行机制的同时，还可以规定政府的投资比例，并制定不欠新帐、快还旧帐的保证措施。

4.3 提高全员消防素质

首先必须强管理者自身岗位培训，不断更新业务知识，切实提高管理水平，熟悉消防规划管理体系的专业知识。另外，应大力通过电视、广播、报刊或互联网等媒体手段对社会宣传消防、向社会发布并征询意见，调动全民参与意识和监督意识，从而得到社会公众的极大关注，一来有利于收集好的建议和意见，另一方面也有利于扩大城市消防的影响，使得老百姓更加关注城市消防事业、爱护城市消防设施。

4.4 建立激励机制

按照消防规划的具体内容定期进行对照审查，对规划落实成绩突出的应给予表彰奖励；凡是违反消防规划的项目，不仅要停止建设、通报批评，而且要追究有关领导和人员的责任。

郑东新区城市消防专项规划评审会会议纪要

2004年12月23日上午，郑东新区管委会土地规划局组织召开了“郑东新区城市消防专项规划”成果评审会，专家组对郑州市规划设计研究院完成的《郑东新区城市消防专项规划》成果进行了认真评审，认为该专项规划的编制内容全面细致，依据较充分，形成的规划成果符合国家有关技术规范、标准和《河南省消防规划编制审批办法》编制要求，原则通过该专项规划。为使规划成果更加完善，提出修改意见如下：

一、郑东新区的消防专项规划应补充与郑州市消防专项总体规划衔接的相关内容，消防设施建设的近期规划应与郑东新区建设同步。

二、消防站的布局应考虑地块的合理利用，科学确定用地沿街面宽，尽量避开主要道路交叉口，相应调整消防站分布密度；合理确定近期建设消防站的具体位置。

三、提出重要公共建筑、高层建筑的消防措施和人员疏散导则。

四、对郑东新区消防用水量进行进一步核算；完善消防给水设施，在重点区域设置消防水鹤。

请编制单位根据上述意见对规划成果进一步修改完善，提交正式成果。

二〇〇四年十二月二十三日

评审专家名单：

虞绍涛：河南省建设厅原总规划师
王秋华：郑州市规划局原总工
张　凯：郑州市规划局总规划师
尚学军：河南省规划院高工
崔效敬：郑州市消防支队副队长
汪　海：郑州市消防支队
王东方：郑东新区土地规划局局长
陈国清：郑东新区土地规划局副局长

后记
Postscript

专项规划是对总体规划中重要专项的深化与细化，是指导单项基础设施的更直接、更明确的依据，是保障总体规划顺利实施的坚实基础。

郑东新区的总体发展概念规划编制完成之后，为保障这一高标准、高起点、系统全面的规划设计得以顺利实施，政府相关部门对支撑新区可持续发展的基础设施建设高度重视，并委托设计单位在总体规划的基础上编制了相应的专项规划，作为具体指导和管理各项基础设施建设的依据。

郑东新区专项规划修编涉及的范围广泛、内容细致，包含了道路交通规划、市政基础设施规划等各个方面。各专项规划高度重视了与总体规划的延续性，并十分注意各专项之间的协调。为新区的各项基础设施建设提供了详尽、明确的规划指导。

《郑东新区专项规划篇》作为《郑州市郑东新区城市规划与建筑设计》系列丛书的重要组成部分，详细介绍了郑东新区各专项规划的主要内容、特点等。希望读者通过对这些规划的了解，对各项规划有一个整体的理解和认识。同时也使读者认识到，专象规划是在总体规划基础上的进一步深化，对于城市的各项基础设计建设有着更强的指导作用。